普通高等教育系列教材

CATIA V5 基础教程

第 2 版

江 洪 王子豪 殷苏群 等编著

机 械 工 业 出 版 社

本书以 CATIA V5 为操作平台，系统介绍了 CATIA V5 建模基本操作流程、草图、简单零件设计、复杂零件设计、装配设计、曲线、曲面、工程图等方面的内容。

本书的最大特点是读者可动手操作所讲述的内容，边看边操作，加深记忆和理解。每章均有思考题和上机练习题，便于巩固所学的知识，方便读者更好地学习。

本书内容详尽，图文并茂，是一本面向工程应用的实用指导书，既适合高等院校的学生使用，也可以作为机械、航空航天、模具、汽车、船舶、通用机械、医疗设备和电子工业等行业的工程技术人员的参考用书。

本书配有电子教案和素材文件，需要的教师可登录 www.cmpedu.com 免费注册，审核通过后下载，或联系编辑索取（微信：15910938545，电话：010-88379739）。

图书在版编目（CIP）数据

CATIA V5 基础教程 / 江洪等编著. —2 版. —北京：机械工业出版社，2017.4
（2022.1 重印）
普通高等教育系列教材
ISBN 978-7-111-56138-5

Ⅰ. ①C… Ⅱ. ①江… Ⅲ. ①机械设计－计算机辅助设计－应用软件－高等学校－教材 Ⅳ. ①TH122

中国版本图书馆 CIP 数据核字（2017）第 032675 号

机械工业出版社（北京市百万庄大街 22 号 邮政编码 100037）
策划编辑：和庆娣 责任编辑：和庆娣
责任校对：张艳霞 责任印制：李 昂
北京捷迅佳彩印刷有限公司印刷
2022 年 1 月第 2 版·第 6 次印刷
184mm×260mm·18.5 印张·449 千字
标准书号：ISBN 978-7-111-56138-5
定价：49.90 元

电话服务　　　　　　　　　网络服务
客服电话：010-88361066　　机 工 官 网：www.cmpbook.com
　　　　　010-88379833　　机 工 官 博：weibo.com/cmp1952
　　　　　010-68326294　　金 书 网：www.golden-book.com
封底无防伪标均为盗版　　　机工教育服务网：www.cmpedu.com

前　言

CATIA 是法国 Dassault 公司于 1975 年起开始发展的一套完整的三维 CAD/CAM/CAE 一体化软件，由于其功能强大而完美，广泛应用于航空航天、模具、汽车、造船、通用机械、家用电器、医疗设备和电子工业等行业。

本书是为广大初学者而编写的，主要介绍了 CATIA V5 的主要功能及其使用技巧，使读者能迅速入门并掌握该软件的使用方法。本书的特点如下。

1）简洁明了，用图表和实例生动地讲述了 CATIA V5 常用的功能。

2）实例丰富，结合具体的实例来讲述，将重要的知识点嵌入到具体实例中，使读者可以循序渐进，随学随用，边看边操作，动眼、动脑、动手，符合教育心理学和学习规律。

3）许多实例来源于工程实际，具有一定的代表性和技巧性。每章都有大量的上机练习题和答案，且部分习题用二维工程图给出，既锻炼了看图能力，又培养了空间想象力，便于巩固所学的知识。

4）紧跟时代步伐，符合时代精神，体现了创新教育常用的扩散思维方法——"一题多解"及"精讲多练"。

本书保留了第 1 版的特点，各章节均做了修改或重新编写。

本次改版的指导思想是循序渐进地讲透基本知识，由建立简单模型到生产实际的复杂模型来增强读者的动手能力，并适应当代企业的需求，跟上 CATIA V5 的更新，培养读者的自学能力。重新编写的内容反映了当今重创新、重基础、重理论的指导思想。

参与本书编写的人员有江洪、王子豪、殷苏群、于文浩、李仲兴、王鹏程、张潇、周庄、管晓星、陈震宇、刘勺华、蒋侃、郦祥林、刁怀伟、周扬扬、郭子权、刘爱松、郭清清、杨勇福、沈健、李重重、黄建宇、唐建、马龙飞、朱超、赖泽豪、曹威、孙阿潭、邹南南、田舟。

由于编者写作时间过于仓促，难免有疏漏之处，恳请广大读者批评指正。

编　者

目　　录

前言

第1章　CATIA V5 建模基本操作流程 ···1

  1.1　CATIA V5 的基本操作 ···1

      1.1.1　进入 CATIA V5 和其界面 ···1

      1.1.2　建立圆柱模型 ···4

      1.1.3　视图操作 ···8

  1.2　CATIA V5 的常用操作 ···9

      1.2.1　鼠标的操作 ···9

      1.2.2　物体的选择 ···10

  1.3　模型显示 ··11

      1.3.1　隐藏平面 ···11

      1.3.2　给模型赋材料 ···11

      1.3.3　显示类型 ···12

  1.4　文件管理 ··13

      1.4.1　保存文件 ···13

      1.4.2　打开文件 ···15

      1.4.3　关闭文件和退出 CATIA V5 ···17

  1.5　思考与练习 ··18

第2章　草图 ··20

  2.1　绘制草图的基本知识 ···20

      2.1.1　草图的自由度 ···20

      2.1.2　工作区背景颜色设置 ···21

      2.1.3　草图平面和草图工具栏 ···23

      2.1.4　草图对象的选择和删除草图实体 ···24

  2.2　预定义的轮廓 ··25

  2.3　轮廓曲线 ··27

  2.4　重新限定 ··28

  2.5　轴 ··30

  2.6　圆 ··30

  2.7　直线 ··33

  2.8　变换 ··35

  2.9　草图检查分析 ··38

  2.10　草图约束 ··41

      2.10.1　建立约束和接触约束 ···42

      2.10.2　对话框中定义的约束和自动约束 ···42

2.10.3　对约束应用动画和修改约束 ·················· 43

2.11　圆弧连接 ·· 43

2.12　思考与练习 ··· 47

第3章　简单零件设计 ·· 51

3.1　零件设计基础 ··· 51

3.2　凸台和凹槽 ··· 52

3.2.1　凸台 ·· 52

3.2.2　凹槽 ·· 56

3.3　旋转体和旋转槽 ·· 61

3.3.1　旋转体 ··· 61

3.3.2　旋转槽 ··· 64

3.4　圆角 ·· 66

3.5　孔 ··· 69

3.6　加强肋和标准件 ·· 70

3.6.1　加强肋 ··· 70

3.6.2　标准件 ··· 71

3.7　阵列和镜像 ··· 72

3.7.1　阵列 ·· 72

3.7.2　镜像 ·· 75

3.8　思考与练习 ··· 75

第4章　复杂零件设计 ·· 79

4.1　改变坐标平面的大小和颜色 ····························· 79

4.2　创建参考元素 ··· 80

4.3　创建螺纹 ·· 87

4.3.1　"螺纹"命令 ··· 87

4.3.2　创建螺纹实例 ·· 87

4.4　拔模 ·· 94

4.4.1　拔模斜度 ·· 95

4.4.2　可变角度拔模 ·· 96

4.4.3　拔模反射线 ··· 97

4.4.4　拔模公式 ·· 98

4.4.5　拔模实例 ·· 104

4.5　肋 ··· 107

4.6　多截面实体 ··· 114

4.7　思考与练习 ··· 122

第5章　装配设计 ··· 127

5.1　装配设计介绍 ··· 127

5.2　插入部件 ·· 128

5.3　移动组件 ·· 133

　　　5.3.1　自由平移 ··· 134
　　　5.3.2　智能移动 ··· 134
　5.4　约束部件 ··· 136
　　　5.4.1　固定约束和固联约束 ··· 136
　　　5.4.2　相合约束 ··· 137
　　　5.4.3　接触约束和偏移约束 ··· 139
　　　5.4.4　角度约束 ··· 140
　　　5.4.5　快速约束 ··· 141
　　　5.4.6　更改约束 ··· 141
　　　5.4.7　柔性/刚性子装配体 ··· 142
　　　5.4.8　重复使用阵列 ··· 143
　5.5　更改装配体中的部件 ·· 143
　5.6　保存装配文件 ··· 145
　5.7　装配分析 ··· 146
　　　5.7.1　材料清单 ··· 146
　　　5.7.2　更新分析 ··· 148
　　　5.7.3　约束分析 ··· 149
　　　5.7.4　自由度分析和关联关系 ·· 150
　　　5.7.5　模型的测量 ··· 152
　　　5.7.6　计算碰撞 ··· 154
　　　5.7.7　碰撞（干涉）分析 ··· 155
　　　5.7.8　截面分析 ··· 156
　　　5.7.9　查看机械特性 ··· 157
　5.8　装配件特征 ·· 158
　　　5.8.1　分割组合类特征 ·· 158
　　　5.8.2　镜像零部件 ··· 159
　5.9　爆炸装配模型 ··· 161
　5.10　支座装配体实例 ·· 162
　5.11　思考与练习 ·· 168

第6章　曲线 ··· 171
　6.1　进入创成式曲面设计工作台 ··· 171
　6.2　生成点 ·· 172
　6.3　生成直线 ··· 174
　6.4　投影 ·· 177
　　　6.4.1　投影曲线 ··· 177
　　　6.4.2　混合曲线 ··· 178
　　　6.4.3　反射线 ··· 178
　6.5　相交曲线 ··· 179
　6.6　平行曲线 ··· 179

6.7 基本曲线 ·········· 180

6.7.1 圆 ·········· 180

6.7.2 圆角 ·········· 181

6.7.3 连接曲线 ·········· 182

6.7.4 二次曲线 ·········· 183

6.8 创建曲线 ·········· 184

6.9 实例 ·········· 186

6.9.1 正弦曲线 ·········· 186

6.9.2 用直线创建螺旋线 ·········· 187

6.10 思考与练习 ·········· 190

第7章 曲面 ·········· 191

7.1 "曲面"工具栏 ·········· 191

7.1.1 拉伸曲面和旋转曲面 ·········· 191

7.1.2 球面和圆柱面 ·········· 193

7.1.3 偏移曲面 ·········· 194

7.1.4 扫掠曲面 ·········· 195

7.1.5 填充曲面 ·········· 199

7.1.6 多截面曲面 ·········· 200

7.1.7 桥接曲面 ·········· 201

7.2 编辑曲面 ·········· 202

7.2.1 接合 ·········· 203

7.2.2 修复 ·········· 204

7.2.3 曲线光顺和取消修剪 ·········· 205

7.2.4 拆解 ·········· 206

7.2.5 分割和修剪 ·········· 207

7.2.6 提取曲面 ·········· 208

7.2.7 简单圆角/倒圆角/可变半径圆角 ·········· 210

7.2.8 面与面的圆角和三切线内圆角 ·········· 213

7.2.9 平移 ·········· 214

7.2.10 旋转和对称 ·········· 215

7.2.11 缩放和仿射 ·········· 217

7.2.12 定位变换和外插延伸 ·········· 218

7.3 实例 ·········· 219

7.3.1 弹簧线 ·········· 220

7.3.2 雨伞 ·········· 225

7.3.3 电饭煲 ·········· 231

7.4 思考与练习 ·········· 246

第8章 工程图 ·········· 249

8.1 工程图设计概述 ·········· 249

　　　8.1.1　进入工程图绘制环境 ·· 249

　　　8.1.2　工程图设计工作界面 ·· 251

　8.2　投影视图 ··· 252

　　　8.2.1　正投影视图 ·· 252

　　　8.2.2　保存工程图 ·· 253

　　　8.2.3　修改视图的名称和比例 ·· 254

　　　8.2.4　添加投影视图 ·· 254

　　　8.2.5　等轴测视图 ·· 255

　　　8.2.6　辅助视图 ·· 255

　8.3　剖视图 ·· 256

　　　8.3.1　全剖视图（偏移剖视图） ·· 256

　　　8.3.2　阶梯剖视图 ·· 257

　　　8.3.3　旋转剖视视图（对齐的剖视图） ···································· 258

　　　8.3.4　半剖视图和截面分割视图 ·· 259

　　　8.3.5　局部视图 ·· 260

　8.4　编辑和修改视图 ·· 261

　　　8.4.1　修改视图和图纸的特性 ·· 261

　　　8.4.2　重新布置视图 ·· 263

　　　8.4.3　修改剖视图、局部视图和向视图的投影方向 ····················· 265

　　　8.4.4　修改剖视图、局部放大视图和向视图的特性 ····················· 266

　8.5　工程图标注 ··· 267

　　　8.5.1　自动尺寸标注 ·· 268

　　　8.5.2　尺寸标注 ·· 271

　　　8.5.3　修改尺寸 ·· 276

　　　8.5.4　公差标注 ·· 278

　　　8.5.5　文本标注 ·· 279

　　　8.5.6　符号标注 ·· 280

　　　8.5.7　生成表格 ·· 282

　8.6　工程图更新存档及关联检查 ··· 282

　8.7　工程图背景图框 ··· 283

　8.8　工程图格式转换和绘制环境设置 ·· 285

　8.9　思考与练习 ··· 287

第1章 CATIA V5 建模基本操作流程

CATIA（Computer Aided Three-dimensional Interactive Application）是法国 Dassault 公司于 1975 年起开始发展的一套完整的三维 CAD/CAM/CAE 一体化软件。它的内容涵盖了从产品概念设计、工业设计、三维建模、分析计算、动态模拟与仿真、工程图的生成到生产加工成产品的全过程，其中还包括了大量的电缆和管道布线、各种模具设计与分析、人机交换等实用模块。CATIA 不但能提供企业内部设计部门之间的协同设计功能而且还可以提供企业整个集成的设计流程和端对端的解决方案。CATIA 大量用于航空航天、车辆、机械、电子、家电与 3C 产业、NC 加工等各方面。

CATIA 的主要模块有基础架构、机械设计、造型曲面、分析模拟、厂房构建、NC 加工、数位构建、系统设备、制造的数位处理、人因工程和知识库，共 11 个。每个模块含有多种设计工具。例如可使用机械设计模块进行零件设计、组合件设计、草图、产品功能公差及标注、焊接设计、模座设计、结构设计、绘图、自动拆模设计、辅助曲面修补、功能性模具零件、钣金件设计等。

由于其功能强大而完美，CATIA 已经成为三维 CAD/CAM 领域的一面旗帜，特别是在航空航天、汽车及摩托车领域，CATIA 一直居于统治地位。法国的幻影 2000 系列战斗机就是使用 CATIA 进行设计的一个典范，而波音 777 客机使用 CATIA 完成无图纸设计，更造就了 CAD 领域内的一段佳话。CATIA 同时也是汽车工业的事实标准，是欧洲、北美和亚洲顶尖汽车制造商所用的核心系统。各种车辆，如赛车、跑车、轿车、货车、商用车、有轨电车、地铁列车和高速列车等；在 CATIA 上都可以作为数字化产品。波音、克莱斯勒、宝马和奔驰等一大批知名企业都在用 CATIA。

本章的主要内容是：CATIA V5 的一些基本操作：进入和退出 CATIA V5；新建文件、打开文件和保存文件；使用菜单栏、工具栏、快捷键和鼠标；显示模型的各种效果；对模型赋材质等。

本章的重点是：如何调出各种工具栏。

本章的难点是：鼠标的各种功能。

读者只有熟练地掌握这些基础知识，才能正确快速地掌握和应用 CATIA V5。

1.1 CATIA V5 的基本操作

万丈高楼平地起，CATIA V5 最常用的使用方法就好像是高楼的基础。本节结合实例介绍 CATIA V5 的应用基础和一些技巧性的内容。

1.1.1 进入 CATIA V5 和其界面

1. 进入 CATIA V5

当正确地安装 CATIA P3 V5-6R2015 后，在 Windows 环境下双击桌面上的 CATIA P3

V5-6R2015 快捷图标，如图 1-1 中箭头所示中或者选择"开始"→"所有程序"→"CATIA P3"→"CATIA P3 V5-6R2015"命令，如图 1-2 中①~④所示，系统开始启动 CATIA V5。

图 1-1　双击桌面上的 CATIA P3 V5-6R2015 快捷图标

图 1-2　启动 CATIA V5

启动结束后系统进入 CATIA V5 界面，如图 1-3 所示。

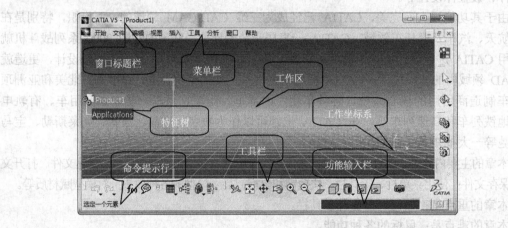

图 1-3　进入 CATIA V5 界面

2. CATIA V5 界面

CATIA V5 的界面中主要包括以下几部分：标题栏、工作区、菜单栏、工具栏、功能输入栏、命令提示行、工作坐标系、特征树等。

（1）标题栏

标题栏位于整个窗口的最上方，显示当前软件的版本和文件名等信息。

（2）菜单栏

与其他 Windows 软件相似，CATIA V5 的菜单栏位于屏幕主视窗的上方。系统将控制命令按照性质分类放置于各个菜单中，CATIA V5 的主菜单栏包括"开始""文件""编辑""视图""插入""工具""分析""窗口""帮助"9 个菜单，如图 1-4 所示。每个菜单又由多个子菜单组成。主菜单及其功能如表 1-1 所示。

开始　文件　编辑　视图　插入　工具　分析　窗口　帮助

图 1-4　菜单栏

表 1-1　主菜单及其功能

菜　　单	功　　能
开始	调用工作台，实现工作台之间的转换
文件	实现文件管理，包括"新建""打开""保存"等常用操作命令
编辑	对文件进行复制和删除等常规操作
视图	控制特征树、指南针和模型的显示等操作
插入	主要的工作菜单，大部分绘图工具都包含在这里面
工具	自定义工具栏、修改环境变量等高级操作
分析	自定义需要检查的曲面公差等，可以设置距离、角度、相切等选项
窗口	管理多个窗口
帮助	实现在线帮助

（3）工作区

工作区是用户的工作区域。

工作区右下角有一个坐标系，可用于在工作窗口和树形图之间做切换。

（4）特征树

工作区最左侧的树状结构是当前工作文档的设计特征树，它是 CATIA V5 中非常重要的功能，它记录了一个模型的所有逻辑信息，同时将产品生成过程中的每一步操作都记录下来，方便特征的管理和编辑。每个特征树第一层就像一棵树的主干，第二层像树的枝干，逐渐到最后一层树的"叶子"。可以通过快捷键〈F3〉打开或关闭特征树。

通过在特征树上的简单编辑、重新排序，可以轻松地完成一个零件的重新造型，省去了重新建模的麻烦。

对于特征树同样可以进行多种操作，如隐藏特征树、移动特征树、激活特征树、展开折叠特征树、放大缩小特征树等。

特征树包含对象、基准面、零件、特征等几部分。

特征树上所有的名称都可以在属性中更改为用户想要的名称。

在特征树中如果前面有"+"就代表此特征里面隐藏有子特征，如果是"-"就代表没有隐藏子特征，可以通过单击此图标来隐藏或详细浏览特征树。

在特征树中双击特征名称可以进入此特征的编辑对话框，对特征进行编辑。

在特征树上右击会弹出快捷菜单，用户可以对此特征进行显示与隐藏、属性、粘贴、复制、删除等操作，也可以按住鼠标左键直接拖动特征名称进行复制。

按〈Shift+F3〉键可切换特征树/工作区的激活状态。

（5）工具栏

工具栏将菜单中的大部分命令用按钮的方式显示出来，单击按钮就会产生相应的操作或弹出此命令的定义菜单。CATIA V5 不同功能模块的工具栏组成有所不同，每个模块的工具栏包括了各种子工具栏，可以隐藏有些不需要使用的工具栏，在需要使用时再将其显示出来。工具栏可根据个人的喜好随意布置，屏幕的上下左右都可以放置工具栏，工具栏也可以悬浮于工作窗口之上。

工具栏的功能主要是显示或隐藏各种工具条。工具栏的每一个项目都是一个子工具栏，该名称的前面如果有一个■符号，表示该工具栏已经显示了，反之则没有显示。例如，■ 视图工具栏就已经显示出来了。如果需要将已经显示出来的工具栏隐藏，只需要单击将其前面的■去掉即可。对于所有的工作台而言，总有一些公用的工具栏，下面介绍这些主要工具栏的基本命令。

在屏幕最下方或最左方的工具栏区域中的任何一个位置右击（如图 1-5 中①所示），弹出工具栏，其中列出了对应当前模块的所有子工具栏名称。单击"视图"按钮（如图 1-5 中②所示），关闭其工具栏（如图 1-5 中③所示）。重复上述操作，可再次显示其工具栏。已经显示的工具栏，可以单击其右上角的"关闭"按钮■直接关闭。

按住〈Shift〉键，移动工具栏，可以实现工具栏的横竖转换。

图 1-5 工具栏

（6）命令提示行

用于解释鼠标指针所指命令的含义。

（7）功能输入栏

功能输入栏位于屏幕的右下方，可以在此输入命令来执行相应的操作，所有命令前方都要加上"c："才可以执行。用户可以选择"视图"→"命令列表"命令调出命令列表，在命令列表中单击相应的命令也可以执行。在工具栏上找不到所需的功能按钮时，利用命令列表进行操作是一种行之有效的方法。

1.1.2　建立圆柱模型

下面以圆柱零件模型的建立，说明利用 CATIA V5 建立模型的基本流程。

1. 工作台

工作台与听音乐时将自己喜爱的歌曲放入自己建立的文件夹类似。CATIA V5 共有一百多个工作台，不同的模块设计时将创建不同的工作台。每一个工作台是由许多命令组成的集合，每一个命令专用于处理特定任务。工作台的功能与软件界面的下拉菜单"开始"的功能相同，可以把常用的模块加入到"工作台"中，以方便使用。

工作台的初始状态不包括任何模块，可以在工作台中添加一些常用的模块图标，减少模块之间的切换，提高工作效率。

"开始"菜单展开后可看到其包含 CATIA V5 的各个不同设计模块，每个模块都有其相应的子菜单。如图 1-6 中①～③所示。

从 CATIA V5 的"开始"菜单中进入零件设计工作台有 3 种方法。

1）选择"开始"→"机械设计"→"零件设计"命令，如图 1-6 中①～③所示。

2）选择"开始"→"机械设计"→"草图编辑器"命令，如图 1-6 中①②④所示。

3）选择"开始"→"形状"→"创成式外形设计"命令，如图 1-6 中⑤～⑦所示。

系统弹出"新建零件"对话框，系统默认的"输入零件名称"为"Part1"，用户可在文本框中输入自己想要的名称。这里采用默认的零件名"Part1"，单击"确定"按钮完成新零件创建的操作，如图 1-7 中①②所示。系统进入零件设计模块。此时并没有进入草图工作台，需要选择草图所在的基准平面，才能进入草图工作台。

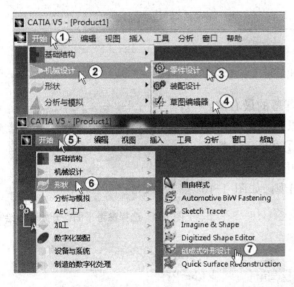

图 1-6　打开零件设计工作台　　　　　　　　　　图 1-7　"新建零件"对话框

如果上述"新建零件"对话框出现，请跳过这步进行下一步操作；如果上述"新建零件"对话框不出现，则可将其调出。调出过程为选择菜单"工具"→"选项"命令，如图 1-8 中①②所示。系统弹出"选项"对话框，选择"零件文档"选项卡，如图 1-8 中③所示。选择"基础结构"→"零件基础结构"命令，如图 1-8 中④⑤所示。单击"显示'新建零件'对话框"前的方框使其被选中，如图 1-8 中⑥⑦所示。单击"确定"按钮，如图 1-8 中⑧所示。

2．建立圆柱模型的流程

选择"xy 平面"为草图设计的参考平面，如图 1-9 中①所示。单击"草图"按钮，如图 1-9 中②所示。进入草图模式，此时系统在特征树上增加了"草图.1"，所绘制的草图轮廓都放置在"草图.1"中。

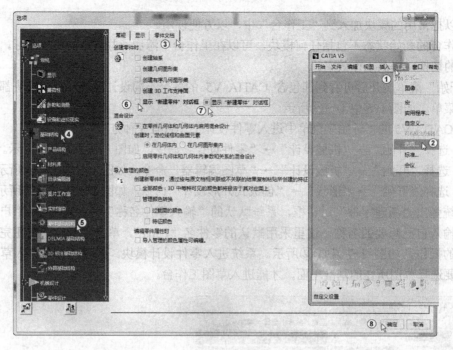

图1-8 调出显示"新建零件"对话框

  "草图"按钮一般以竖条显示在屏幕的最右侧。如果用户在自己的屏幕中找不到，可以选择菜单"视图"→"工具栏"命令，如图 1-10 中①②所示。然后单击"草图编辑器"，使其被选中▣，如图 1-10 中③④所示。"草图"按钮便会在屏幕右侧出现，如图 1-10 中⑤所示。

图1-9 选择参考平面，开始草图绘制

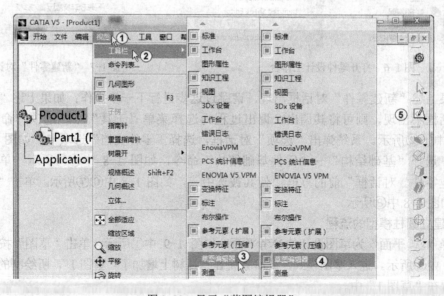

图1-10 显示"草图编辑器"

在屏幕右侧单击"圆"按钮⊙，系统弹出"草图工具"工具栏。移动光标，"草图工具"工具栏中水平(H)、垂直(V) 和半径(R)文本框会显示与光标位置相对应的值。可以用鼠标选择工具栏中的所需字段并输入所需的值，并按〈Enter〉键确认，否则输入值会继续随光标的移动而改变。使用〈Tab〉键可以在文本框之间进行切换。

在"圆心：H："文本框中输入 0，如图 1-11 中①所示，按〈Enter〉键。在"V："文本框中输入 0，如图 1-11 中②所示，按〈Enter〉键。在"R："文本框中输入 16，如图 1-11 中③所示，按〈Enter〉键。CATIA 默认的数据单位是 mm。

图 1-11 "草图工具"工具栏

如果用户在自己的屏幕中找不到"圆"按钮⊙，可以选择菜单"视图"→"工具栏"→"轮廓"命令，使其被选中■，使其显示。

如果不小心关掉或者隐藏了"草图工具"，可以选择菜单"视图"→"工具栏"→"草图工具"命令，使其被选中■，使其显示。或者在工具栏图标上右击，如图 1-12 中①所示，在弹出的快捷菜单中选择"草图工具"命令，如图 1-12 中②所示，恢复显示，如图 1-12 中③④所示。

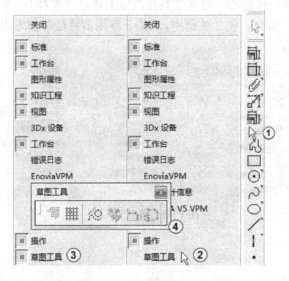

图 1-12 调出"草图工具"工具栏

单击屏幕最下方的"全部适应"按钮，在工作区绘制出一个圆，圆心与原点"相合"（重合），如图 1-13 中①所示。单击屏幕左下方的灰色的"尺寸约束"按钮和灰色的"几何约束"按钮，使其关闭，如图 1-13 中②③所示。结果如图 1-13 中④所示。

单击"退出工作台"按钮，退出草图模式，如图 1-14 中①所示。单击屏幕右侧的"凸台"按钮，系统弹出"定义凸台"对话框，单击"类型"下拉列表框，在弹出的下拉列表中选择"尺寸"，在"长度"文本框中输入 30，单击"确定"按钮，如图 1-14 中②③所示。结果生成圆柱实体。

按快捷键〈Ctrl+S〉保存圆柱模型为Part1。

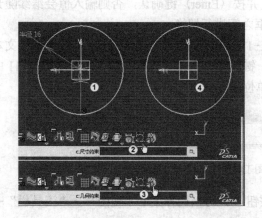

图1-13 绘制圆草图

图1-14 输入参数

如果找不到"退出工作台"按钮，可在工具栏图标上任意位置右击，在弹出的快捷菜单中选择"工作台"命令，使之被选中，"工作台"前方出现，使其显示，如图 1-15 中①～③所示。

如果找不到"凸台"按钮，可在工具栏图标上任意位置右击，在弹出的快捷菜单中选择"基于草图的特征"命令，使之被选中，"基于草图的特征"前方出现，使其显示，如图 1-15 中④～⑥所示。

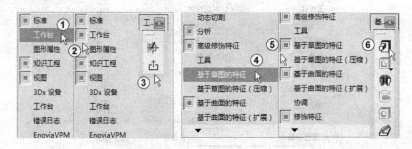

图1-15 调出工具栏

1.1.3 视图操作

单击屏幕下方的"等轴测视图"按钮（如图 1-16 中①所示），即可看到三维立体效果。

单击屏幕下方的"缩小"按钮（如图 1-16 中②所示），即可缩小圆柱。

单击屏幕下方的"放大"按钮（如图 1-15 中③所示），即可放大圆柱。

单击屏幕下方的"旋转"按钮（如图 1-15 中④所示），在工作区用鼠标选中圆柱后按住鼠标不放即可将圆柱旋转任意角度。

单击屏幕下方的"平移"按钮（如图 1-16 中⑤所示），在工作区用鼠标选中圆柱后按住鼠标不放即可将圆柱拖到所需要的位置。

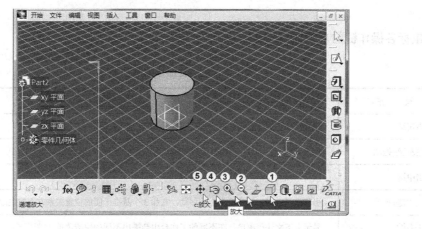

图 1-16　观察圆柱

1.2　CATIA V5 的常用操作

CATIA V5 的操作和 Windows 的操作类似，以鼠标操作为主，键盘操作为辅。熟练操作鼠标可提高工作效率。

1.2.1　鼠标的操作

可以用鼠标左键选择特定对象，可以在工作区直接选择，也可以在特征树上选择，所选中的部分会以橘红色高亮显示，并将其特性显示在屏幕左下角的状态栏中，用户可以对其进行具体的操作。

按键盘左上角〈Esc〉键（如果当前命令在执行中，退出当前命令）或在窗口空白处单击即可实现退出选择。

当用鼠标单击特征树树干（即竖直连接线）或窗口右下角坐标系图标时，如图 1-17 中①②所示，工作区对象会变暗（如图 1-17 中③所示），表示当前激活的对象为特征树，变暗的模型被锁定，不能对其进行任何操作；再次单击树干或坐标系图标即可恢复常态。

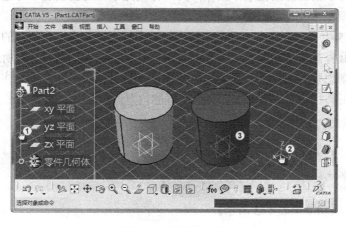

图 1-17　激活特征树

鼠标各操作键的功能如表 1-2 所示。

表 1-2　鼠标各操作键的功能

操　作	功　能
单击左键	选择对象、激活命令
按住左键+拖动	窗选对象
单击中键	以击中点为窗口中心快速平移模型
按住中键+拖动	平移模型，模型只是视觉上的移动，它和 3 个基准平面的位置关系并不发生改变
单击右键	显示上下文快捷菜单，在不同的工作台中会弹出不同的快捷菜单
按住中键+单击右键（或左键）+拖动	缩放模型，前推鼠标则放大模型；后拖鼠标则缩小模型
按住中键+按住右键（或左键）+拖动	旋转视模型，旋转中心始终在屏幕的中心，可以将指定位置移动到旋转中心上去，方法是用鼠标中键单击指定的位置即可
滚动中键	上下移动特征树
按住〈Ctrl〉键+滚动中键	缩放特征树
指向树干按住左键+拖动	平移特征树
双击左键	在特征树中的某个对象上双击，可以对其重新编辑；在某个命令按钮上双击，可以重复执行该命令；在草图绘制过程中双击，可以结束草图中的曲线和非封闭的连续折线的绘制状态并退出 如果特征树上已经存在绘制好的草图，则可以在特征树的该草图名称上双击，或在图形显示窗口的草图元素上双击，均能直接进入到该草图的设计工作台，编辑或修改该草图

1.2.2　物体的选择

在绘图工作中经常会遇到物体的选择问题，进行物体选择的步骤如下。

1）一般情况下选择物体都可以直接用鼠标单击，或是单击左侧特征树中对应的名称，被选择的物体便会高亮显示。

2）CATIA V5 中如果要对一个物体进行操作，可以有两种选择顺序：一种是先选中要进行操作的物体，再单击功能按钮进行操作；另一种是先单击功能按钮，再选择要进行操作的物体。

3）CATIA V5 中有"选择"工具栏，如 。该图标右下角有一个黑色的倒三角形，代表该图标里面还隐藏有其他子功能，单击黑倒三角形，便会出现如图 1-18 所示的工具栏。接着把鼠标指针移到想要的图标上，便可选取此图标；也可以用鼠标左键抓住图 1-18 左边的竖线移动条把此工具栏独立出来，放在自己喜好的位置。

图 1-18　"选择"工具栏

"选择"工具栏功能如表 1-3 所示。

表 1-3 "选择"工具栏的功能

操　作	功　能
选择	直接用鼠标左键单击想要选取的物体，这是系统默认选项。如果想要一次选取多个物体，只需在选取物体时按住〔Ctrl〕键即可
几何图形上方的选择框	可以在特定物体上（非空白处）使用鼠标左键绘制出矩形框，全部位于矩形选择框内的物体才会被选中，部分位于选择框内的物体不会被选中。空白处用于其他选择封闭模式
矩形选择框	直接按住鼠标左键框选取多个物体，只有全部位于选择框内的物体才会被选中，部分位于选择框内物体不会被选中
相交矩形选择框	直接用鼠标左键选取多个物体，只要物体的任何一点位于选择框内，此物体就会被选中
多边形选择框	用鼠标左键在绘图区中绘制多边形来选取物体，在绘制多边形时双击鼠标左键结束，只有全部位于多边形内的物体才会被选中，部分位于多边形内的物体不会被选中
手绘选择框	用鼠标左键在想要选取的物体上画出简单的描绘线就可以选中该物体，任何通过描绘线的物体都会被选中
矩形选择框之外	使用鼠标左键绘制出矩形框来选中物体，全部位于矩形选择框以外的物体会被选中
相交矩形选择框之外	使用鼠标左键绘制出矩形框来选中物体，与矩形框相交的和位于矩形框之外的物体会被选中

1.3 模型显示

CATIA V5 中选择合适的方式显示几何模型是展开工作的重要环节。因此掌握和控制模型的显示方式是重要的操作任务。

1.3.1 隐藏平面

在特征树中单击"xy 平面"后再右击，系统弹出快捷菜单，选择"隐藏/显示"命令，如图 1-19 中①②所示，即可在工作区中隐藏"xy 平面"。同样地分别选择"yz 平面"和"zx 平面"，将其隐藏，结果如图 1-19 中③所示。再次重复上述过程，可以将隐藏的平面显示出来。

图 1-19 隐藏平面

1.3.2 给模型赋材料

用鼠标左键选择圆柱后单击屏幕下方的"应用材料"按钮（如图 1-20 中①②所示）。系统弹出"打开"对话框，单击"确定"按钮，如图 1-20 中③所示。

图 1-20 打开材料库

系统弹出"库"对话框，选择"Stone"选项卡，选择"DS star"材质，如图1-21中①②所示）。单击"确定"按钮，如图1-21中③所示。

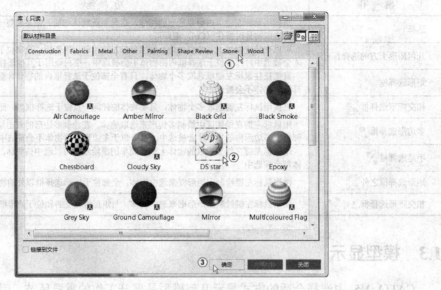

图1-21 选择材料

1.3.3 显示类型

选择菜单"视图"→"渲染样式"命令（如图1-22中①②所示），弹出如图1-22中③所示的菜单，可见CATIA V5提供了几种不同的显示方法。或者单击屏幕右下方的"着色"右下角的倒三角形，如图1-22中④所示也可展开显示方式。分别选择这些显示类型即可看到不同的显示类型对应不同的显示效果，如表1-4所示。选择菜单中的"视图"命令后选择相应的命令，也可实现同样的功能。

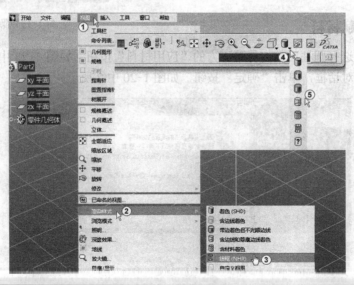

图1-22 显示类型

模型的显示方式和显示效果如表 1-4 所示。

表 1-4 模型的显示方式和显示效果

显示方式	显示效果	显示方式	显示效果
着色（SHD）▯		含边线和隐藏边线着色 ▯	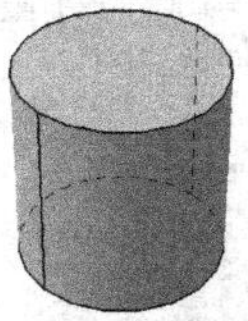
含边线着色 ▯	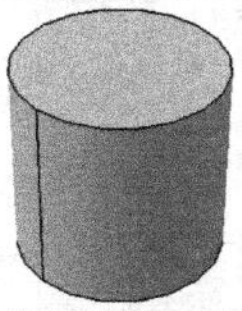	含材料着色 ▯	
带边着色但不光顺边线 ▯	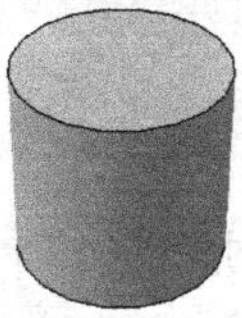	线框（NHR）▯	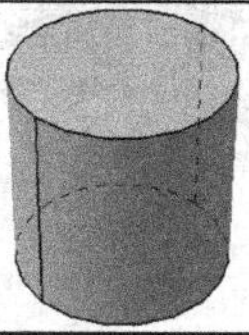

1.4　文件管理

在 CATIA V5 中，文件操作主要体现在"文件"菜单中。"文件"菜单中主要包含的子菜单有："新建"（即建立一个新文件）、"打开"（即打开已有的文件）、"关闭"（即关闭正打开的文件）、"保存"（即保存正打开的文件）、"另存为"（即将现有的文件另存为其他名称）、"全部保存"（即将打开的所有文件全部保存）、"保存管理"（即文件管理）"打印""打印机设置""发送至"文档属性（即文件属性）、"退出"。

1.4.1　保存文件

选择菜单"文件"→"保存"命令，或者按快捷键〈Ctrl+S〉，如图 1-23 中①②所示。第一次对文件进行保存时，在工作区会弹出"另存为"对话框，可以在左侧选择文件要保存的路径，如图 1-23 中③所示。系统默认"保存类型(T)"为*.CATPart。如果想要保存为其他格式，可以从下拉菜单中选择文件的类型，如图 1-23 中④⑤所示。在"文件名"文本框中输入文件名，如图 1-23 中⑥所示。单击"保存"按钮（如图 1-23 中⑦所示）即可保存此文件。

CATIA V5 文件命名有如下规则：①可以使用 26 个英文字母 A~Z 的大/小写。②可以使用阿拉伯数字 0~9。③可以使用符号，但不能使用大于号（>）、小于号（<）、星号（*）、冒号（：）、引号（"）、问号（?）、正斜线（/）、反斜线（\）和竖线（|）等符号。④不能使用中文文件名，否则会出现错误。最好使用英文、汉语拼音或图号等命名。

如果所保存的文件为产品结构，系统会提示使用"全部保存"命令保存。

选择菜单"文件"→"全部保存"命令，如果打开多个已经存在的文件并对这些文件进行过编辑，会弹出的"全部保存"对话框，提示用户是否对此文件进行保存，单击"确定"

按钮，如图 1-24 中①所示。系统会弹出对话框，选择要保存的文件，如图 1-24 中②所示。单击"另存为"按钮，如图 1-24 中③所示。在弹出的"另存为"对话框中输入文件名单击"保存"按钮即可保存该文件。

图 1-23 "另存为"对话框

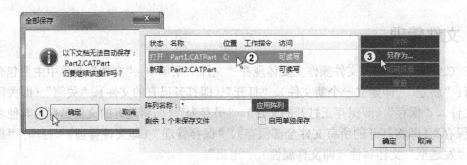

图 1-24 "全部保存"对话框

选择菜单"文件"→"保存管理"命令，会弹出"保存管理"对话框，可以对多个编辑过的文件进行另存为操作。空白处显示没有保存过的文件的状态、名字和路径，选择要进行保存的文件，单击"另存为"按钮（如图 1-25 中①②所示），系统会弹出"另存为"对话框，输入想要的路径和文件名，单击"保存"按钮可保存为一个新的文件。

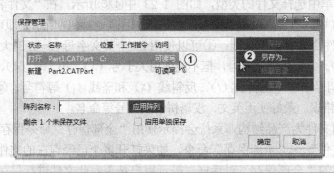

图 1-25 "保存管理"对话框

1.4.2 打开文件

选择菜单"文件"→"打开"命令，或者按快捷键〈Ctrl+O〉，如图 1-26 中①②所示。在工作区会弹出"选择文件"对话框。双击想要打开的文件或选中要打开的文件，再单击"打开"按钮，如图 1-26 中③④所示。可打开一个已经存在的文件，并可以对此文件进行编辑。

图 1-26　打开文件

选择"zx 平面"为草图设计的参考平面，单击"草图"按钮，进入草图模式，生成"草图.2"。单击屏幕最下方的"全部适应"按钮。

单击屏幕右侧"矩形"按钮，如图 1-27 中①所示。在工作区适当位置单击确定矩形左下角一点，移动鼠标到适当位置单击确定矩形右下角一点，如图 1-27 中②③所示。双击"约束"按钮，如图 1-27 中④所示。按住〈Ctrl〉键，选择箭头所指的水平坐标和 1 条水平直线，如图 1-27 中⑤⑥所示。松开鼠标，向右移动适当距离单击，完成尺寸 20 的标注，如图 1-27 中⑦所示。双击尺寸 20，系统弹出"约束定义"对话框，在"值"文本框内输入 15，如图 1-27 中⑧所示。单击"确定"按钮，如图 1-27 中⑨所示。

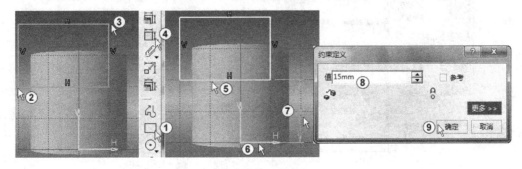

图 1-27　绘制矩形 1

按住〈Ctrl〉键，选择箭头所指的竖直坐标和一条竖直直线，如图 1-28 中①②所示。松开鼠标，向下移动到适当距离单击，完成尺寸 10 的标注，如图 1-28 中③所示。双击尺寸 10，系统弹出"约束定义"对话框，在"值"文本框内输入 5，如图 1-28 中④所示。单击"确定"按钮，如图 1-28 中⑤所示。

单击"退出工作台"按钮，离开草图模式。单击屏幕右侧的"凹槽"按钮，如图 1-29 中①所示。系统弹出"定义凹槽"对话框，在"深度"文本框中用默认的数值 30，选中"镜像范围"复选框，如图 1-29 中②所示。单击"确定"按钮，单击屏幕下方的"等轴测视图"按钮后即可看到三维效果，如图 1-29 中③④所示。

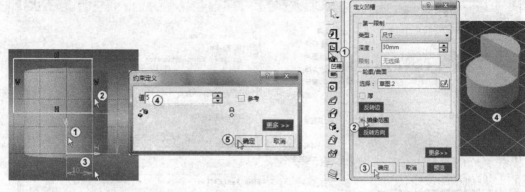

图 1-28　绘制矩形 2　　　　　　　　　　　　　　　　图 1-29　输入参数

选择菜单"文件"→"另存为"命令（如图 1-30 中①②所示），系统弹出"另存为"对话框，输入想要的路径（C：）和文件名（Part2），单击"保存"按钮可保存为一个新的文件。"保存"和"另存为"的区别在于"保存"是保存此文件，"另存为"是把此文件复制一个进行保存，原文件还是存在的。

图 1-30　另存文件

1.4.3 关闭文件和退出 CATIA V5

1. 关闭文件

选择菜单"文件"→"关闭"命令，如图 1-31 中①②所示。可以关闭当前活动状态下的文件。如果没有对此文件进行过任何编辑或已经保存了此文件，可以直接关闭文件；如果对此文件进行过编辑但没有保存，会弹出如图 1-31 所示的"关闭"对话框，提醒用户是否对此文件进行保存，单击"是"按钮。

图 1-31　关闭文件

2. 退出 CATIA V5

退出 CATIA V5 主要有以下几种方式。

1）选择主菜单中的"开始"→"退出"命令，如图 1-32 中①②所示。

2）选择主菜单中的"文件"→"退出"命令，如图 1-32 中③④所示。

3）单击 CATIA V5 系统右上角的"关闭"按钮（窗口右上角符号⊠，如图 1-32 中⑤所示），如果没有对打开的文件进行任何操作即可退出系统。如果对打开的文件进行了操作而没有对文件进行保存，系统会弹出"退出"对话框，单击"是"按钮，如图 1-32 中⑥所示，选择要保存文件的路径，单击"保存"按钮即可对该文件进行保存并退出 CATIA V5；单击"否"按钮即不对该文件进行保存并退出系统；单击"取消"按钮，即取消该操作并回到绘图工作环境。

图 1-32　退出 CATIA V5

1.5 思考与练习

一、选择题

1. 如何用鼠标上下移动实现模型的缩放（   ）。
   - A. 按住中键+单击右键
   - B. 按住中键+按住右键
   - C. 按住左键
   - D. 按住中键

2. 按住鼠标中键，移动鼠标，改变了图形对象的（   ）。
   - A. 实际位置
   - B. 显示位置
   - C. 实际大小
   - D. 显示比例

3. 同时按住鼠标中键和左键，移动鼠标，改变了图形对象的（   ）。
   - A. 实际位置
   - B. 观察方向
   - C. 实际大小
   - D. 显示比例

4. CAT1A 系统中，选中对象或特征，右键快捷菜单可以调出"属性"对话框。以下哪项不属于"属性"对话框修改的内容（   ）。
   - A. 对象颜色
   - B. 特征名称
   - C. 对象线型
   - D. 对象材料属性

5. 按钮 的作用是（   ）。
   - A. 让模型整体居中显示
   - B. 平移模型
   - C. 旋转模型
   - D. 缩放模型

6. CATIA V5 窗口中打开多个文档时，以下哪种不是切换文档窗口的方法（   ）。
   - A. 按快捷键〈Ctrl + Tab〉
   - B. 按快捷键〈Alt + Tab〉
   - C. 在"开始"菜单中选择不同文档切换
   - D. 在"窗口"菜单中选择不同文档切换

7. 按钮 的作用是（   ）。
   - A. 让模型整体居中显示
   - B. 平移模型
   - C. 旋转模型
   - D. 缩放模型

二、建模题

1. 启动 CATIA V5，熟悉系统操作界面及各部分的功能，建立装配章节中"低速滑轮装置"要用到的垫圈 A10 模型（GB/T 97.1—2002），如图 1-33 所示。

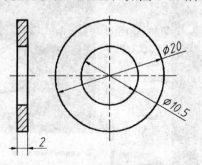

图 1-33　垫圈 A10 模型

2. 按尺寸建立如图 1-34 所示的模型。

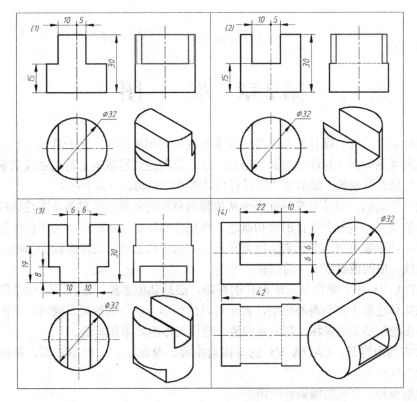

图 1-34　圆柱截交模型

三、操作题

1．单击"等轴测视图"按钮▢，"缩小"按钮🔍，"放大"按钮🔍，"旋转"按钮↩，"平移"按钮✛ 和"显示样式"中的各个按钮，体会每个按钮的含义。

2．对照表 1-2，练习鼠标和各项功能。

3．保存、打开、关闭所建立的模型。

第2章 草 图

草图是由点、直线、圆弧等基本几何元素构成的封闭的或不封闭的几何形状。草图中包括形状、几何关系和尺寸标注三方面的信息。绘制草图的过程基本上是先生成基本草图，然后对草图进行修饰与变换，最后对草图进行尺寸等约束限制。

草图设计的目的，就是创建特征操作所依赖的草图轮廓线。所谓的草图轮廓线，就是一个二维曲线的集合，是整个设计的最初概念。草图轮廓线是在草图设计工作台中创建的，并在该平台中用约束来限制草图元素的位置和尺寸，然后以这些二维轮廓线为基础，在三维状态下进行曲线、曲面或规则实体的创建。

在 CATIA V5 中，草图是三维设计的基础，必须熟练掌握。掌握了二维草图的绘制技能，在三维实体造型中将会得心应手，甚至可以达到事半功倍的效果。同时，草图绘制速度的快慢、草图绘制质量的好坏，都关系到整个建模工作的效率和质量。

本章的主要内容是：CATIA V5 的草图自由度、草图绘制、草图编辑、草图元素的约束、草图检查分析等。

本章的重点是：草图的编辑和约束。

本章的难点是：草图元素的约束。

2.1 绘制草图的基本知识

在介绍具体的草图绘制方法之前，先对草图绘制的基本概念进行必要的说明，对草图绘制中要用到的专门术语进行解释。这样有利于读者领会，加快掌握草图绘制知识。

2.1.1 草图的自由度

在机械类产品中，基本构架支撑运动部件，运动部件完成产品功能。运动和固定的主要知识基础是约束度和自由度。约束度与自由度是相对的概念。一个物体的约束度与自由度之和等于 6。完全自由的空间物体有 6 个方向的自由度，即沿 3 个坐标方向的移动自由度和围绕 3 个坐标轴的旋转自由度。

通常在平面上可绘制直线、矩形、圆弧等（可将这些对象称为草图实体）。平面上的草图实体只有 3 个自由度，即沿着 X 轴和 Y 轴的移动及图形可变的大小。图形具有的自由度与对图形所附加的控制条件有关。添加了控制条件的图形自由度会减少。通常在参数化软件中用以限制图形自由度的方法是标注尺寸和添加几何约束。

1. 点的自由度

点包括平面上任意的草图点、线段端点、圆心点或图形的控制点等。坐标原点（3 个坐标平面的共有点）是系统默认的固定点，如图 2-1 中①所示。其他没有任何限制的点可以沿水平方向和垂直方向任意移动，如图 2-1 中②所示。若要限制点的移动，可以添加水平约束或标注垂直方向的尺寸（点只能沿水平方向移动），如图 2-1 中③④所示；若同时标注垂直和水平方向的尺寸，则点被固定，自由度为 0，如图 2-1 中⑤所示。

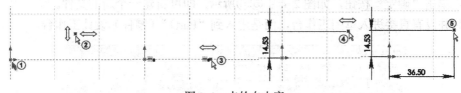

图 2-1　点的自由度

2．直线的自由度

没有任何限制的直线可以沿水平方向和垂直方向任意移动、旋转及沿长度方向伸缩，如图 2-2 中①所示。固定一个端点后，直线只能旋转和伸缩，如图 2-2 中②所示。若给定角度，直线只能伸缩，如图 2-2 中③所示；若给定长度，直线只能旋转，如图 2-2 中④所示；若给定长度和角度，直线被完全固定，自由度为 0，如图 2-2 中⑤所示。若固定两端点，直线被完全固定，如图 2-2 中⑥所示。

3．圆的自由度

没有任何限制的直线可以沿水平方向和垂直方向任意移动，也可以任意调整圆的大小，如图 2-3 中①所示。添加直径后，圆只能任意移动圆心，如图 2-3 中②所示。再固定圆心后，圆被完全固定，如图 2-3 中③所示。

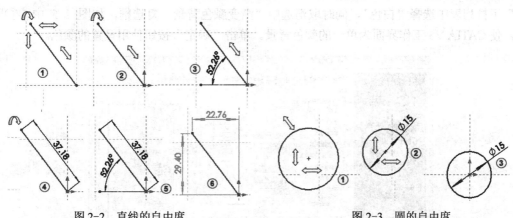

图 2-2　直线的自由度　　　　　　　图 2-3　圆的自由度

传统的参数化造型中的草图必须是完全定义的，即草图实体的平面位置和角度都必须完全确定。变量化技术解决了完全定义草图的难题。当然变量化技术并不是帮助人们自动地为草图添加尺寸和几何约束，而是将没有明确定义的草图尺寸当作变量存储起来，暂时以当前的绘制尺寸赋值，这样不影响利用草图生成特征，以及其后的装配工作。

利用变量化设计可以有效地提高几何建模的速度，方便易用。绘制草图时，尽量将草图中的某点与固定不动的坐标原点重合，尽量将草图完全定义，以避免在后续的编辑操作中产生无法预知的结果或操作失败。

2.1.2　工作区背景颜色设置

启动 CATIA V5，选择菜单"文件"→"新建"命令，或者按快捷键〈Ctrl+N〉，如图 2-4

中①②所示。系统弹出"新建"对话框，在"类型列表"中选择"Part"，单击"确定"按钮，如图 2-4 中③④所示。系统又弹出"新建零件"对话框，采用默认的零件名称"Part1"，单击"确定"按钮，如图2-4中⑤⑥所示，即可新建一个新的文件。

此时并没有直接进入草图工作台，而是进入到"Part1"（零件）设计工作台。

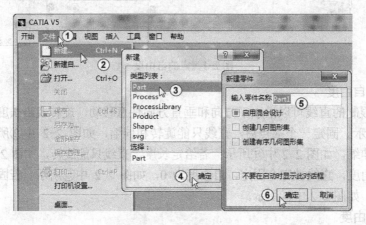

图2-4 "新建"对话框

选择菜单"工具"→"选项"命令，如图 2-5 中①②所示。系统弹出"选项"对话框，在"常规"中选择"显示"选项，单击"可视化"选项卡，如图 2-5 中③④所示。在"背景"下拉列表中选择"白色"，同时取消选中"渐变颜色背景"复选框，如图 2-5 中⑤⑥所示，使 CATIA V5 工作界面为单一的颜色背景。单击"确定"按钮使用设置的颜色。

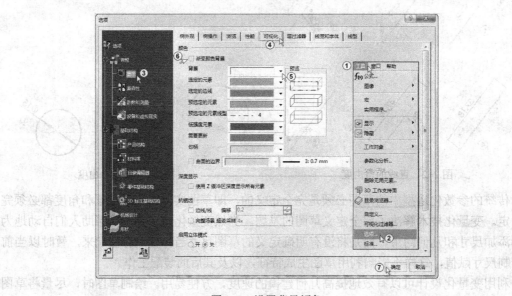

图2-5 设置背景颜色

选择菜单"工具"→"选项"命令，系统弹出"选项"对话框，在"机械设计"中选择"草图编辑器"选项，如图 2-6 中①②所示。在"颜色"中选择"元素的默认颜色"为"黑色"，如图2-6中③所示。单击"确定"按钮使用设置的颜色，如图2-6中④所示。

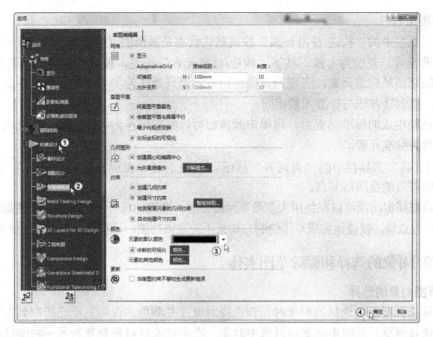

图 2-6　设置元素的默认颜色

选择菜单"插入"→"草图编辑器"→"草图"命令，如图 2-7 中①～③所示。再选择"zx 平面"，如图 2-7 中④所示，进入草图工作台。

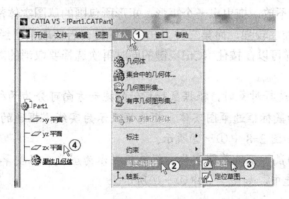

图 2-7　进入草图工作台

2.1.3　草图平面和草图工具栏

1. 草图平面

草图绘制的一般流程是：首先要进入草图工作台，然后选择一个绘图命令，再在工作区拾取点，开始草图的创建。基本完成草图绘制后，对草图进行修改或标注尺寸或添加几何约束。

草图平面通常有 3 种，具体如下。

1）特征树中的 xy 平面、yz 平面、zx 平面。

2）已有实体上的一个平面。

3）由用户根据建模需要自己创建的平面。

2. 草图工具栏

草图工具栏中的"构造/标准元素"按钮默认状态是激活的（呈彩色 ），表示所绘制的草图是标准元素，表现为实线。按下"构造/标准元素"按钮，使其按钮显示为灰色 ，表示所绘制的草图是构造元素，表现为虚线。构造元素只是作为参考用的元素，不参与后期的实体建模，但创建方法与标准元素相同。

选择已经生成的标准元素后，再单击此按钮可以将它转换为构造元素；反之也可以将构造元素转换为标准元素。

"草图工具"工具栏中的"点对齐"按钮 被激活时（表现为高亮显示 ），用鼠标选择或创建的点只能是网格节点。

智能拾取捕捉功能可以在使用大多数草绘命令时，准确地选择一些特殊点，诸如圆心、线段端点、最近点等，便捷地完成草图绘制。如果不需要该功能，可按住〈Shift〉键使其失效。

2.1.4 草图对象的选择和删除草图实体

1. 草图对象的选择

当鼠标指针接近被选择的对象时，该选择对象改变颜色，说明鼠标已拾取到对象，这种功能称为选择预览。此时单击就可以选中对象，选中对象后对象会变为另一种颜色，说明此对象已被选中。

选择多个操作对象时，可以采用以下两种方法。

1）按住〈Ctrl〉键不放，依次选择多个草图实体。

2）按住鼠标左键不放，拖曳出一个矩形，矩形所包围的草图实体都将被选中。

第一种方法的可控性较强，而第二种方法更为快捷。若要取消已经选择的对象，使其恢复到未选择状态，同样可以在按住〈Ctrl〉键的同时再次选择要取消的对象即可。

⚠ **注意：** 框选选择对象时，根据鼠标指针的拖动方向可分为两种情况。

1）由左向右拖动鼠标框选草图实体，框选框显示为实线，框选的草图实体只有完全被框选住才能被选中，如图2-8中①~③所示。

2）由右向左拖动鼠标框选草图实体，框选框显示为虚线，只要草图实体有部分在框选内，该草图实体即被选中，如图2-8中④~⑦所示。

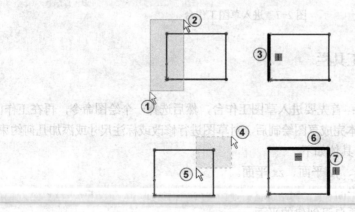

图2-8 不同框选方向的不同结果

2. 删除草图实体的 3 种方法

1）鼠标右键选取草图元素，从弹出的快捷菜单中选择"删除"命令，如图 2-9 中①②所示。结果如图 2-9 中③所示。

图 2-9　从快捷菜单中删除草图实体

2）选取实体，按〈Delete〉键，可直接删除。

3）单击"重新限定"工具栏中的"快速修剪"按钮，在"草图工具"工具栏中选择修剪的方式。 表示选择的部位将被裁剪掉； 表示选择部位被保留； 表示只是打开，而不修剪。

2.2　预定义的轮廓

单击屏幕最右侧"轮廓"工具栏中的"矩形"按钮 右下角的倒三角形，如图 2-10 中①所示。可以展开预定义的轮廓，如图 2-10 中②所示。其中有 9 个轮廓命令按钮：分别是"矩形""斜置矩形""平行四边形""延长孔""圆柱形延长孔""钥匙孔""多边形""居中矩形""居中平行四边形"，可用其快速完成各种特殊形状的图形的绘制。预定义轮廓仅仅是为了作图方便，实际上，上述的所有功能都可以用"轮廓"工具栏中的命令完成。

图 2-10　调出预定义的轮廓

预定义轮廓首先要确定一点，此点可以通过鼠标定位也可以根据"草图工具"工具栏中文本框的提示输入相应的值来定位。例如单击"矩形"按钮 ，确定第一个点后，在"草图工具"工具栏的文本框中输入矩形的"宽度"和"高度"。长度可正可负，正值表示沿着坐标轴正向，负值表示沿坐标轴负向。

预定义的轮廓用法如表 2-1 所示。

表 2-1　预定义的轮廓用法

按　钮	功　能	操作步骤	绘制方法
矩形	绘制与坐标轴标平行的矩形		单击"矩形"按钮 ，在工作区单击两点作为矩形的两个对角点
斜置矩形	一个边与横轴成任意角度的矩形		单击"斜置矩形"按钮 ，在工作区单击 3 点作为矩形的 3 个角点

按　　钮	功　　能	操　作　步　骤	绘　制　方　法
平行四边形	绘制任意放置的平行四边形	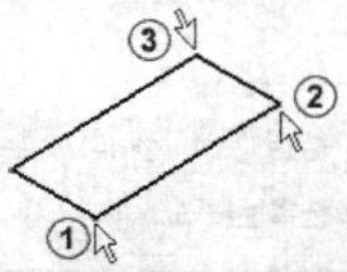	单击"平行四边形"按钮，在工作区单击3点作为矩形的3个角点
延长孔	绘制延长孔	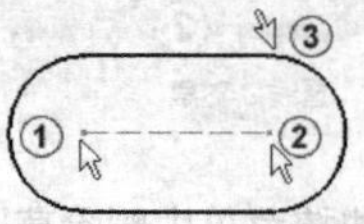	单击"延长孔"按钮，在工作区单击以确定中心轴线的两个端点和孔上的一点
圆柱形延长孔	绘制圆柱形延长孔	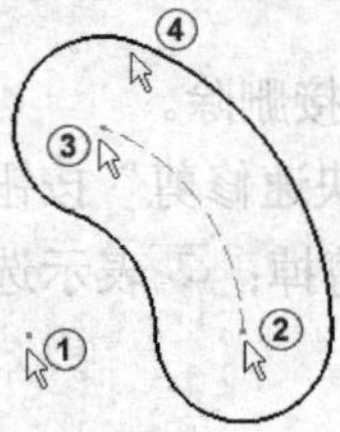	单击"圆柱形延长孔"按钮，先在工作区单击确定圆弧中心线的圆心位置，然后移动鼠标单击确定圆弧中心线的起点，再移动鼠标单击确定圆弧中心线的终点，最后移动鼠标单击确定长孔上的一点
钥匙孔	绘制钥匙孔形状	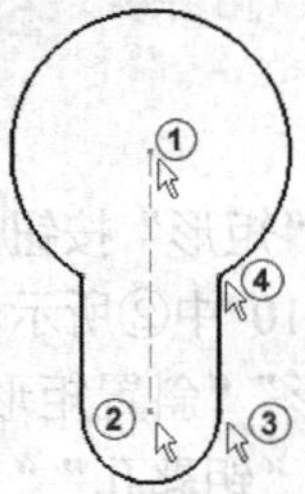	单击"钥匙孔轮廓"按钮，先工作区单击确定较大一端的中心位置，然后移动鼠标单击确定较小一端的中心位置，再移动鼠标单击确定较小一端的大小，最后移动鼠标单击确定较大一端的大小
多边形	绘制多边形	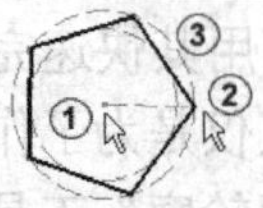	单击"多边形"按钮，先在工作区单击确定多边形的中心，然后移动鼠标单击确定外接圆或内接圆的半径，最后移动鼠标确定多边形的边数
居中矩形	以矩形的中心点定位的方式绘制矩形	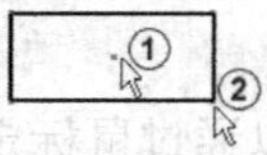	单击"居中矩形"按钮，在工作区单击确定矩形的中心，移动鼠标单击确定矩形的一个角点
居中平行四边形	以中心点定位的方式绘制平行四边形	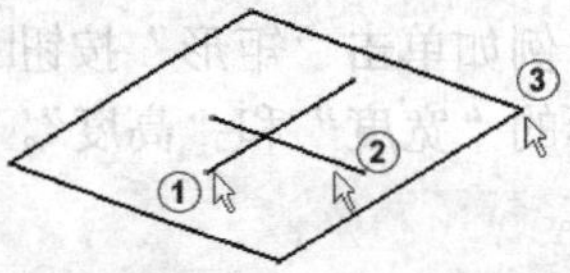	单击"居中平行四边"按钮，先选择第一条居中的线，再选择第二条居中的线，最后移动鼠标单击确定矩形的一个角点

选择菜单"文件"→"新建"命令，系统弹出"新建"对话框，在"类型列表"中选择"Part"，单击"确定"按钮，系统又弹出"新建零件"对话框，采用默认的零件名称"Part1"，单击"确定"按钮，即可新建一个新的文件。

从特征树中选择"zx平面"，单击"草图"按钮，进入草图绘制模式。单击屏幕最下方的"全部适应"按钮，单击"矩形"按钮，如图2-11中①所示。在工作区中捕捉到原点（出现符号时按时鼠标左键），如图2-11中②所示。然后移动鼠标到适当的位置后单击，绘制出矩形，如图2-11中③所示。为了避免尺寸过大或者过小或者欠约束等而导致移动时图形变形得太严重，初学者最好先标注尺寸。

单击"约束"按钮，如图2-11中④所示。先选中矩形的一条水平线，如图2-11中⑤

所示。然后移动鼠标，出现尺寸约束，移动到合适位置单击，完成尺寸约束标注，双击尺寸，系统弹出"约束定义"对话框，在"值"文本框内输入 41，如图 2-11 中⑥所示，单击"确定"按钮，结果如图 2-11 中⑦⑧所示。用同样的方法标注矩形边的长度，如图 2-11 中⑨所示。

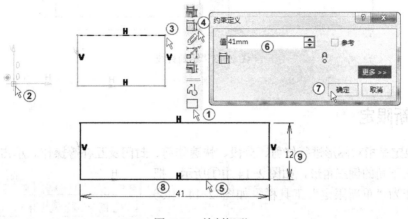

图 2-11　绘制矩形

2.3　轮廓曲线

草图绘制中的"轮廓"工具栏汇集了轮廓、矩形、圆、样条曲线、椭圆、直线、轴和点等绘图命令。其中第一项"轮廓"按钮（如图 2-12 中①所示），可以绘制由直线和圆弧等线段组成的连续折线。它有 3 个子命令，分别是"直线"、"相切弧"、"三点弧"（如图 2-12 中②~④所示）。系统默认按钮是"直线"（高亮显示），可以用鼠标单击相应的图标进行切换。

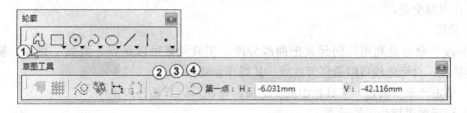

图 2-12　"轮廓"工具栏

所绘制的连续折线构成封闭图形时，系统会自动结束绘制状态。如果所绘制的连续折线没有封闭时想退出绘制状态，有 3 种方法：①单击"轮廓"按钮；②在连续折线的最后一点双击鼠标左键；③按键盘上的〈Esc〉键。

单击"轮廓"按钮，如图 2-13 中①所示。系统弹出"草图工具"工具栏并自动选中了绘制直线按钮，在工作区中捕捉到点（出现符号）时按时鼠标左键，如图 2-13 中②所示。然后移动鼠标到适当的位置后单击，如图 2-13 中③~⑧所示（注意最后一点要出现符号时才单击鼠标以确保其在水平直线上），按〈Esc〉键结束绘制状态。

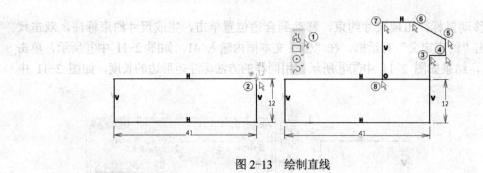

图 2-13 绘制直线

2.4 重新限定

重新限定是指对图形进行修剪、分段、快速修剪、封闭及互补等操作。单击"操作"工具栏中 右下角的倒三角形，如图 2-14 中①所示。把该图标展开为"重新限定"工具栏，如图 2-14 中②所示。

图 2-14 "重新限定"工具栏

1. 修剪

修剪的功能是对两条曲线进行修剪。如果是缩短的，适用于任何曲线；如果是伸长，则只适用于直线、圆弧、圆锥曲线。其操作步骤如下。

1）单击"重新限定"工具栏中的"修剪"按钮，开始进行修剪操作。

2）在"草图工具"工具栏中选择修剪方式。表示修剪所有元素，表示只修剪第一个元素。

3）依次选择两条曲线。剪的位置与鼠标单击的位置有关系。在选取曲线时需单击要保留的部分。

4）该功能也可以用于延长曲线。但只适用于直线、圆弧、圆锥曲线，且这些曲线之间必须存在虚拟交点。

2. 分段

"分段"命令是利用几何元素把曲线分段，工具元素可以是点、圆弧、直线、圆锥曲线、样条线，目标曲线可以是任何曲线。其操作步骤如下。

1）单击"重新限定"工具栏中的"分段"按钮，开始分段操作。

2）选择要进行分段的元素。

3）选择工具元素，可以是点及曲线。如果选择的点不在要进行分段的曲线上，则先把点投影到曲线上，曲线在投影点处被分段。

3. 快速修剪

快速修剪时系统会自动探测边界，用户只需选择被剪裁的曲线即可。被修剪的曲线可以是直线、圆（弧）、圆锥曲线、样条线等，但不能是复合曲线。其操作步骤如下。

1）单击"重新限定"工具栏中的"快速修剪"按钮，开始操作。

2）在"草图工具"工具栏中选择修剪的方式。表示选择的部位将被裁剪掉；表示选择部位被保留，表示只是打开而不修剪。

3）选择需要修剪的曲线。

4. 关闭

"关闭"命令是把不封闭的圆弧及椭圆弧转换为封闭的圆及椭圆。其操作步骤如下。

1）单击"重新限定"工具栏中的"关闭"按钮🔘，开始操作。

2）选择需要封闭的圆弧或者椭圆弧。

5. 互补

"互补"命令是把圆弧或者椭圆弧转换为其互补的部分。其操作步骤如下。

1）单击"重新限定"工具栏中的"互补"按钮🔘，开始操作。

2）选择需要进行操作的圆弧或者椭圆弧。

单击"快速修剪"按钮✏️，如图 2-15 中①所示。移动鼠标到不需要的线上单击（如图 2-15 中②所示），将其剪掉。单击"约束"按钮🔲，标注尺寸（注意请一定要先标注小尺寸，可避免图形变形得太大），结果如图 2-15 中③所示。

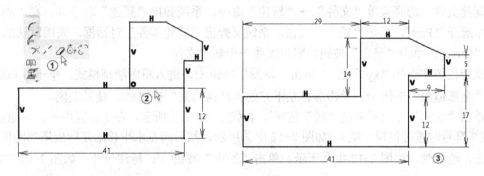

图 2-15　标注尺寸

单击"退出工作台"按钮📤，离开草图模式。单击屏幕右侧的"凸台"按钮🔗，系统弹出"定义凸台"对话框，单击"类型"下拉列表框，在弹出的下拉菜单中选择"尺寸"，在"长度"文本框中输入数值 15.5，选中"镜像范围"复选框，其他采用默认设置，单击"确定"按钮完成凸台操作，如图 2-16 中①～③所示。单击屏幕最下方的"全部适应"按钮⊕，单击屏幕下方的"等轴测视图"按钮📦，结果如图 2-16 中④所示。

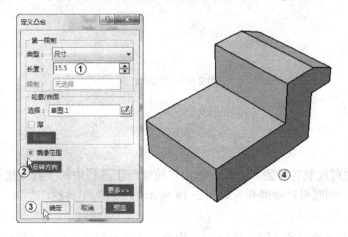

图 2-16　对称拉伸模型

选择菜单"文件"→"另存为"命令，系统弹出"另存为"对话框，选择保存的盘符，在"文件名"中采用系统默认的文件名 Part1，单击"保存"按钮即可保存此文件。

选择菜单"文件"→"关闭"命令，关闭模型。

2.5 轴

轴是一种特殊的直线，不能作为草图轮廓去创建实体或曲面，只能作为草图修饰或旋转体的参考中心线。一个草图只能有一条轴。如果再次绘制一条轴，则第一次绘制的轴将自动转换为构造线（在工作区中，轴显示为点画线，而构造线显示为虚线）。

绘制好的直线转变为轴的方法是先选择直线，再单击"轴"按钮￨，即可完成转变。

轴的绘制方法与直线一样，即确定两点即可连点成线，或者起点、直线的长度和角度也可绘制直线。

新建文件。选择菜单"文件"→"新建"命令，系统弹出"新建"对话框，在"类型列表"中选择"Part"，单击"确定"按钮，系统又弹出"新建零件"对话框，采用默认的零件名称"Part2"，单击"确定"按钮，即可新建一个新的文件。

从特征树中选择"xy 平面"，单击"草图"按钮￼，进入草图绘制模式。单击屏幕最下方的"全部适应"按钮￼，单击屏幕左下方的"几何约束"按钮￼，使其关闭。

单击"轮廓"工具栏中的"轴"按钮￨，如图 2-17 中①所示。在工作区中捕捉到原点（出现⊙符号时按时鼠标左键），如图 2-17 中②所示。然后向左水平移动鼠标到适当的位置后单击，绘制轴，如图 2-17 中③所示。单击"约束"按钮￼，标注尺寸，如图 2-17 中④⑤所示。

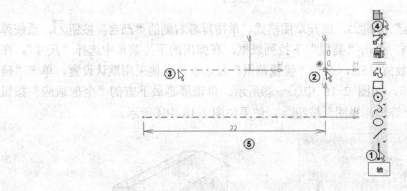

图 2-17　绘制轴

2.6 圆

"圆"工具栏可绘制各种圆和圆弧。单击"轮廓"工具栏中的"圆"按钮⊙右下角的倒三角形，可以把绘制圆弧功能展开为如图 2-18 所示的"圆"工具栏。

1. 两点圆

单击"圆"工具栏中的"圆"按钮⊙，用鼠标指针拾取点，依次选取圆心和圆上的点，确定一个圆。

如果需要圆的参数，可以双击该圆，弹出如图 2-19 所示的"圆定义"对话框，在对话框中修改相关的参数。可以使用"直角"坐标或者"极坐标"两种输入方式，如果选中对话框中的"构造元素"复选框，则可以把圆转换为构造元素。构造元素可用来辅助其他二维图形的建立，但不能用来建立实体。

图 2-18 "圆"工具栏   图 2-19 "圆定义"对话框

也可以通过确定圆心，并与其他直线和圆弧相切来绘制整圆。先确定圆心，然后右击要相切的元素，从弹出的快捷菜单中选择"相切"命令。这样就可以完成圆弧的绘制。

2. 三点圆

通过 3 个坐标点，可以确定一个圆。其操作步骤如下。

1）单击"圆"工具栏中的"三点圆"按钮 ⟲，启动 3 点画圆命令。

2）根据提示，在工具栏中输入第一个坐标值，或者直接用鼠标选取一点。

3）选取第 2 点，或输入第 2 点坐标。

4）选取第 3 点，或者输入第 3 点坐标，完成 3 点画圆。

3. 坐标画圆

单击"圆"工具栏中的"使用坐标创建圆"按钮 ⟳，即打开坐标画圆按钮，可以使用该功能绘制已知圆心坐标及半径的圆。只需要在弹出的对话框中输入相关参数即可。

4. 三切线圆

做一个圆和已知 3 个元素相切，元素可以是圆、直线、点。

单击"圆"工具栏中的"三切线成圆"按钮 ◯，选择 3 个元素即可生成圆。当选择元素为点时（实际上是圆上的点），那么相当于三点成圆的情况。

5. 弧

通过圆心、圆弧的起点和终点来确定圆弧。其操作步骤如下。

1）单击单击"圆"工具栏中的"弧"按钮 ⟲，开始圆弧绘制。

2）单击一点作为圆弧的圆心，或者在工具栏中输入坐标。

3）单击一点作为圆弧的起点，单击一点作为圆弧的终点，或者在工具栏中输入终点的坐标，也可以输入圆弧的圆周角 S。其中，正值表示逆时针方向。

6. 三点弧

通过圆弧上的 3 个点确定一段弧，其中第 1 点是圆弧的起点，第 3 点是圆弧的终点，顺序不同，所成的圆弧也不一样。

其操作步骤如下。

1）单击"圆"工具栏中的"三点弧"按钮 ⟳，开始绘制圆弧。

2）依次选择圆弧上的 3 个点，注意点的前后顺序。工具栏中 R 值是通过 3 个点计算出来的圆弧半径长度，不需要用户输入。

7. 起始受限的三点圆弧

该功能也是通过 3 个点来确定圆弧。与 3 点圆弧不同的是，在有限制的 3 点圆弧中，第 1 点是圆弧的起点，第 2 点是圆弧的终点，第 3 点是圆弧上的一点，其中第 3 点确定圆弧的位置和半径。

单击"圆"工具栏中的"起始受限的三点圆弧"按钮 ⟳，开始绘制圆弧。依次确定圆弧上的 3 点，在确定第 3 点时，用户可以在工具栏中输入的数值，并按〈Enter〉键确定，然后用鼠标指针选择圆弧的方向。

单击"圆"工具栏中的"圆"按钮 ⊙，用鼠标指针捕捉原点，如图 2-20 中①②所示。鼠标指针离开原点到适当位置单击，绘制出一个圆，如图 2-20 中③所示。单击"约束"按钮 ⊡，标注尺寸，结果如图 2-20 中④⑤所示。

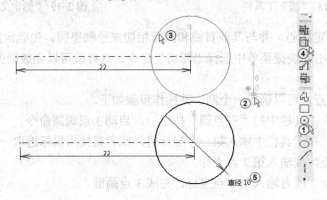

图 2-20　绘制圆

单击"圆"工具栏中的"圆"按钮 ⊙，用鼠标指针捕捉原点，如图 2-21 中①②所示。然后右击已知圆，选择"参数"→"复制半径"命令，这样便生成一个和已知圆直径相同的另一个圆，如图 2-21 中③～⑥所示。

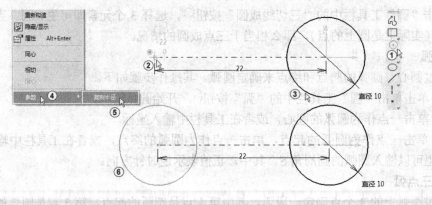

图 2-21　绘制另一个圆

2.7 直线

"直线"工具栏集合了各种绘制直线的功能。单击"轮廓"工具栏中的"直线"按钮,
然后单击其右下角的倒三角形,将其展开为如图 2-22 所示的"直
线"工具栏。该工具栏有绘制直线、无限长直线、公切线、角平分
线、垂直等功能。

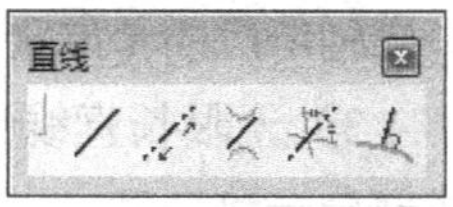

1. 直线

两点可以确定一条直线,长度及角度也可以确定一条直线,绘制
直线这个功能还可以限制直线之间的几何关系。其操作步骤如下。

图 2-22 "直线"工具栏

1)单击"直线"工具栏中的"直线"按钮 ∕ ,开始绘制直线。

2)用鼠标指针在草图中确定两个点,可以形成一条直线。

3)可以双击直线,弹出"直线定义"对话框,修改其中相应的参数,如图 2-23 所示。

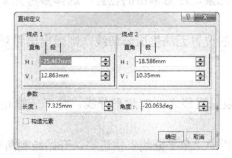

图 2-23 "直线定义"对话框

4)绘制一条与已知直线平行的直线。先确定直线的起点,右击参考直线,在弹出的快
捷菜单中选择"平行"命令,再确定直线的终点。

5)绘制已知直线的垂线。先确定直线的起点,右击参考直线,在弹出的快捷菜单中选
择"垂直"命令,再确定直线的终点。

6)绘制一条与已知直线长度相同的直线。先确定直线的起点,右击参考直线,在弹出
的快捷菜单中选择"参数"→"复制长度"命令,此时,直线的长度被限制为和已知直线长
度相等。

7)绘制过已知直线中点的直线。直线的起点和终点都可以选择参考直线的中点。右击
参考直线,在弹出的快捷菜单中选择"中点"命令即可。

8)绘制经过参考直线最近的端点的直线。直线的起点和终点都可以选择参考直线的最
近端点。右击参考直线,在弹出的快捷菜单中选择"最近距离点"命令。

9)直线与圆之间的关系。先确定直线的起点,右击参考圆,在弹出的快捷菜单中选择
所需的几何关系。

● 同心:通过圆的中心。

● 相切:与右击参考圆的位置有关系,不同位置所形成的切线可能不一样。

● 正交:垂直关系,即形成直线是圆锥曲线的法线。

2. 无限长直线

该命令可以在草图上绘制无限长的直线,需要确定两个点,或者一点及角度即可。其操

作步骤如下。

1）单击"直线"工具栏中的"无限长直线"按钮，开始绘制。

2）无限长直线的类型有水平线、垂直线、斜直线 3 种类型。对于水平线和垂直线，只需确定一个点便可以确定直线。对于斜直线，可以通过确定两个点，也可以通过一点及直线与横轴所成的角度来确定直线。

3）无限长直线也可以限制它与其他直线、无限长直线之间的几何关系，操作方法与直线部分一致。

3. 公切线

创建两个元素间的公切线。可以创建公切线的元素有圆（弧）、二次曲线、样条线、点。公切线与选取元素时鼠标所单击的位置有很大的关系，不同的位置可能产生不同的公切线。其操作步骤如下。

1）单击"直线"工具栏中的"公切线"按钮，开始绘制公切线。

2）依次选择两个参考元素，注意单击的位置。选择参考元素不同，所生成的公切线也不同。

3）如果选择参考元素的位置无法生成公切线，则弹出出错对话框，提示用户当前所选择的位置无法创建公切线。

4. 角平分线

创建两条直线或者无限长直线之间的角平分线，角平分线是无限长直线。其操作步骤如下。

1）单击"直线"工具栏中"角平分线"按钮，开始绘制角平分线。

2）依次选择两条直线，生成的角平分线与选择的参考直线的位置及顺序有关系。两条直线可以不相交，如果所选择的直线是平行线，则生成的是等距离线。

5. 垂线

"垂线"命令可以创建曲线的垂线。曲线可以是直线、圆（弧）、圆锥或样条线，直线部分也可以做出垂线。其操作步骤如下。

1）单击"直线"工具栏中的"垂线"按钮，开始绘制垂线。

2）鼠标在草图中确定一点，选择曲线，即可完成垂线创建。

双击"直径 10"，系统弹出"约束定义"对话框，将"直径"改为 22，单击"确定"按钮，如图 2-24 中①~③所示。结果如图 2-24 中④所示。

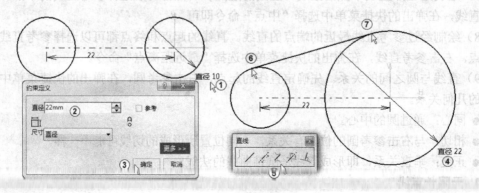

图 2-24 绘制圆的相切线

单击"公切线"按钮✗，在小圆的上方单击后在大圆的上方单击，绘制出一条与两个圆相切的直线，如图 2-24 中⑤～⑦所示。

2.8 变换

变换是指对图形进行镜像、平移、旋转、缩放、偏置等操作。单击"操作"工具栏中的"镜像"按钮![] 右下角的倒三角形，把它展开为如图 2-25 所示的"变换"工具栏。

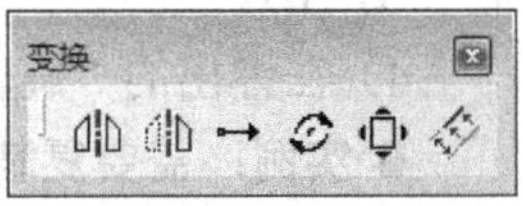

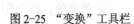

图 2-25 "变换"工具栏

1. 镜像

"镜像"命令是绘制出与原来图形关于直线或者轴对称的部分，其操作步骤如下。

1）单击"变换"工具栏中的"镜像"按钮![]。

2）选择要进行镜像的图形，再选择对称轴，对称轴可以是直线或者轴。

3）如果需要对多个图形进行镜像，可以先选择多个图形（选择时按住〈Ctrl〉键），再单击"镜像"按钮![]，最后选择对称轴。

2. 对称

"对称"命令是绘制出与原来图形关于直线或者轴对称的部分，并删除原来的图形。其操作步骤如下。

1）单击"变换"工具栏中的"对称"按钮![]。

2）选择要进行对称的图形，再选择对称轴，对称轴可以是直线或者轴。

3）如果需要对多个图形进行对称，可以先选择多个图形（选择时按住〈Ctrl〉键），再单击"对称"按钮![]，最后选择对称轴。

3. 平移

"平移"命令是把图形沿着某一直线方向移动一定的距离。其操作步骤如下。

1）选择需要进行平移操作的图形，可以用鼠标圈选，也可以按住〈Ctrl〉键选择多个图形。

2）在"变换"工具栏单击"平移"按钮→，弹出"平移定义"对话框，如图 2-26 中①所示。

3）选择平移的起点。

4）选择平移的终点，可以用鼠标确定终点的位置，或者在"草图工具"工具栏中输入终点的坐标值，或者在"平移定义"对话框中的"长度"选项组中输入要平移的距离，并用鼠标确定平移的角度，完成平移操作。

5）在"平移定义"对话框中：

● 实例：需要复制的数目。在每两个图形之间是等距离分布在平移的直线上。

● 复制模式：如果选中该复选框，将根据"实例"的数目来生成新的图形。

● 保持内部约束：保持图形内部约束。

● 保持外部约束：保持图形外部约束。

● 长度值：平移的距离。

6）如果需要确定精确的平移距离，可以在确定平移起点之后，在"平移定义"对话框中输入"长度"的值，并按〈Enter〉键确定，接着再确定终点。

4．旋转

"旋转"命令是把图形绕中心点旋转一定的角度。其操作步骤如下。

1）选择需要进行旋转的图形，可以按住〈Ctrl〉键选择多个图形。

2）单击"变换"工具栏中的"旋转"按钮 。

3）选择旋转中心。可以用鼠标确定，也可以在"草图工具"工具栏中输入中心的坐标值（H，V）。

4）在弹出的"旋转定义"对话框中输入相关参数，如图2-26中②所示。

● 实例：需要复制的图形个数。

● 角度值：两个图形之间的旋转角度。正值逆时针旋转，负值顺时针旋转。

● "步骤模式"：捕捉模式。如果选中，用鼠标确定角度时，每次增加的角度是确定的。该步间距可以通过在这个文本框中右击，选择新的步间距。

5．缩放

"缩放"命令是把图形进行等比例放大或缩小。其操作步骤如下。

1）选择需要进行缩放的图形，可以按住〈Ctrl〉键选择多个图形。

2）单击"变换"工具栏中的"比例"按钮。

3）选择缩放中心。

4）在弹出的"缩放定义"对话框中，输入相应的参数，如图2-26中③所示。

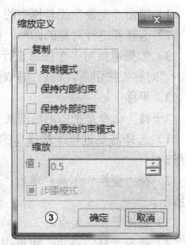

图2-26 平移、旋转和比例定义对话框

"缩放值"：缩放比例。可以通过用鼠标确定缩放的终点来计算缩放的比例，如果要进行精确的缩放，可以在此文本框中输入缩放比例。大于 1 的数值是放大，小于 1 的数值是缩小。

6．偏移

该功能是把图形沿着法向进行偏置。其操作步骤如下。

1）选择需要进行偏移的图形，可以按住〈Ctrl〉键选择多个图形。

2）单击"变换"工具栏中的"偏移"按钮。

3）选择图形上任意一点，确定新图形的位置，或者在"草图工具"工具栏中输入新图形上任意一点的坐标值（H，V）。

4）可以在"草图工具"工具栏中输入"实例"数，即复制的图形个数，图形之间的偏置方向相同，偏置距离相等。

5）在"草图工具"工具栏中，辅助工具表示只对所选定的图形进行偏置。

6）辅助工具表示对所选的图形及与之相切的图形都进行偏置。

7）辅助工具表示只要与所选图形点连续的都进行偏置。

8）辅助工具表示关于原图形进行对称偏置，它可以和第6）～8）步所述功能同时使用。

单击"变换"工具栏中的"镜像"按钮，选择要进行镜像的斜线，再选择轴，如图 2-27 中①～③所示。结果如图 2-27 中④所示。

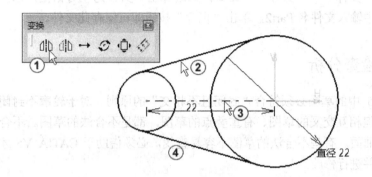

图 2-27　镜像斜线

单击"轮廓"工具栏中的"轴"按钮，绘制出一条通过原点的竖直中心线，如图 2-28 中①～③所示。

按住〈Ctrl〉键选择两条斜线和一个小圆，如图 2-28 中④～⑥所示。单击"变换"工具栏中的"镜像"按钮，选择垂直轴，如图 2-28 中⑦⑧所示。结果如图 2-28 中⑨所示。

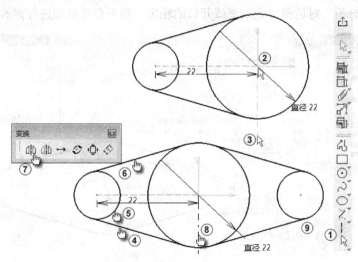

图 2-28　镜像图形

双击"快速修剪"按钮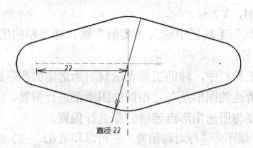，修剪掉多余线段，结果如图 2-29 所示。

图 2-29　修剪图形

选择菜单"文件"→"另存为"命令，系统弹出"另存为"对话框，选择保存的路径，在"文件名"中输入文件名 Part2，单击"保存"按钮即可保存此文件。

2.9　草图检查分析

CATIA V5 中的草图必须符合"封闭且不相交"的原则。对于轮廓不封闭的草图、相交的草图、封闭但相互交叉的草图、有重叠点的草图，都是不合法的草图。不合法的草图将不能构建实体或曲面。有些不合法的草图不容易查找，必须借助于 CATIA V5 才能对草图进行合法性分析，并进行修改。

选择菜单"工具"→"草图分析"命令（只有在草图工作台状态下，才能使用该命令），如图 2-30 中①②所示。系统弹出"草图分析"对话框，其中的"几何图形"选项卡可以查看草图轮廓的几何状态。选择已隔离的"直线.7"（如图 2-30 中③所示），图形中对应的斜线高亮显示（如图 2-30 中④所示）。按住〈Ctrl〉键选择"直线.10"，图形中对应的斜线高亮显示（如图 2-30 中⑤⑥所示）。单击"删除几何图形"按钮，如图 2-30 中⑦所示。最后单击"关闭"按钮。

如果"草图分析"对话框中无隔离或开口的轮廓，则不必对草图进行修改。

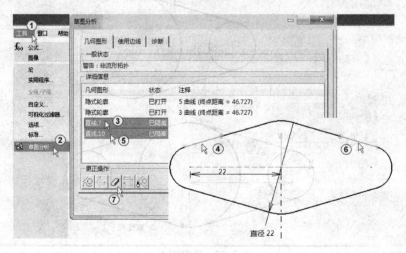

图 2-30　草图分析

草图轮廓的类型如表 2-2 所示。

表 2-2 草图轮廓的类型

几何图形	状 态	注 释	更 正 方 法
草图轮廓	已关闭	组成轮廓的曲线数	
	已打开	组成轮廓的曲线数，并提供警告信息	开口轮廓的端点以蓝色圆圈显示，修改
点、线	已隔离		删除或修改为构造元素闭合轮廓

在 CATIA V5 草图环境中，草图通过不同的颜色显示其约束状态，系统默认草图颜色所对应的约束含义如表 2-3 所示。

表 2-3 草图颜色所对应的约束含义

草图的颜色	含 义
白色	没有约束，仍然有多余的自由度。解决办法是增加约束，把未约束的自由度消除
粉色	过分约束的元素，需要减少约束
红色	不一致的元素(元素间尺寸不一致或者被固定)，过约束，存在重复或矛盾的约束。解决的办法是删除一些多余的约束或尺寸，去除固定
棕色	未更改的元素，元素无法随着约束而改变
黄色	受保护的元素，无法在草图中直接删除该元素
褐色	构造元素，该元素为构造/标准元素
蓝色	智能拾取，绘制草图时智能拾取的元素
黑色	草图实体完全定义，也就是自由度为 0，这是正确的情况

单击"退出工作台"按钮，离开草图模式。单击屏幕右侧的"凸台"按钮，系统弹出"定义凸台"对话框，在"长度"文本框中输入数值 10，其他采用默认设置，单击"确定"按钮完成凸台操作，如图 2-31 中①②所示。单击屏幕最下方的"全部适应"按钮，单击屏幕下方的"等轴测视图"按钮，结果如图 2-31 中③所示。

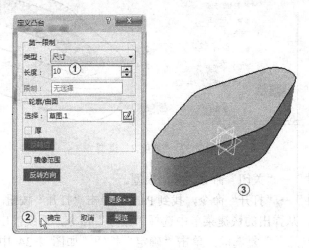

图 2-31 拉伸模型

选择菜单"文件"→"另存为"命令，系统弹出"另存为"对话框，选择保存的路径，在"文件名"中采用系统默认的文件名 Part3，单击"保存"按钮即可保存此文件。

双击"凸台.1"，系统弹出"定义凸台"对话框，选中"厚"复选项，在"薄凸台"选项组的"厚度 1"文本框中输入 2，其他采用默认设置，单击"确定"按钮，如图 2-32 中①～⑤所示。可以看到"厚度 1"是向内加厚。

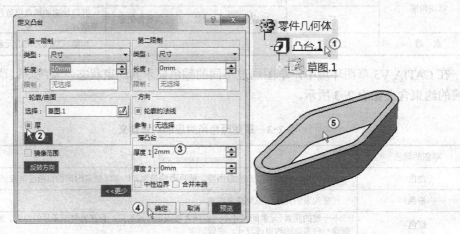

图 2-32 "厚度 1"模型

双击"凸台.1"，系统弹出"定义凸台"对话框，在"薄凸台"选项组的"厚度 1"文本框中输入 0，"厚度 2"文本框中输入 5，其他采用默认设置，单击"确定"按钮，如图 2-33 中①～⑤所示。可以看到"厚度 2"是向外的加厚。

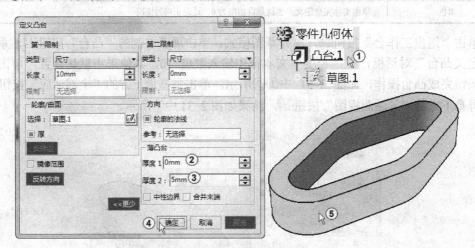

图 2-33 "厚度 2"模型

选择菜单"文件"→"关闭"命令，关闭模型。

选择菜单"文件"→"打开"命令，找到 Part3，单击"打开"按钮。

右击"凸台.1"，从弹出的快捷菜单中选择"删除"命令，系统弹出"删除"对话框，取消选中"删除聚焦元素"复选框，单击"确定"按钮，如图 2-34 中①～④所示。双击"草图.1"，单击"圆"工具栏中的"圆"按钮⊙，绘制一个圆心在原点 R8 的圆，如图 2-34

中⑤⑥所示。单击"退出工作台"按钮⬆。单击屏幕最下方的"全部适应"按钮✛，单击屏幕下方的"等轴测视图"按钮🔲。

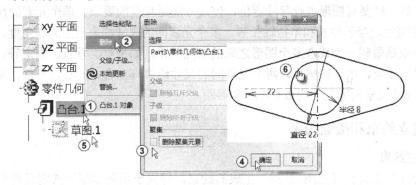

图 2-34　绘制圆

用于"多凸台"的草图必须是封闭轮廓，且不能相交。单击屏幕右侧"凸台"按钮🔲右下角的倒三角形，单击"多凸台"按钮🔲，如图 2-35 中①②所示。系统弹出"定义多凸台"对话框，在工作区选择"草图.1"作为多凸台拉伸草图，选择草图后在"域"选项组中有两个"拉伸域"，选中"拉伸域.1"在"第一限制"选项组的"长度"文本框中输入 10；选中"拉伸域.2"后在"第一限制"选项组的"长度"文本框中输入 20；单击"预览"按钮，可以预览多重拉伸的效果，如图 2-35 中③～⑥所示。单击"确定"按钮，结果如图 2-35 中⑦所示。

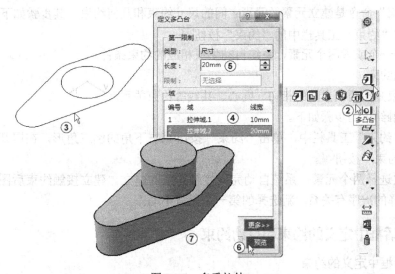

图 2-35　多重拉伸

选择菜单"文件"→"另存为"命令，系统弹出"另存为"对话框，选择保存的路径，在"文件名"中采用系统默认的文件名 Part4，单击"保存"按钮即可保存此文件。

2.10　草图约束

草图约束是限制图形及图形之间的自由度，使图形固定、唯一。图形约束包括尺寸约束和几何约束两种。

尺寸约束是决定几何图形的尺寸，例如长度、角度、半径、半轴长等。一般情况下，在绘制草图之后，需要对图形进行尺寸定位，使尺寸满足预定的要求。单个元素的尺寸约束有长度、半径/直径、半长轴长和半短轴长等。多个元素间的尺寸约束有距离和角度。

几何约束是限制一个或者多个图形之间的相互关系，如平行、垂直、固定等。单个元素的几何约束有固定、水平和垂直。两个元素间的尺寸约束有重合、同心、平行、垂直、相切和过中点。3 个元素间的尺寸约束有对称和等距。

2.10.1　建立约束和接触约束

1. 建立约束

用"约束"工具栏（见图 2-36）生成的约束，等同于用对话框形式定义约束功能生成的约束，只是不出现对话框而已。"约束创建"工具栏有两个按钮，如图 2-37 所示。

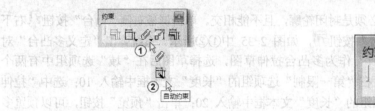

图 2-36　"约束"工具栏　　　　　　　　　图 2-37　"约束创建"工具栏

该"约束"命令是建立元素及元素之间的尺寸约束和几何约束。其步骤如下。

1）单击"约束"工具栏中的"约束"按钮。

2）选择一个或者两个元素，系统自动生成相应的约束条件。

2. 接触约束

接触约束是指两元素间的相切、同心、共线等约束关系。

建立接触约束的步骤如下。

1）在"约束"工具栏中，单击"约束"按钮右下角的倒三角形，在展开的工具栏中单击"接触约束"按钮。

2）依次选择两个元素，系统自动完成接触约束的建立。建立接触约束后图形的位置与两个元素选择的次序有关，新选择的第一个元素不动。

2.10.2　对话框中定义的约束和自动约束

1. 对话框中定义的约束

以对话框方式建立约束关系，可以同时建立多种约束关系。以这种方式建立约束关系的步骤如下。

1）选择需要建立约束关系的元素，如果有多个元素，需要同时按住〈Ctrl〉键。

2）在"约束"工具栏中单击"对话框中定义的约束"按钮，在弹出的对话框中选择需要约束的关系。

3）如果需要永久性建立约束关系，需要激活"草图工具"工具栏中的尺寸约束关系和几何约束关系。否则所增加的约束关系只是临时建立。

4）如果所选择的图形中已存在约束关系，那么在"约束定义"对话框中相应的项目已被选中。

2．自动约束

自动约束是对选定的图形自动建立约束关系。建立自动约束的步骤如下。

1）在"约束"工具栏中单击"自动约束"按钮 。

2）选择需要建立约束的图形，可以多选。

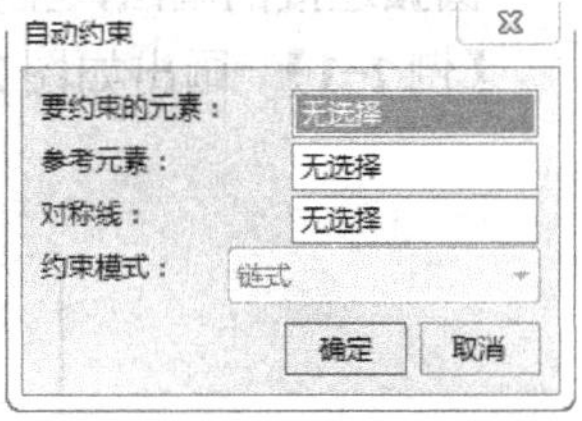

3）在如图 2-38 所示的"自动约束"对话框中单击"参考元素"，选择参考元素，可以不选择。激活"对称线"一栏，选择对称轴。在"约束模式"中选择建立约束的模式：链式或者栈式。

图 2-38 "自动约束"对话框

2.10.3 对约束应用动画和修改约束

1．对约束应用动画

制作约束动画是对已确定约束关系的图形，通过连续改变某一个约束关系，连续观察整个图形的改变过程。制作约束动画的操作过程如下。

1）选择需要改变的约束关系。

2）在"约束"工具栏中单击"对约束应用动画"按钮 。

3）在弹出的"动画约束"对话框中，输入相关参数即可。

2．修改约束

约束建立后仍可以进行修改。修改约束可以双击约束，也可以通过对话框方式进行修改。

双击任何约束关系，系统弹出"约束定义"对话框，对话框中存在当前约束关系的参数，有些可以修改，有些则无法修改。

对于长度、距离、角度等尺寸约束，可以在"约束定义"对话框中进行相应参数的修改。对于圆（弧）、椭圆直径等约束关系，在"约束定义"对话框中，在"半径/直径"一栏中可以改变其数值，在"直径"中可以选择表达的模式，可以是"半径"或者是"直径"。对于平行、垂直、相切、共线、同心、重合等约束关系，双击"约束"按钮，弹出的对话框只是显示当前约束关系的信息。

3．删除约束

单击"选择约束"按钮，按〈Delete〉键可以删除该约束关系。

也可以选择约束关系相关的元素，单击"约束"工具栏上的"编辑多重约束"按钮 ，在弹出的"约束定义"对话框中把要删除的约束关系取消。

2.11 圆弧连接

图样上的圆弧按已知条件分为 3 类，具体如下。

1）已知圆弧：已知其圆心坐标 X、Y 及圆弧半径，如图 2-39 中的 R20 和 R10。

2）中间圆弧：已知其圆心坐标 X、Y 及圆弧半径，如图 2-39 中的 R80。

3）连接圆弧：已知圆弧半径，如图 2-39 中的 R40。

对于中间弧和连接圆弧，只有通过所作圆弧的已知条件和相连圆弧或直线的关系，才能确定。

圆弧连接的画法，主要通过添加几何关系和裁剪来实现。

【例 2-1】 画出如图 2-39 所示的图形。

图 2-39　平面图形

1）选择菜单"文件"→"新建"命令，系统弹出"新建"对话框，在"类型列表"中选择"Part"，单击"确定"按钮，系统又弹出"新建零件"对话框，输入零件名称"Part5"，单击"确定"按钮，即可新建一个新的文件。

2）从特征树中选择"xy 平面"，在工具栏中单击"草图"按钮，进入草图绘制模式。单击屏幕最下方的"全部适应"按钮。选择菜单"工具"→"选项"命令，如图 2-40 中①②所示。将"机械设计"下"草图编辑器"中"约束"复选框全部选中，如图 2-40 中③～⑥所示。单击"确定"按钮。

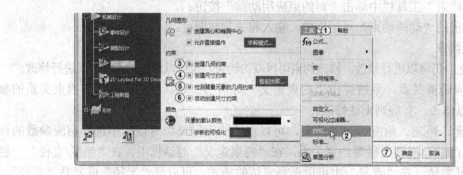

图 2-40　全部选中"约束"项目

（2）作已知线段

1）单击"轮廓"工具栏中的"轴"按钮，绘制出一条过原点的水平中心线。单击"直线"按钮，绘出一条过原点的垂直竖线。单击"圆"按钮，绘制出两个圆，其中一个圆的圆心为原点，另一个圆的圆心在水平中心线上，右端点与水平中心线的右端相合，如图 2-41 所示。

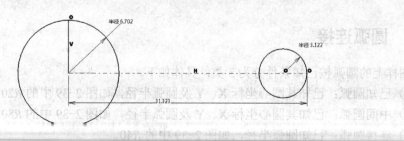

图 2-41　绘制直线和圆

2）单击"直线"按钮✒，绘出一条水平线。单击"重新限定"工具栏中的"快速修剪"按钮✒，修剪掉多余线段。单击"约束"按钮⬚，标注尺寸，结果如图2-42所示。

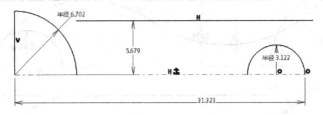

图2-42　绘制已知线段

3）单击屏幕左下方的灰色的"几何约束"按钮🔧，使其关闭。

（3）作中间线段

单击"三点弧"按钮⭕，绘制一条圆弧，圆弧的一个端点落在左边圆上，如图2-43中①所示。按住〈Ctrl〉键选择刚刚绘制的圆弧和圆，单击"对话框中定义的约束"按钮⬚，在弹出的"约束定义"对话框中选择"相切"，然后单击"确定"按钮，如图2-43中①～⑤所示。再次单击屏幕左下方的彩色的"几何约束"按钮🔧，使其变灰，便可以看到"相切"约束的符号══。单击屏幕左下方的灰色的"几何约束"按钮🔧，使其关闭。用同样的方法，使刚刚绘制的圆弧和水平线相切，结果如图2-43中⑥所示。

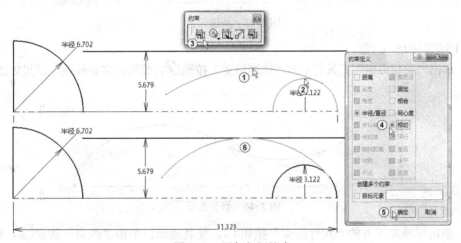

图2-43　添加相切约束

（4）作连接线段

1）单击"三点弧"按钮⭕，绘制一条长一些的圆弧，圆弧的两个端点分别落在右侧圆弧和左侧圆上。按住〈Ctrl〉键选择刚刚绘制的圆弧和右侧圆弧，如图2-44中①②所示，单击"对话框中定义的约束"按钮⬚，在弹出的"约束定义"对话框中选择"相切"，单击"确定"按钮。再次按住〈Ctrl〉键选择刚刚绘制的圆弧与左侧圆，如图2-44中①③所示，单击"对话框中定义的约束"按钮⬚，在弹出的"约束定义"对话框中选择"相切"，单击"确定"按钮。使之相切，结果如图2-44中④所示。

2）单击屏幕左下方的灰色的"尺寸约束"按钮🔧，使其关闭。

3）选择上方的水平线，如图2-44中⑤所示。右击，在弹出的快捷菜单中选择"直线4

对象"→"构造元素"命令，将其转换为虚线，如图 2-45 中①～③所示。

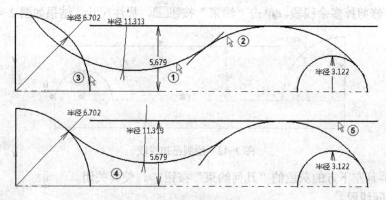

图 2-44　绘制圆弧并添加相切约束

4）选择菜单"文件"→"保存"命令。

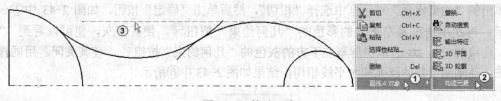

图 2-45　构造元素

（4）编辑图形

1）单击"重新限定"工具栏中的"快速修剪"按钮✐，修剪掉多余线段，结果如图 2-46 所示。

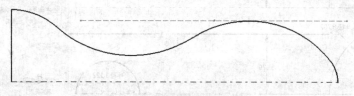

图 2-46　修剪图形

2）单击屏幕左下方的"尺寸约束"按钮，使其显示。单击"约束"按钮，标注与水平直线相切的中间线段（圆弧）的尺寸。双击各个尺寸并修改，结果如图 2-47 所示。选择菜单"文件"→"另存为"命令，系统弹出"另存为"对话框，选择保存的路径，在"文件名"中输入文件名 Part6，单击"保存"按钮即可保存此文件。

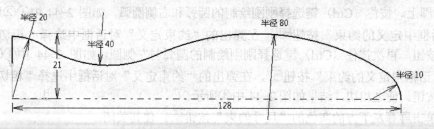

图 2-47　修改尺寸

（5）旋转模型

1）单击"退出工作台"按钮⬆️，离开草图模式。单击屏幕右侧的"旋转体"按钮🔘，系统弹出"定义旋转体"对话框，采用默认设置，单击"确定"按钮完成旋转体操作，单击屏幕最下方的"全部适应"按钮✛，单击屏幕下方的"等轴测视图"按钮📦，结果如图 2-48 中①②所示。

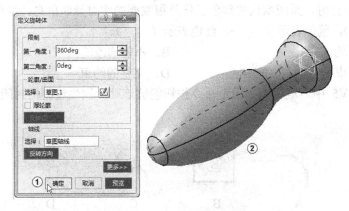

图 2-48　旋转模型

2）选择菜单"文件"→"另存为"命令，系统弹出"另存为"对话框，选择保存的路径，在"文件名"中输入文件名 Part7，单击"保存"按钮即可保存此文件。

3）选择菜单"文件"→"关闭"命令，关闭模型。

如果在一个平面内定义了多个草图（草图不是一次绘制完成，即草图有独立的名称)，要把其中一个草图移动到另外的参考平面，如何操作？用草图右键快捷菜单中的"更改草图支持面"命令即可。

草图绘制顺序变化了，不和本书例题一致，能否调整为一致的顺序？用右键快捷菜单中的"重新排序"命令即可。

2.12　思考与练习

一、选择题

1. 按钮🔹和 的区别是（　　）。

　　A．虚线和实线转换　　　　　　　　　B．显示和隐藏

　　C．实际线和构造线　　　　　　　　　D．圆、直线和曲线的切换

2. 草图平面不能是（　　）。

　　A．实体平表面　　　　　　　　　　　B．任意一平面

　　C．基准面　　　　　　　　　　　　　D．曲面

3. 全约束的草图，系统默认的是（　　）颜色。

　　A．绿　　　　　　B．黑　　　　　　C．红　　　　　　　　D．粉

4. 在"草图工具"工具栏中▦功能高亮显示时的效果是，在用鼠标创建点时（　　）。

　　A．捕获几何元素的特征　　　　　　　B．捕捉直线的断点

C．捕获圆心点　　　　　　　　　　D．捕获网格交叉点

5．智能捕捉功能是草图设计时 CATIA 2015 自动含有的功能，它随时自动捕捉元素的几何关系特征，如果不需要该功能发生效果，按住下列（　　　）。

A．〈Alt〉键　　　　　　　　　　B．〈Ctrl〉键

C．〈Shift〉键　　　　　　　　　D．〈Enter〉键

6．在草图设计时，系统默认的颜色变化是很重要的实时诊断信息：绿色表示（　　　），黄色表示（　　　），紫色表示（　　　），红色表示（　　　）。

A．矛盾的约束　　　　　　　　　B．不能修改的约束

C．过约束　　　　　　　　　　　D．完整的约束

7．CAT1A V5 中一般用以下哪个命令按钮能够连续一次性绘制出封闭的全由直线组成的图形（　　　）。

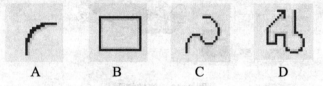

A　　　　　　　B　　　　　　　C　　　　　　　D

二、操作题

1．绘制如图 2-49 中①所示的图形，并进行添加几何关系的练习，结果如图 2-45 中②所示。

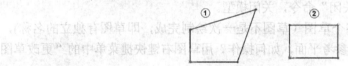

图 2-49　添加几何关系

2．分别绘制如图 2-50 中①②所示的图形，分别进行草图分析练习，并对草图进行修改，结果如图 2-50 中③④所示。

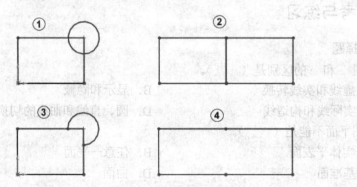

图 2-50　检查草图合法性

三、建模题

1．按图 2-51 中的尺寸，画山下列平面图形的草图。

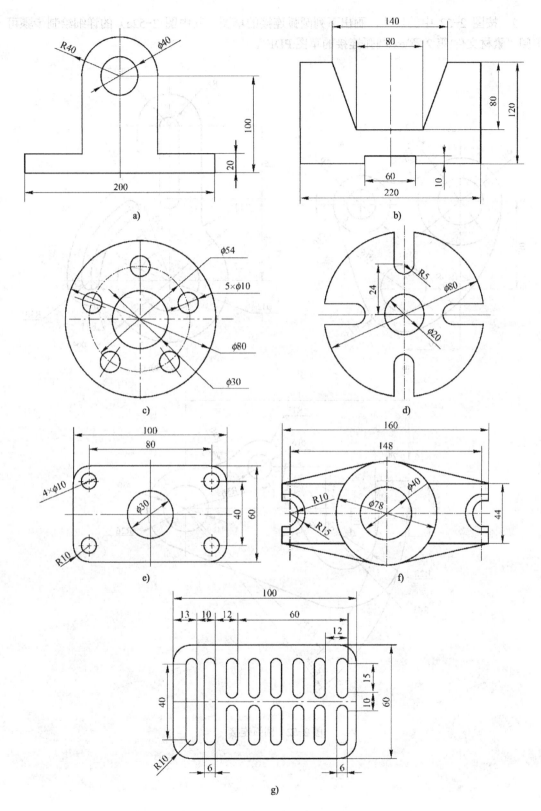

图 2-51 平面图形

2．按图 2-52 中的尺寸，画出下列圆弧连接的草图。其中图 2-52a）的详细绘制步骤可参阅"素材文件\第 2 章\ex\圆弧连接的草图.PDF"。

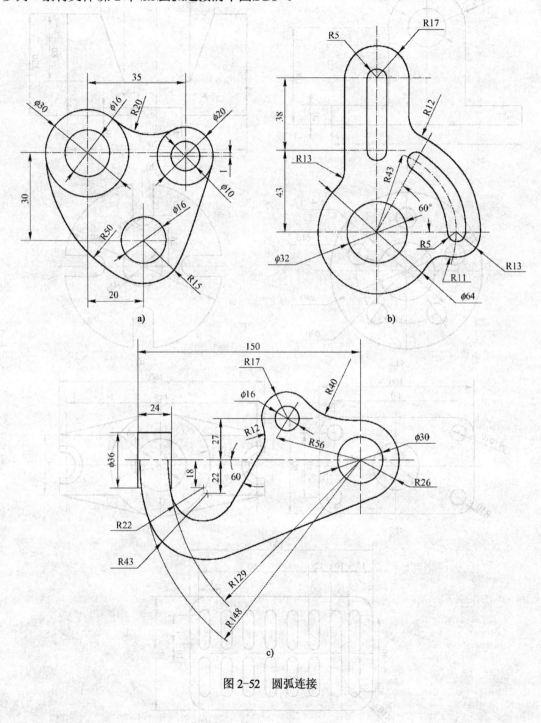

图 2-52　圆弧连接

第3章 简单零件设计

现实生活中复杂产品的设计都是从简单的零件建模开始的。实体建模的常用方法有两种，一种是以草图为基础进行基本特征操作；另一种方法是以立方体、圆柱体、球体、锥体和环状体等为基本要素，通过并、交、差等集合运算，生成更为复杂的形体。本章结合具体实例讲解基本零件的设计方法，主要生成方法有填充（拉伸）、凹槽（切除）、旋转、凹槽（切除旋转）、钻孔、肋线（扫描）、开槽（切除扫描）、加硬（肋）、多截面实体（放样）、切除多截面实体（切除放样）等，最后介绍布尔运算生成零件的方法。

本章的主要内容是：基于草图的特征、特征的修饰、特征的变换、实体组合等。

本章的重点是：基于草图的特征及特征的修饰。

本章的难点是：拆分零件为多个简单的实体，从而逐一建立模型，最后组合成零件。

3.1 零件设计基础

在使用零件设计之前，必须有草图，这是零件设计的依据，即在草图设计的基础上，使用零件设计所提供的功能，使二维草图延伸为三维实体。

在零件设计的过程中，要经常在草图工作平台和零件设计平台之间切换，在草图工作平台绘制好所需的二维轮廓，然后切换到零件设计平台中，利用二维轮廓生成实体。

基于草图的实体特征所用的二维草图平面的轮廓线一定要封闭；多个封闭曲线的组合也可以拉伸成三维实体，但封闭曲线相互之间不能相交。封闭的曲线必须要与当作边界的平面或实体表面有前后的位置关系，如此才能拉伸。

拉伸完成后，如果想修改拉伸的图形，则可直接在"特征树"上双击对应的草图对象，即可进入草图工作平面修改草图，退出草图，则实体自动进行变化。

如图3-1所示的哪个图形不能作为拉伸轮廓来使用？

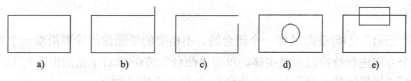

图3-1 二维草图

图3-1b有多余的线；图3-1c图形不封闭；图3-1e有相交的线。它们都不能作为拉伸轮廓来使用。

草图绘制时，没有约束，可以通过激活屏幕下方"可视化"工具栏上的"几何约束"按钮和"尺寸约束"按钮，即单击高亮显示的"几何约束"按钮和"尺寸约束"按钮使其变灰（或）来解决。

草图绘制时，若弹出如图 3-2 所示的提示框时，可通过单击"草图工具"工具栏上高亮彩色显示的"几何约束"按钮和"尺寸约束"按钮使其变灰（或）来解决。

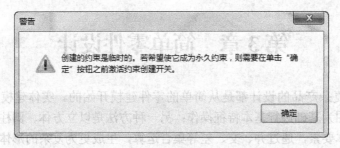

图 3-2　警告提示框

如果在工具栏中没有显示"基于草图的特征"工具栏，在工具栏空白处右击，在弹出的快捷菜单中选择（即其前面出现）即可。

在工具栏中单击工具图标右下角的倒三角形，可展开工具栏中的"工具组"。

3.2　凸台和凹槽

通过第 2 章的学习，已经基本掌握了如何在草图工作平台下创建二维轮廓的方法，下面将以实例的形式介绍如何利用这些已有的二维轮廓，通过使用拉伸、旋转、肋、加强肋、放样等命令生成三维实体，同时可以使用旋转槽、钻孔、移除、拔模和曲面等命令修改三维实体。

"基于草图的特征"工具栏如图 3-3 中①所示。

图 3-3　"基于草图的特征"工具栏

3.2.1　凸台

第一项"凸台"特征即是将一个闭合的、不相交的平面曲线轮廓沿着一个方向或同时沿相反的两个方向进行拉伸而形成实体。单击"凸台"按钮右下角的倒三角形，可有 3 种方式："凸台""拔模圆角凸台"与"多凸台"，如图 3-3 中②所示。

1. "凸台"命令

在"基于草图的特征"工具栏中单击"凸台"按钮，弹出"定义凸台"对话框（局部的，一般情况下，该对话框已能满足使用要求，单击"更多"按钮，如图 3-4 中①所示。"定义凸台"对话框展开（完整的），单击"更少"按钮，如图 3-4 中②所示。该对话框将返回局部"定义凸台"对话框。"更多"和"更少"按钮的功能适用于所有的对话框。单击"预览"按钮，可以预览拉伸效果，如图 3-4 中③所示。如果只向一个方向拉伸，可以单击

"反转方向"按钮改变拉伸方向，如图 3-4 中④所示。如果选中"镜像范围"复选框，拉伸会镜像延伸，如图3-4中⑤所示。

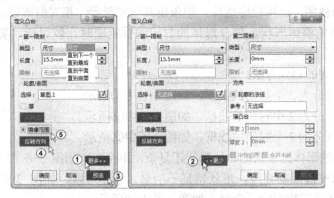

图3-4 "定义凸台"对话框

在"类型"下拉列表中定义了 5 种拉伸高度或挖槽深度的形式："尺寸""直到下一个""直到最后""直到平面""直到曲面"。除"尺寸"不需要其他物体作为参考基准之外，其余4种都需要有参考平面或实体表面。可根据不同情况选择不同的拉伸形式。

- "直到下一个"：是指将平面封闭轮廓曲线拉伸或挖槽到距离曲线最近的平面或实体表面。
- "直到最后"：适用于 2 个以上的实体或平面存在时，是指将封闭曲线拉伸或挖槽到距离轮廓最远的平面或实体表面。
- "直到平面"：是以某一平面作为封闭轮廓拉伸或挖槽的限制位置，将平面曲线拉伸到该平面上。
- "直到曲面"：是以某一曲面作为封闭轮廓拉伸或挖槽的限制位置，将平面曲线拉伸到该曲面上。

2. 实例：撞块

零件是由特征按照一定的位置或拓扑关系组合而成的。零件的造型过程，实际上就是构成特征进行组合的过程。简单的形体（长方体、圆柱和球）可以直接拉伸或旋转而成；复杂的形体可以看成是由简单的形体组合而成。构建复杂形体时，对特征的分解关系到后续建模的效率、修改的难易程度。

建立如图 3-5 所示的撞块零件模型。这是一个典型的叠加组合体，即由各基本体通过"搭积木"的方式构成。

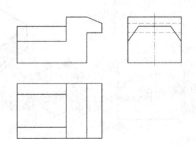

图3-5 撞块

（1）模型分析

看图时，通常从最能反映零件形状的特征视图着手，按照线框将组合体划分为若干基本体，然后对照其他视图，运用投影规律，想象出其空间形状、相对位置以及连接形式，最后综合想象出组合体的整体形状。划分形体的封闭线框范围时比较灵活，要以便于想出基本形体的形状为原则。

撞块有 3 种不同的划分方法：

1）用左视图划分为 2 个封闭的线框，如图 3-6 中①所示。

2）用俯视图划分为 2 个封闭的线框，如图 3-6 中②所示。

3）用正视图划分为 2 个封闭的线框，如图 3-6 中③所示。

方法 1）划分的形体比原来的物体形状还复杂，不可取，如图 3-6 中④所示；方法 2）划分的形体全是水平线或垂直线，形状特征不明显，也不可取，如图 3-6 中⑤所示；方法 3）划分的形体更接近原物形状，合理，如图 3-6 中⑥所示。

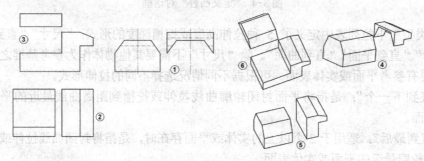

图 3-6　撞块的特征划分

根据构型选择合适的基准面以便于观察和建立模型。例如方法 3）划分的较大的一块形状特征很显，且就位于"前视"面上；上面一小块是长方形，其形状特征需要结合左视图并添加一条水平线来考虑，如图 3-7 中阴影所示的梯形，形状特征在"右视"面上。

（2）操作步骤

1）打开第 2 章中保存的"Part1"文件，选择面，单击"草图"按钮，进入草图绘制模式。单击屏幕下方的"法线视图"按钮（以与同平面垂直的视图显示零件），如图 3-8 中①～③所示。

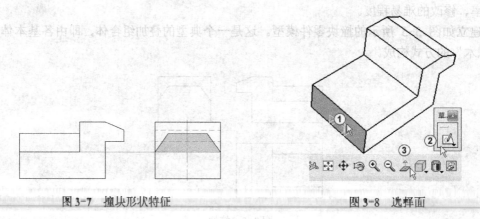

图 3-7　撞块形状特征　　　　　　　　　　　图 3-8　选择面

54

2）选择如图 3-9 中①所示直线，单击"投影 3D 元素"按钮，系统弹出"投影"对话框，单击"确定"按钮，如图 3-9 中②③所示，得到一条水平直线（当然该线也可以用"直线"命令绘制，这里仅是为了更多地介绍命令而已）。

图 3-9　投影 3D 元素

3）单击"直线"按钮，绘制两条斜线。单击"轴"按钮，绘制一条垂直中心线。按住〈Ctrl〉键选择刚刚绘制的 3 条线，如图 3-10 中①~③所示。再单击"对话框中定义的约束"按钮，在弹出的"约束定义"对话框中选择"对称"选项，如图 3-10 中④⑤所示。单击"确定"按钮，如图 3-10 中⑥所示。

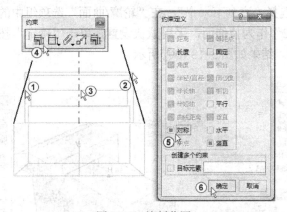

图 3-10　绘制草图

4）单击"直线"按钮，绘制一条直线将两条对称线连接起来，选中刚刚绘制的直线，单击"对话框中定义的约束"按钮，在弹出的"约束定义"对话框中选择"水平"选项，单击"确定"按钮，如图 3-11 中①~④所示。结果如图 3-11 中⑤所示。

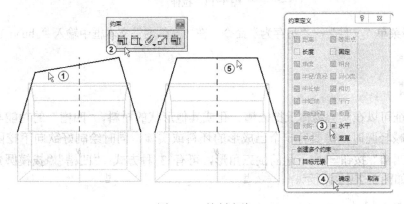

图 3-11　绘制直线

5）单击"约束"按钮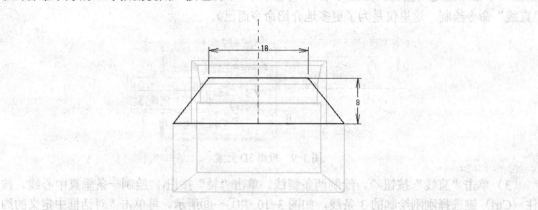，标注尺寸，如图 3-12 所示。单击"退出工作台"按钮，单击屏幕下方的"等轴测视图"按钮。

图 3-12　标注尺寸

6）单击"凸台"按钮，系统弹出"定义凸台"对话框，单击"类型"下拉列表框，在弹出的下拉列表中选择"直到下一个"，在"轮廓/曲面"选项组中的"选择"选择框中系统自动选择了"草图.2"作为拉伸面，采用默认设置，单击"确定"按钮完成凸台操作，如图 3-13 中①～④所示。结果如图 3-13 中⑤所示。

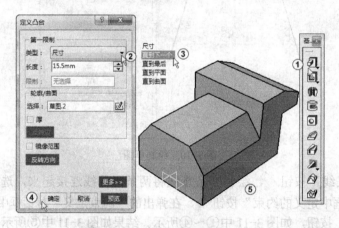

图 3-13　拉伸

7）选择菜单"文件"→"另存为"命令，在"文件名"文本框中输入"zhuangkuai"，单击"保存"按钮。

3.2.2　凹槽

凹槽特征可以在实心物体上挖去槽、孔或其他形状的材料，"凹槽"的功能与"凸块"相反。使用减轻腔时，需要有一个已成形的坯料或实体，同时绘制好欲向下挖除的草图轮廓。单击"凹槽"按钮右下角的倒三角形，可有 3 种方式："凹槽""拔模圆角凹槽"与"多凹槽"，如图 3-2 中③所示。

建立如图 3-14 所示的切割组合体。

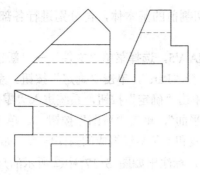

图 3-14　切割组合体

这是一个典型的切割组合体，首先找出最原始的基本体，再用平面、曲面或其他基本体对其进行切割，直到符合要求为止。根据两个视图完全可以确定组合体的立体形状。

分析： 俯视图形体特征不明显，若用正视图轮廓作为最基本的特征（如图 3-15 中①所示），得到的左视图如图 3-15 中②所示。与题目对比后可知还需要在前上方切割一个长方体（如图 3-15 中③所示），后方用平面切除一个三棱柱（如图 3-15 中④所示），下方切割一个长方体（如图 3-15 中⑤所示），才能得到所要的结果。

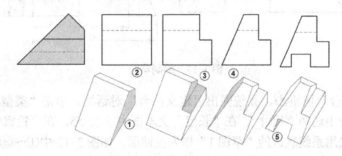

图 3-15　用正视图作为基本特征

若用左视图轮廓作为最基本的特征（如图 3-16 中①所示），得到的左视图如图 3-16 中②所示。与题目对比后可知还需要在左方用平面切除一个三棱柱（如图 3-16 中③所示），后上方用平面切除一个三棱柱（如图 3-16 中④所示），才能得到所要的结果。由此可见，这种方法步骤较少，下面的建模步骤用此方法。

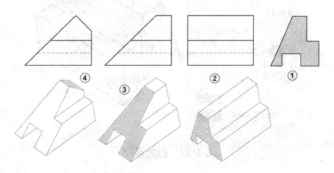

图 3-16　用左视图作为基本特征

切割组合体通常先建立切割前的基本体，再分别进行各部分的切割，其建模步骤具体如下。

1) 新建文件。启动 CATIA V5，选择菜单"文件"→"新建"命令，系统弹出"新建"对话框，在"类型列表"中选择"Part"，单击"确定"按钮。系统又弹出"新建零件"对话框，输入零件名称"Part2"，单击"确定"按钮，系统进入"零件设计"界面。

2) 从模型树中选择"yz 平面"，单击"草图"按钮 。单击"轮廓"按钮 ，在工作区中绘制出 5 条水平线、4 条竖线和 1 条斜线组成的封闭轮廓，如图 3-17 中①所示。

3) 双击"约束"按钮 ，标注出如图 3-17 中②所示的尺寸。单击"退出工作台"按钮 。

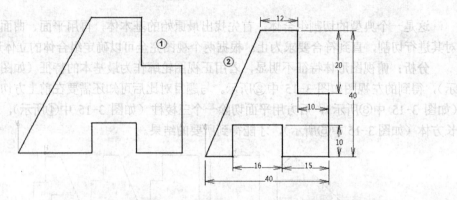

图 3-17 绘制草图

4) 单击"凸台"按钮 ，系统弹出"定义凸台"对话框，单击"类型"下拉列表框，在弹出的下拉列表中选择"尺寸"，在"长度"文本框中输入 55，在"轮廓/曲面"选项组中的"选择"框中采用系统默认的"草图.1"作为拉伸面，如图 3-18 中①～③所示。其他采用默认设置，单击"确定"按钮完成凸台操作，结果如图 3-18 中④⑤所示。选择菜单"文件"→"保存"命令。

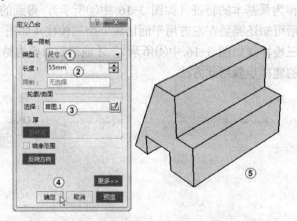

图 3-18 拉伸模型

5) 按住〈Ctrl〉键选择住草图中作为 x 轴的边，再选择草图平面，然后单击"草图"按钮 ，如图 3-19 中①～③所示。则草图自动转到所需的方向。

58

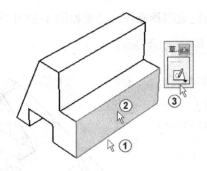

图3-19　快速定义草图方向

6）单击"轮廓"按钮，如图 3-20 中①所示。系统弹出"草图工具"工具栏并自动选中了"直线"按钮，在工作区中捕捉到左下角点（出现●符号）时按单击，向上移动鼠标到出现●符号时单击，如图 3-20 中②③所示。然后水平向右移动鼠标到适当的位置后单击，最后回到左下角点（出现●符号）时单击，如图 3-20 中④②所示，按〈Esc〉键结束绘制状态。

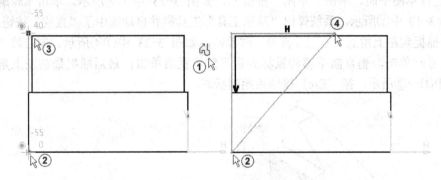

图3-20　绘制直线

7）单击"约束"按钮，标注尺寸，如图 3-21 中①②所示。单击屏幕下方的"等轴测视图"按钮，如图 3-21 中③所示。单击"退出工作台"按钮。

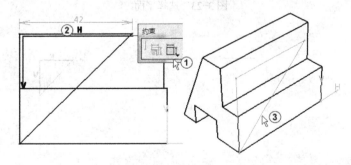

图3-21　标注尺寸

8）在"基于草图的特征"工具栏中单击"凹槽"按钮，弹出"定义凹槽"对话框，单击"类型"下拉列表框，在弹出的下拉列表中选择"直到最后"，在"轮廓/曲面"选项组中的"选择"框中采用系统默认的"草图.2"作为切除面，如图 3-22 中①②所示，其他采用默认设置，单击"确定"按钮完成凹槽操作，结果如图3-22中③④所示。

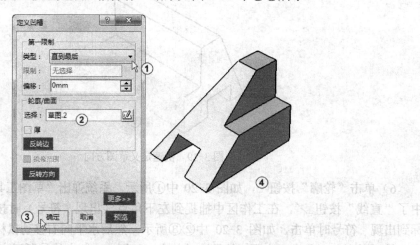

图3-22　切割模型

9）选择草图平面，单击"草图"按钮，如图3-23中①②所示。单击"轮廓"按钮，如图3-19中①所示。系统弹出"草图工具"工具栏并自动选中了"直线"按钮，在工作区中捕捉到左上角点（出现符号）时单击，如图3-23中③④所示。向右移动鼠标到出现符号时单击，垂直向下移动鼠标到适当的位置后单击，最后捕捉最初左上角点，如图3-24中①～③所示，按〈Esc〉键结束绘制状态。

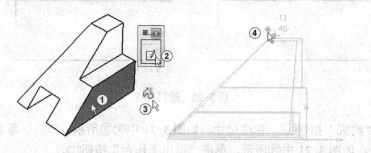

图3-23　选择平面

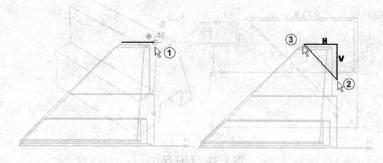

图3-24　绘制直线

10）单击"约束"按钮，标注尺寸，如图3-25中①所示。单击屏幕下方的"等轴测视图"按钮，如图3-25中②所示。单击"退出工作台"按钮。

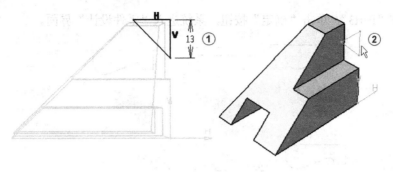

图 3-25　标注尺寸

11）在特征工具栏中单击"凹槽"按钮 ，弹出"定义凹槽"对话框，单击"类型"下拉列表框，在弹出的下拉列表中选择"直到最后"，在"轮廓/曲面"选项组中的"选择"框中采用系统默认的"草图.3"作为切除断面，如图 3-26 中①②所示，其他采用默认设置，单击"确定"按钮完成凹槽操作，结果如图 3-26 中③④所示。

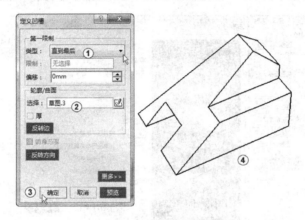

图 3-26　切割模型

12）选择菜单"文件"→"另存为"命令，在"文件名"文本框中输入"qiegezuheti"，单击"保存"按钮。

3.3　旋转体和旋转槽

利用旋转成形功能可以让二维草图平面上的封闭轮廓相对轴线旋转，形成三维实体模型。二维草图必须是自封闭的轮廓（如图 3-27 中①②所示）或者是和旋转轴组成封闭曲线（如图 3-27 中③所示）。封闭曲线不能和轴相交（如图 3-27 中④所示）。当轮廓线不封闭时，轴线要使之封闭，否则不能旋转（如图 3-27 中⑤所示）。旋转的图形可以由多个不相交的封闭轮廓线组成，但多个封闭曲线之间不能相交。

3.3.1　旋转体

启动 CATIA V5，选择菜单"文件"→"新建"命令，系统弹出"新建"对话框，在"类型列表"中选择"Part"，单击"确定"按钮，系统又弹出"新建零件"对话框，采用默认的零件名称"Part3"，单击"确定"按钮，系统进入"零件设计"界面。

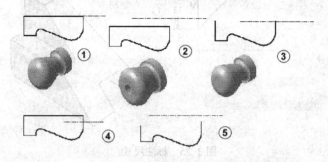

图 3-27 回转轴线与轮廓线的要求

从特征树中选择"zx 平面"，单击"草图"按钮，进入草图绘制模式。选择菜单"工具"→"选项"命令，在"机械设计"中"草图编辑器"的"约束"选项下，选中"创建几何约束"和"自动创建尺寸约束"复选框，如图 3-28 中①～⑥所示，单击"确定"按钮。

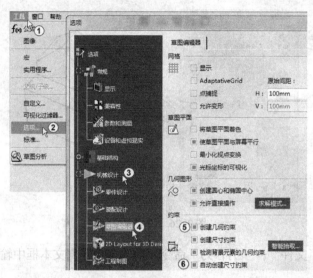

图 3-28 选择自动创建约束

单击屏幕最下方的"全部适应"按钮，单击"圆"按钮，在工作区中选择原点（出现符号时单击），移动鼠标到适当位置单击绘制出圆，双击自动标注出尺寸，修改为20，如图 3-29 中①②所示。单击"轮廓"工具栏中的"轴"按钮，绘制出一条通过原点的竖直线，双击"快速修剪"按钮，修剪掉多余线段，结果如图 3-29 中③～⑤所示。单击"退出工作台"按钮，离开草图模式。

单击"旋转体"按钮，系统弹出"定义旋转体"对话框，在"限制"选项组的"第一角度"文本框中输入 360，在"第二角度"文本框中输入 0，在"轮廓/曲面"选项组的"选择"框中系统自动选择了"草图 1"，在"轴线"选项组的"选择"框中系统自动选择了"草图轴线"作为旋转轴（当然只能是在一条轴线的情况系统才能正确地选择轴线，如果绘制了多条轴线那就下定了），单击"预览"按钮，可以看到旋转的效果。单击"确定"按钮完成凸台操作，如图 3-30 中①～⑦所示。

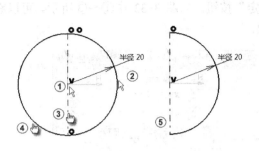

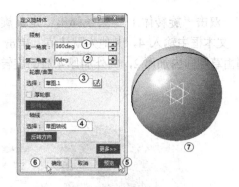

图 3-29　绘制草图　　　　　　　　　　　图 3-30　"定义旋转体"对话框

用鼠标右键选中球，在弹出的快捷菜单中选择"属性"命令，如图 3-31 中①②所示。系统弹出"属性"对话框，单击"颜色"右下角的倒三角形，在弹出的下拉列表中选择自己想要的颜色，如图 3-31 中③④所示。单击"确定"按钮。

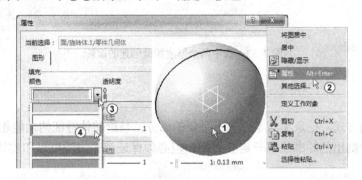

图 3-31　选择颜色

选择菜单"文件"→"另存为"命令，在"文件名"文本框中输入"qiu"，单击"保存"按钮。

双击"旋转体.1"，系统弹出"定义旋转体"对话框，在"限制"选项组的"第一角度"文本框中输入 180，选中"厚轮廓"复选框，在"薄旋转体"选项组的"厚度 1"文本框中输入 2，单击"反转方向"按钮，单击"预览"按钮，可以看到由草图向内加厚后的旋转效果。单击"确定"按钮，如图 3-32 中①～⑧所示。

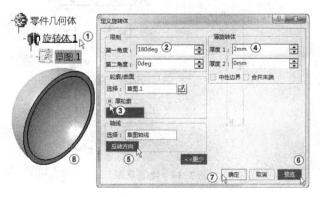

图 3-32　选中厚度断面创建的旋转

双击"旋转体.1"，系统弹出"定义旋转体"对话框，在"薄旋转体"选项组的"厚度2"文本框中输入 4，其他为默认值，单击"确定"按钮，如图 3-33 中①～③所示。可以看到由草图向内加厚 2，向外加厚 4 后的旋转效果。

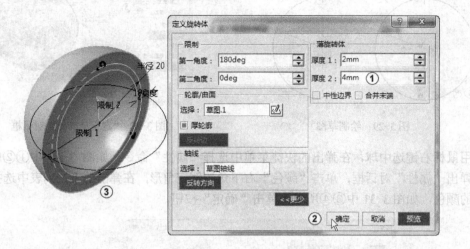

图 3-33　选中两个厚度断面创建的旋转

3.3.2　旋转槽

利用旋转的方式，挖除实心零件上不必要的部分，与旋转体特征的功能相反。

在草图中绘制出的轮廓线不一定要封闭，但必须保证该轮廓线可以和实体表面的轮廓线组成封闭曲线。

打开第 1 章中保存的圆柱模型 Part1。从特征树中选择"zx 平面"，单击"草图"按钮，进入草图绘制模式。单击屏幕最下方的"全部适应"按钮，单击"轮廓"按钮，系统弹出"草图工具"工具栏并自动选中了"直线"按钮，在工作区绘制出如图 3-34 中①所示的封闭图形（注意最后一点要双击）。选择通过原点的垂直线，如图 3-34 中②所示，单击"构造/标准元素"按钮，使其显示为灰色，表现为虚线。单击"约束"按钮，标注如图 3-34 中③所示尺寸。单击"退出工作台"按钮。

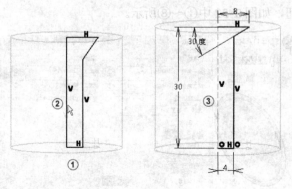

图 3-34　绘制草图

在"基于草图的特征"工具栏中单击"旋转槽"按钮，系统弹出"定义旋转槽"对话框，在"限制"选项组的"第一角度"文本框中输入 360，"第二角度"文本框中输入 0，在"轮廓/曲面"选项组的"选择"框中采用系统默认的"草图.2"作为旋转槽轮廓，如图 3-35 中①～③所示。由于草图中没有用"轴"命令，所以系统不能自动找出旋转中心轴，因此在工作区选择垂直构造线，则在该对话框中的"轴线"选项组的"选择"框中出现了"凸台.1\轴.1"，如图 3-35 中④⑤所示，单击"预览"按钮可以预览切除旋转效果，单击"确定"按钮，如图 3-35 中⑥⑦所示。

选择菜单"文件"→"另存为"命令，在"文件名"文本框中输入"Groove"，单击"保存"按钮。

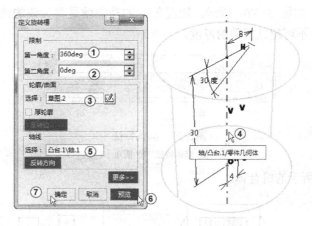

图 3-35 切除旋转

为了更清楚地观察模型的内部结构，将把模型剖开。选择菜单"插入"→"基于曲面的特征"→"分割"命令，如图 3-36 中①～③所示。在左边特征树上选择"zx 平面"，系统弹出"定义分割"对话框，并在"分割元素"中自动输入"zx 平面"，如图 3-36 中④所示。在工作区单击箭头，如图 3-36 中⑤所示，使其改变方向后单击"确定"按钮，其结果模型被切掉了一半，如图 3-36 中⑥⑦所示。

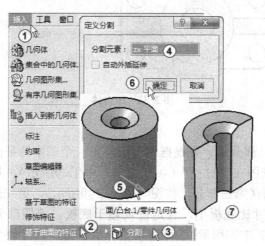

图 3-36 切割

为了保证模型的完整性，在保存前，可以选择菜单"编辑"→"撤消"命令或者按组合键〈Ctrl+Z〉或者直接在特征树中右击"分割.1"，在弹出的快捷菜单中选择"删除"命令。

3.4 圆角

修饰特征可以在完成简单实体的基础上，不改变整个零件的基本轮廓下进行修饰操作，此类修饰包括倒圆角、倒角、拔模斜度、盒体、厚度、内螺纹\外螺纹和移除面 7 类功能。如图 3-37a 所示。第一项倒圆角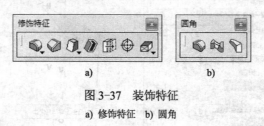可以用 3 种方式进行圆角的生成，即倒圆角、面与面的圆角、三切线内圆角，如图 3-37b 所示。倒圆角的功能就是将尖锐的连线修饰成平滑的圆角。注意圆角半径值不可超过模型的厚度。

图 3-37 装饰特征

a) 修饰特征 b) 圆角

建立如图 3-38 所示的组合体。

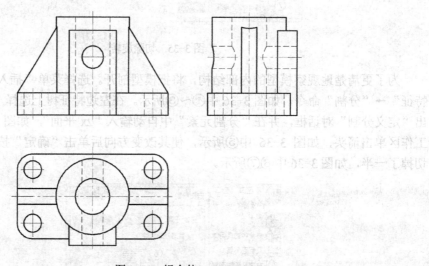

图 3-38 组合体

（1）模型分析

将组合体分解为 4 部分后，要根据构型选择第一个基本特征的草图轮廓。第一部分和第二部分的形状特征图在"前视"（如图 3-39 中①②所示），且与后续特征无关，但它们的特征依赖于圆筒（第三部分，如图 3-39 中③所示）。第三部分圆筒的形状特征图在"上视"，圆筒的尺寸比底板小，且定位依赖于底板。第四部分底板的形状特征图也在"上视"（如图 3-39 中④所示），可直接拉伸后获得，尺寸较大，且置于最下方起支撑作用。在此基础上，可利用其草图特征创建圆筒，其轮廓利用度较高，适合作为第一个基本特征草图。

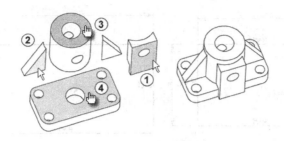

图 3-39　组合体的组成

建立第一个基本特征时所选的草图平面会影响到模型的观察角度，通常会选择 3 个基本面之一。底板草图位于"上视"，才符合正常的视图方向（如图 3-40 中③所示）。

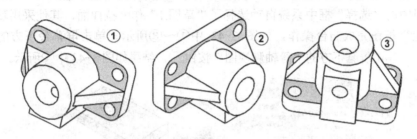

图 3-40　第一个基本特征的草图平面

将零件形体进行分解时，应该先叠加后切割、先外部后内部、先实心后空心。建模过程如图 3-41 中①～⑧所示。

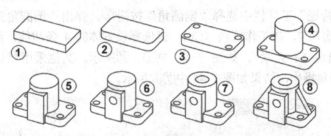

图 3-41　建模过程

（2）切割组合体的建模步骤

1）新建文件。启动 CATIA V5，选择菜单"文件"→"新建"命令，系统弹出"新建"对话框，在"类型列表"中选择"Part"，单击"确定"按钮，系统又弹出"新建零件"对话框，采用默认的零件名称"Part4"，单击"确定"按钮，系统进入"零件设计"界面。

2）从特征树中选择"xy 平面"，单击"草图"按钮，进入草图绘制模式。选择菜单"工具"→"选项"命令，在"机械设计"中"草图编辑器"的"约束"选项下，选中"创建几何约束"和"自动创建尺寸约束"复选框，单击屏幕最下方的"全部适应"按钮，单击"居中矩形"按钮，在工作区中选择原点，移动鼠标到适当位置单击绘制出矩形，如图 3-42 中①②所示。分别双击自动标注出尺寸，修改为 70 和 38，如图 3-42 中③④所示。单击"退出工作台"按钮，离开草图模式。

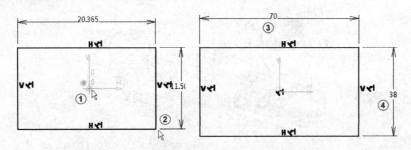

图 3-42　绘制矩形

3）单击屏幕右侧的"凸台"按钮 ，系统弹出"定义凸台"对话框，单击"类型"下拉列表框，在弹出的下拉列表中选择"尺寸"，在"长度"文本框中输入 10，在"轮廓/曲面"选项组中的"选择"框中系统自动选择了"草图.1"作为拉伸面，其他采用默认设置，单击"确定"按钮完成凸台操作，如图 3-43 中①～③所示。单击屏幕最下方的"全部适应"按钮 ，单击屏幕下方的"等轴测视图"按钮 ，结果如图 3-43 中④所示。

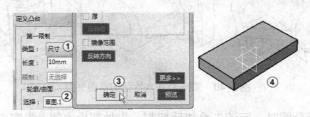

图 3-43　拉伸模型

4）在"修饰特征"工具栏中选择"倒圆角"按钮 ，弹出"倒圆角定义"对话框，在"半径"文本框中输入 7，在工作区按〈Ctrl〉键选择长方体的 4 条边线，结果"要圆角化的对象"选择框中出现"4 元素"，如图 3-44 中①～⑥所示。其他采用默认设置，单击"确定"按钮完成倒圆角操作，结果如图 3-44 中⑦⑧所示。

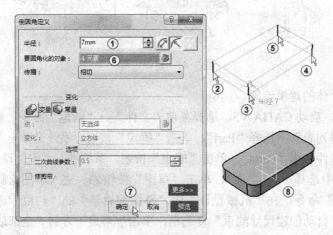

图 3-44　倒圆角

其中"相切"方式可以将所有与选择边线相切的边线倒圆角；"最小"方式只会沿最近的边线倒圆角。

68

3.5 孔

可以在实体上钻各种孔，可以是简单孔、锥形孔、沉头孔、埋头孔和倒钻孔，如图 3-45 所示。孔的底部可以是 V 形底（如图 3-45 所示）或平底（如图 3-46 所示）。选择向下钻孔的面，如果面为圆形，则孔的中心自动对齐圆心，不受鼠标单击的位置影响。

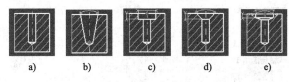

图 3-45 孔类型
a) 简单孔 b) 锥形孔 c) 沉头孔 d) 埋头孔 e) 倒钻孔

以简单孔为例，其"扩展"下拉列表框中有 5 种形式：盲孔、直到下一个、直到最后、直到平面和直到曲面，如图 3-46 所示。根据实际需要选择一种类型创建孔。

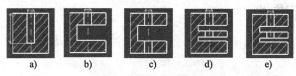

图 3-46 孔扩展类型
a) 盲孔 b) 直到下一个 c) 直到最后 d) 直到平面 e) 直到曲面

在"基于草图的特征"工具栏中单击"孔"按钮![icon]，选择长方体上表面放置孔，如图 3-47 中①所示。系统弹出"定义孔"对话框，在"扩展"下拉列表框中选择"盲孔"，在"直径"文本框中输入 8，在"深度"文本框中输入 10，在"底部"下拉列表框中选择"平底"，其他采用默认设置，如图 3-47 中②～⑤所示。单击"确定"按钮完成孔操作，结果如图 3-47 中⑥⑦所示。

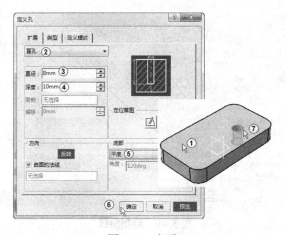

图 3-47 打孔

双击特征树中"孔.1"下面的"草图.2"，如图 3-48 中①所示。对"孔.1"位置进行定义。按住〈Ctrl〉键选择"孔.1"的圆心与矩形倒圆角边线，如图 3-48 中②③所示。单击"对话框中定义的约束"按钮![icon]，在弹出的"约束定义"对话框中选择"同心度"，单击"确定"按钮，如图 3-48 中④⑤所示。单击"退出工作台"按钮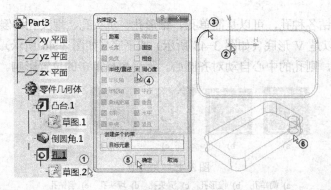。单击屏幕下方的"等轴测视图"按钮，结果如图 3-48 中⑥所示。

图 3-48 编辑草图加入孔定位尺寸

3.6 加强肋和标准件

3.6.1 加强肋

从特征树中选择"zx 平面"，单击"草图"按钮，进入草图绘制模式。单击"直线"按钮，在工作区中捕捉（-35，10）的点，如图 3-49 中①所示。绘制出 1 条斜线。在工作区中捕捉（-35，10）的点，如图 3-49 中①所示，单击"对话框中定义的约束"按钮，在弹出的"约束定义"对话框中选择"固定"，单击"确定"按钮，如图 3-49 中②③所示。单击"约束"按钮，选择斜线和水平线，标注尺寸，如图 3-49 中④～⑥所示。单击"退出工作台"按钮。

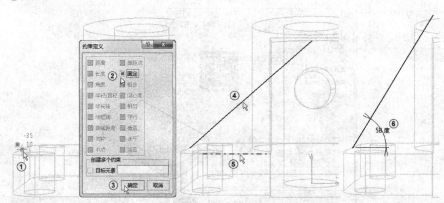

图 3-49 绘制斜线

在"特征"工具栏中选择"加强肋"按钮，弹出"定义加强肋"对话框，在"模式"选项组中选择"从侧面"，在"厚度 1"文本框中输入 7，选中"中性边界"复选框，在"轮廓"选项组中的"选择"框中采用系统自动选择的"草图 11"作为加强肋的轮廓，如图 3-50 中①～④所示。其他采用默认设置，单击"确定"按钮完成加强肋操作，如图 3-50 中⑤⑥所示。

70

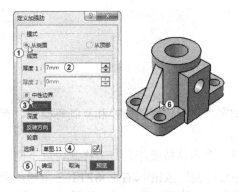

图 3-50　加强肋

3.6.2　标准件

在零件设计工作台中选择菜单"工具"→"目录浏览器"命令，单击"当前"栏右侧的倒三角形按钮，找到 CATIA V5 安装文件中的"d:→Program Files→Dassault Systemes→B25→win_b64→startup→components→MechanicalStandardParts→ISO_Standards"文件夹，双击"ISO"，双击"Nuts"，如图 3-51 中①～⑤所示。

图 3-51　寻找 Nuts

双击"ISO_4032_HEXAGON_NUT_STYLE_1"，右击 M10，从弹出的快捷菜单中选择"作为新文档打开"命令，在工作区出现螺母的模型，如图 3-52 中①～④所示。

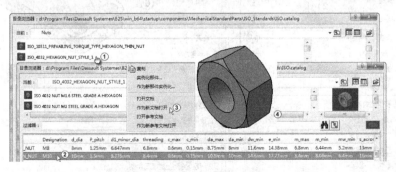

图 3-52　调出 Nuts

选择菜单"文件"→"另存为"命令，在"文件名"文本框中输入"Part5"，单击"保存"按钮。

3.7 阵列和镜像

3.7.1 阵列

变换特征是对已生成的零件进行位置的变换和复制等操作。有平移、镜像、阵列和缩放 4 种类型，如图 3-53a 所示。

其中的阵列功能是选择一个实体特征作为参考样式，以不同方式多次复制这些样式，从而形成新的实体。单击"矩形阵列"按钮▦右下角的倒三角形，即可得到"阵列"工具栏，其中有矩形阵列、圆形阵列和用户阵列 3 种方式，如图 3-53b 所示。

图 3-53 变换特征

a) 变换特征　b) 阵列

- 矩形阵列以选择的特征为样式，复制 m 行 n 列。
- 圆形阵列以选择的特征为样式，复制 m 个环，每环 n 个特征。
- 用户阵列与前面两种阵列不同之处在于阵列的位置是在草图设计模块中确定的。

在工作区选择"孔.1"，在"变换特征"工具栏中单击"矩形阵列"按钮▦，系统弹出"定义矩形阵列"对话框，单击"第一方向"标签，在"参数"下拉列表框选择"实例和间距"，在"实例"文本框中输入 2，在"间距"文本框中输入 56，单击"参考元素"选择框，在工作区中选择长方体的长边线，如图 3-54 中①～④所示，其他采用默认设置，单击

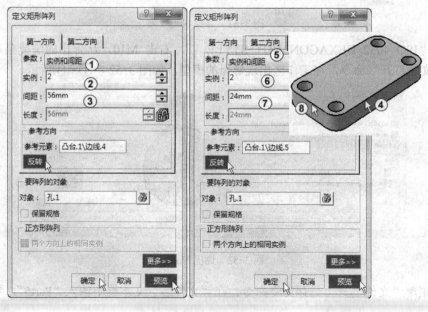

图 3-54 矩形阵列

"预览"按钮，假若方向不对，则单击"反转"按钮；单击"第二方向"标签，在"参数"下拉列表框选择"实例和间距"，在"实例"文本框中输入 2，在"间距"文本框中输入 24，单击"参考元素"选择框，在工作区中用鼠标选择长方体的短边线，如图 3-54 中⑤～⑧所示。其他采用默认设置，单击"预览"按钮，假若方向不对，则单击"反转"按钮，单击"确定"按钮完成矩形阵列操作。

从特征树中选择"xy 平面"，单击"草图"按钮，单击"圆"按钮，绘制出如图 3-55 所示圆心在原点的 φ34 的圆。单击"退出工作台"按钮。

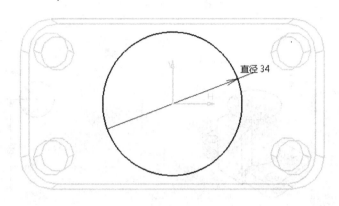

图 3-55　绘制圆

单击"凸台"按钮，系统弹出"定义凸台"对话框，单击"类型"下拉列表框，在弹出的下拉列表中选择"尺寸"，在"长度"文本框中输入 44，在"轮廓/曲面"选项组中的"选择"框中系统自动选择了"草图.3"作为拉伸面，其他采用默认设置，单击"确定"按钮完成凸台操作，如图 3-56 中①～③所示。结果如图 3-56 中④所示。单击屏幕最下方的"全部适应"按钮，单击屏幕下方的"等轴测视图"按钮。

从特征树中选择"zx 平面"，单击"草图"按钮，进入草图绘制模式。单击"居中矩形"按钮，在工作区中绘制出矩形中心位于竖直线上，下边线位于水平线上的矩形，单击"约束"按钮，标注如图 3-57 所示尺寸。

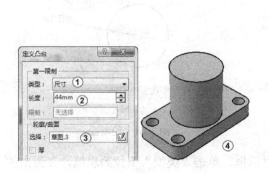

图 3-56　拉伸圆柱

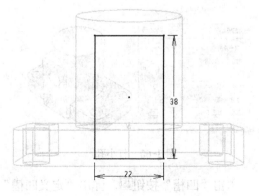

图 3-57　绘制矩形

单击"凸台"按钮🠒，系统弹出"定义凸台"对话框，单击"类型"下拉列表框，在弹出的下拉列表中选择"尺寸"，在"长度"文本框中输入 22，在"轮廓/曲面"选项组中的"选择"框中系统自动选择了"草图.4"作为拉伸面，其他采用默认设置，单击"确定"按钮完成凸台操作，如图 3-58 中①~③所示。结果如图 3-58 中④所示。单击屏幕最下方的"全部适应"按钮✛，单击屏幕下方的"等轴测视图"按钮◻。

从特征树中选择"zx 平面"，单击"草图"按钮◿，进入草图绘制模式。单击"圆"按钮⊙，在工作区中绘制出圆心位于竖直线上的圆，单击"约束"按钮🗍I，标注如图 3-59 所示尺寸。

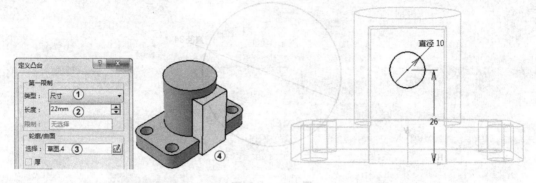

图 3-58　拉伸长方体　　　　　　　　　　　　　　　　图 3-59　绘制圆

单击"凹槽"按钮◳，弹出"定义凹槽"对话框，单击"类型"下拉列表框，在弹出的下拉列表中选择"直到最后"，在"轮廓/曲面"选项组中的"选择"框中采用系统默认的"草图.5"作为切除断面，如图 3-60 中①②所示，其他采用默认设置，单击"确定"按钮完成凹槽操作，结果如图 3-60 中③所示。

从特征树中选择"xy 平面"，单击"草图"按钮◿，进入草图绘制模式。单击"圆"按钮⊙，在工作区中绘制出圆心位于原点的圆。单击"约束"按钮🗍I，标注如图 3-61 所示尺寸。单击"退出工作台"按钮🠕。

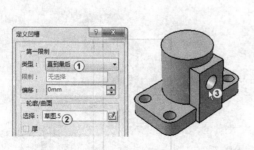

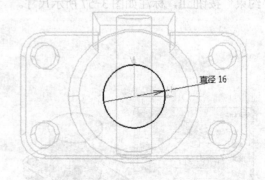

图 3-60　打小孔　　　　　　　　　　　　　　　　　　图 3-61　绘制圆

单击"凹槽"按钮◳，弹出"定义凹槽"对话框，单击"类型"下拉列表框，在弹出的下拉列表中选择"直到下一个"，在"轮廓/曲面"选项组中的"选择"框中采用系统默认的"草图.6"作为切除断面，如图 3-62 中①②所示，其他采用默认设置，单击"确定"按钮完成凹槽操作，结果如图 3-62 中③所示。

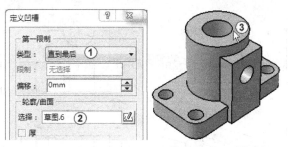

图 3-62　打大孔

3.7.2　镜像

在特征树中选择"加强肋.2"，在"变换特征"工具栏中单击"镜像"按钮，系统弹出"定义镜像"对话框，在"镜像元素"选择框中选择"yz 平面"，如图 3-61 中①②所示。其他采用默认设置，单击"确定"按钮完成镜像操作，如图 3-63 中③④所示。

图 3-63　镜像

选择菜单"文件"→"另存为"命令，在"文件名"文本框中输入"zonghezuheti"，单击"保存"按钮。

3.8　思考与练习

一、选择题

1. 当一个实体同时需要抽壳、拔模、倒角时，它的先后次序应该是（　　）。

　A. 倒角、拔模、抽壳　　　　　　　B. 拔模、抽壳、倒角

　C. 拔模、倒角、抽壳　　　　　　　D. 不分先后

2. 抽壳命令有：①选择要移除的面；②单击盒体图标；③单击确定；④输入厚度等操作，正确的操作步骤顺序是（　　）。

　A. ①②③④　　　　　　　　　　　B. ④③②①

　C. ②③④①　　　　　　　　　　　D. ②①④③

二、操作题

1. 建立如图 3-64 和图 3-65 所示的简单组合体的模型。

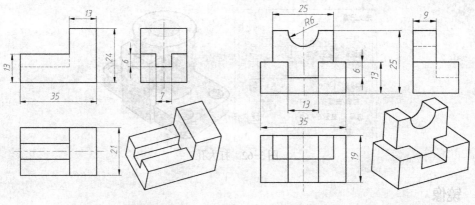

图3-64　组合体1　　　　　　　　图3-65　组合体2

2. 建立如图3-66～图3-69所示的组合体的模型。

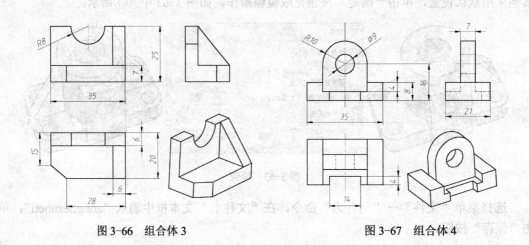

图3-66　组合体3　　　　　　　　图3-67　组合体4

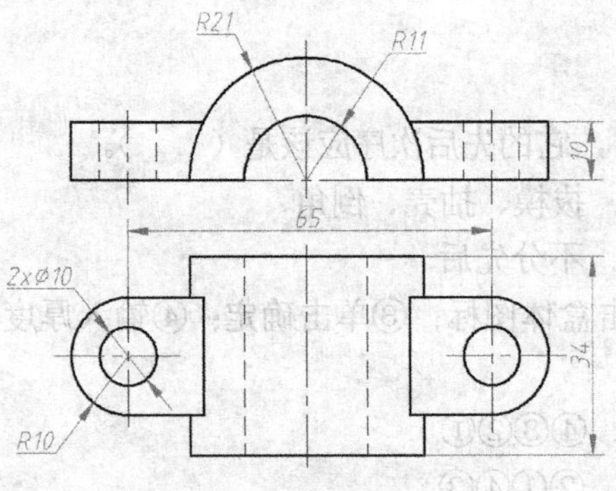

图3-68　组合体5 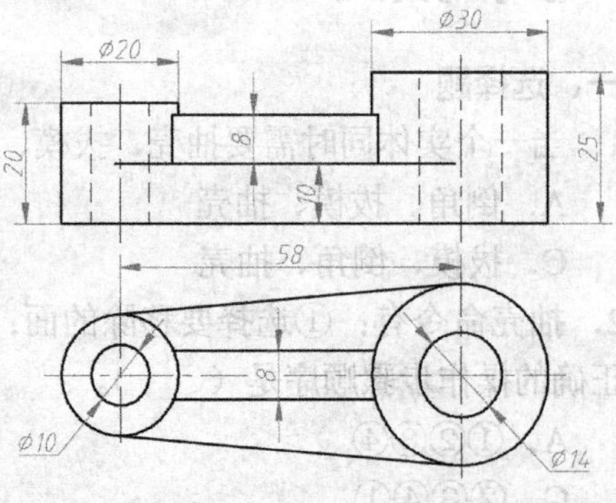　　　　　　　　图3-69　组合体6

3. 建立如图3-70所示的低速滑轮装置的模型。

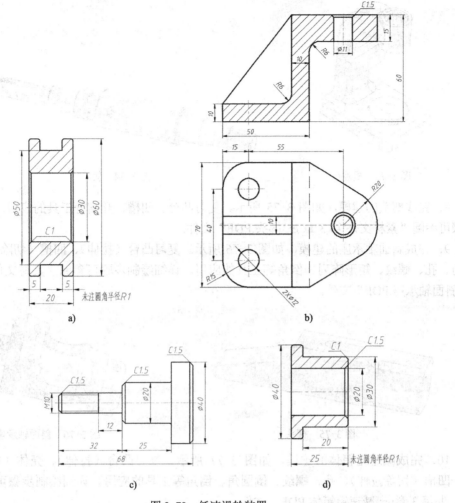

图 3-70　低速滑轮装置

a) 滑轮　b) 托架　c) 心轴　d) 衬套

4. 完成轴座的建模，如图 3-71 所示。复习拉伸、切除、肋特征，练习基本建模方法。

5. 完成轴承座的建模，如图 3-72 所示。复习拉伸、切除、钻孔、螺纹特征。

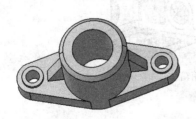

图 3-71　轴座

图 3-72　轴承座

6. 完成机座的建模，如图 3-73 所示。复习拉伸、抽壳、旋转、切除特征。

7. 完成轴的建模，如图 3-74 所示。复习旋转体、开槽、基准平面、倒角等工具的应用。详细绘制步骤可参阅"素材文件\第 3 章\ex\轴.PDF"文件。

图 3-73　机座

图 3-74　轴

8. 完成榔头的建模，如图 3-75 所示。复习凸台、凹槽、开槽等工具的应用。详细绘制步骤可参阅"素材文件\第 3 章\ex\榔头.PDF"文件。

9. 完成斜面轴承座的建模，如图 3-76 所示。复习凸台（拉伸）、凹槽（切除拉伸）、加强肋、孔、螺纹、矩形阵列、倒角等工具的应用。详细绘制步骤可参阅"素材文件\第 3 章\ex\斜面轴承座.PDF"文件。

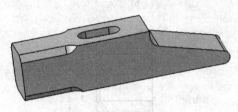

图 3-75　榔头

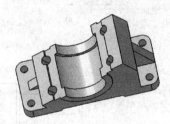

图 3-76　斜面轴承座

10. 完成减速箱箱体的建模，如图 3-77 所示。复习凸台（拉伸）、壳体（抽壳）、镜像、凹槽（切除拉伸）、孔、螺纹、倒圆角、倒角等工具的应用。详细绘制步骤可参阅"素材文件\第 3 章\ex\减速箱箱体.PDF"文件。

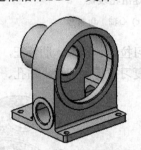

图 3-77　减速箱箱体

第4章 复杂零件设计

本章结合具体实例讲解复杂零件的设计方法，主要生成方法有建立新的基准面、螺纹、拔模、公式、肋（扫描）、多截面实体（放样）、切除多截面实体（切除放样）等。

本章的主要内容是：基于草图的特征、特征的修饰、特征的变换等。

本章的重点是：肋和多截面实体。

本章的难点是：把复杂零件拆分为多个简单的实体，从而逐一建立模型，最后组合成零件。

4.1 改变坐标平面的大小和颜色

选择菜单"文件"→"新建"命令，系统弹出"新建"对话框，在"类型列表"中选择"Part"，单击"确定"按钮，系统又弹出"新建零件"对话框，采用默认的零件名称"Part1"，单击"确定"按钮，即可新建一个新的文件。

从特征树中选择"zx 平面"，单击"草图"按钮，进入草图绘制模式，单击屏幕最下方的"全部适应"按钮。单击"居中矩形"按钮，在工作区中绘制出中心位于原点的矩形，单击"约束"按钮，标注尺寸，如图 4-1 中①所示。单击"退出工作台"按钮。

在"基于草图的特征"工具栏中单击"凸台"按钮，系统弹出"定义凸台"对话框，单击"类型"下拉列表框，在弹出的下拉列表中选择"尺寸"，在"长度"文本框中输入 20，在"轮廓/曲面"选项组的"选择"框中系统自动输入"草图.1"作为拉伸面，如图 4-1 中②③所示。其他采用默认设置，单击"确定"按钮。结果如图 4-1 中④所示。

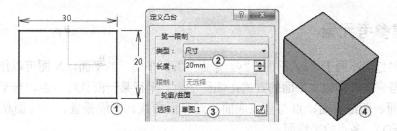

图 4-1 "定义凸台"对话框

在零件设计过程中，经常会用到参考元素作为其他几何体建构时的参照物，主要包括点、直线和平面。可以通过选择"参考元素"工具栏上的相关命令按钮来实现。下面分别进行介绍。

改变系统默认的坐标平面的大小以及颜色的方法如下。

选择菜单"工具"→"选项"命令，如图 4-2 中①②所示。系统弹出"选项"对话框，选择其中的"基础结构"→"零件基础结构"→"显示"→"在几何区域中显示"→"轴系显示大小"，如图 4-2 中③～⑦所示。把默认值从"10"改为更大值（这里是"70"），如

图 4-2 中⑧所示。单击"确定"按钮就可改变基准面的尺寸大小了。但颜色只能在界面中的"图形属性"工具上直接改。

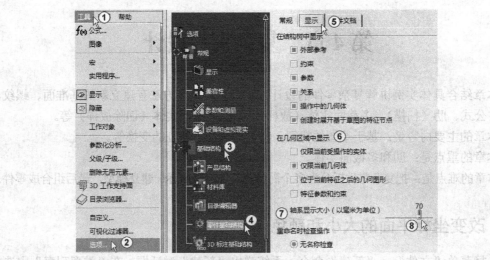

图 4-2　改变系统默认的坐标平面的大小

如果在"参考元素"工具栏中找不到"平面"按钮 ⬭，可在工具栏图标上的空白处右击，在弹出的快捷菜单中选中"参考元素（扩展）"复选框，便会出现"参考元素（扩展）"工具栏，如图 4-3 中①②所示。

图 4-3　调出"平面"按钮

4.2　创建参考元素

平面提供建立不同于"xy 平面""yz 平面""zx 平面"的平面，平面可以作为绘制图形或实体的参考。有许多建立平面的方式：偏移平面、平行某一面且过一点、与平面垂直或倾斜、三点成面、两线成面、点与直线成面、过平面曲线、与线垂直、与曲面相切、方程式（Ax+By+Cz=D）、多点的平均面。

1. 通过两条直线

"通过两条直线"是指通过两条不同直线创建平面。

在"参考元素"工具栏中单击"平面"按钮 ⬭，系统弹出"平面定义"对话框，单击"平面类型"下拉列表框，在弹出的下拉列表中选择"通过两条直线"，在工作区分别选择两条直线，如图 4-4 中①～③所示。其他采用默认设置，单击"确定"按钮，如图 4-4 中④⑤所示。

2. 偏移平面

"偏移平面"是指创建平行于参考平面的平面。

图 4-4　通过两条直线创建平面

在"参考元素"工具栏中单击"平面"按钮，系统弹出"平面定义"对话框，单击"平面类型"下拉列表框，在弹出的下拉列表中选择"偏移平面"，单击"参考"选择框，选择框变成蓝色，在工作区选择刚刚生成的平面，在"偏移"文本框中输入 20，单击"反转方向"按钮，如图 4-5 中①～④所示。其他采用默认设置，单击"确定"按钮，如图 4-5 中⑤⑥所示。

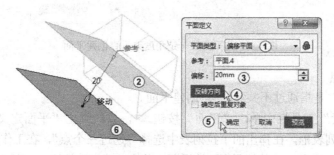

图 4-5　偏移平面

3. 平行通过点

"平行通过点"是指创建平移于一参考平面且通过参考点的平面。

在"参考元素"工具栏中单击"平面"按钮，系统弹出"平面定义"对话框，单击"平面类型"下拉列表框，在弹出的下拉列表中选择"平行通过点"，在工作区选择平面作为参考，选择一个点作为通过点，如图 4-6 中①～③所示。其他采用默认设置，单击"确定"按钮，如图 4-6 中④⑤所示。

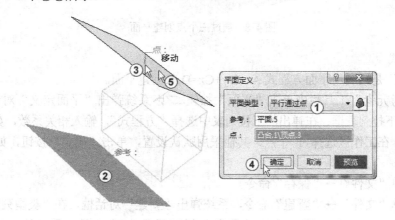

图 4-6　平行通过点创建平面

4. 与平面成一定角度或垂直

"与平面成一定角度或垂直"是指创建与参考平面垂直或成角度的平面。

在"参考元素"工具栏中单击"平面"按钮 ⬭，系统弹出"平面定义"对话框，单击"平面类型"下拉列表框，在弹出的下拉列表中选择"与平面成一定角度或垂直"，在工作区选择直线作为"旋转轴"，选择平面作为"参考"，在"角度"文本框中输入 60，如图 4-7 中①～④所示。其他采用默认设置，单击"确定"按钮，如图 4-7 中⑤⑥所示。

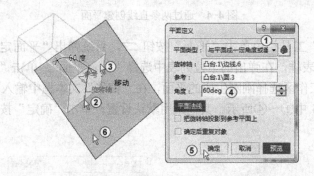

图 4-7　与平面成一定角度或垂直创建平面

5. 通过三个点

"通过三个点"是指通过不共线的3点创建平面。

在"参考元素"工具栏中单击"平面"按钮 ⬭，系统弹出"平面定义"对话框，单击"平面类型"下拉列表框，在弹出的下拉列表中选择"通过三个点"，在工作区依次选择 3 个点，如图 4-8 中①～④所示。其他采用默认设置，单击"确定"按钮，如图 4-8 中⑤⑥所示。

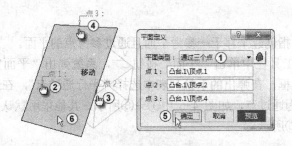

图 4-8　通过三个点创建平面

6. 方程式

"方程式"是指利用平面方程式 Ax+By+Cz=D 来创建平面。

在"参考元素"工具栏中单击"平面"按钮 ⬭，系统弹出"平面定义"对话框，单击"平面类型"下拉列表框，在弹出的下拉列表中选择"方程式"，输入相关系数，如图 4-9 中①～④所示。在工作区选择 1 个点，其他采用默认设置，单击"确定"按钮，如图 4-9 中⑤～⑦所示。

选择菜单"文件"→"保存"命令。

选择菜单"文件"→"新建"命令，系统弹出"新建"对话框，在"类型列表"中选择"Part"，单击"确定"按钮，系统又弹出"新建零件"对话框，采用默认的零件名称

"Part2"，单击"确定"按钮，即可新建一个文件。

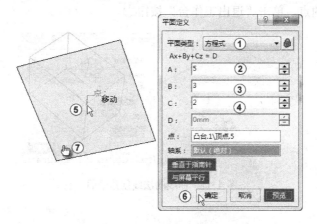

图4-9　方程式创建平面

从特征树中选择"zx 平面"，单击"草图"按钮 ，进入草图绘制模式，单击屏幕最下方的"全部适应"按钮 。单击"圆柱形延长孔"按钮 ，在工作区捕捉原点作为圆弧中心线的圆心位置，移动鼠标单击确定圆弧中心线的起点，再移动鼠标单击确定圆弧中心线的终点，最后移动鼠标单击确定长孔上的一点，单击"约束"按钮 ，标注尺寸，如图 4-10 中①～④所示。单击"退出工作台"按钮 。

在"基于草图的特征"工具栏中单击"凸台"按钮 ，系统弹出"定义凸台"对话框，单击"类型"下拉列表框，在弹出的下拉列表中选择"尺寸"，在"长度"文本框中输入 20，在"轮廓/曲面"选项组中的"选择"框中系统自动输入"草图.1"作为拉伸面，如图 4-10 中⑤所示。其他采用默认设置，单击"确定"按钮。结果如图 4-10 中⑥所示。

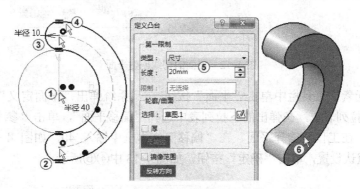

图4-10　"定义凸台"对话框

7. 曲线的法线

"曲线的法线"是指创建曲线的法平面。

在"参考元素"工具栏中单击"平面"按钮 ，系统弹出"平面定义"对话框，单击"平面类型"下拉列表框，在弹出的下拉列表中选择"曲线的法线"，在工作区分别选择一条曲线，如图4-11中①②所示。其他采用默认设置，单击"确定"按钮，如图4-11中③～⑤所示。

选择如图 4-10 中⑥所示的半面，单击"草图"按钮 ，进入草图绘制模式，单击屏幕最下方的"全部适应"按钮![icon]。单击"点"按钮![icon]，在工作区捕捉如图 4-12 中①所示的点，即（40，30）的点，单击"退出工作台"按钮![icon]。

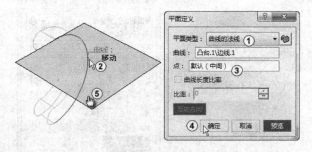

图 4-11　曲线的法线创建平面

8. 曲面的切线

"曲面的切线"是指创建与一曲面相切且通过某点的平面。

在"参考元素"工具栏中单击"平面"按钮![icon]，系统弹出"平面定义"对话框，单击"平面类型"下拉列表框，在弹出的下拉列表中选择"曲面的切线"，在工作区选择一个"曲面"作为参考，选择一个"点"作为平面通过点（即草图.2），如图 4-12 中②～④所示。其他采用默认设置，单击"确定"按钮，如图 4-12 中⑤⑥所示。

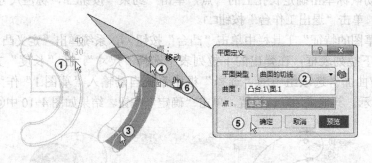

图 4-12　曲面的切线创建平面

在"参考元素"工具栏中单击"平面"按钮![icon]，系统弹出"平面定义"对话框，单击"平面类型"下拉列表框，在弹出的下拉列表中选择"偏移平面"，单击"参考"选择框，选择框变成蓝色，在工作区选择平面，在"偏移"文本框中输入 40，如图 4-13 中①～③所示。其他采用默认设置，单击"确定"按钮，如图 4-13 中④⑤所示。

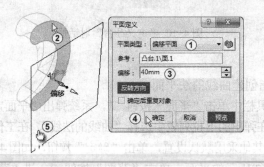

图 4-13　偏移平面

84

"投影 3D 元素"按钮 ⬚ 就是将不在某一个草图平面内的三维实体的棱边或面，向该草图平面作正投影，并在其上得到棱边的投影线、面的边界投影线的过程。该命令对于需要按照装配关系来设计零件时，非常实用。

通过投影或相交所得到的草图（默认为黄色显示，表示为不可编辑）与原三维对象之间保持着链接关系，即如果三维对象改变则该草图也将随之更新，但是在切断这个链接前该草图是不能被独立修改的。如果需要独立修改的，必须解除这种链接关系。可以右击该投影线，在弹出的快捷菜单中选择"草图.5 对象"→"隔离"命令即可。

选择刚刚偏移出来的平面，如图 4-14 中①所示，单击"草图"按钮 ⬚，进入草图绘制模式，单击屏幕下方的"等轴测视图"按钮 ⬚，选择如图 4-14 中②所示直线，单击"操作"工具栏上的"投影 3D 元素"按钮 ⬚（是将指定三维元素的边线投影到草图平面来创建草图元素），系统弹出"投影"对话框，单击"确定"按钮，在所选择的面上生成了投影曲线，如图 4-14 中③④所示。

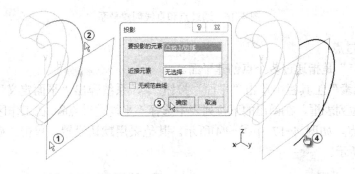

图 4-14　投影曲线

单击屏幕最下方的"法线视图"按钮 ⬚，单击"全部适应"按钮 ⬚。单击"直线"按钮 ⬚，在工作区捕捉原点，捕捉点，即（-30，-40）的点，如图 4-15 中①②所示的点。单击"退出工作台"按钮 ⬚，单击屏幕下方的"等轴测视图"按钮 ⬚，结果如图 4-15 中③所示。

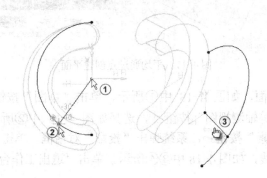

图 4-15　绘制直线

9. 通过点和直线

"通过点和直线"是指通过一个点和一条直线创建平面。

在"参考元素"工具栏中单击"平面"按钮 ⬚，系统弹出"平面定义"对话框，单击"平面类型"下拉列表框，在弹出的下拉列表中选择"通过点和直线"，在工作区分别选择一个点和一条直线，如图 4-16 中①～③所示。其他采用默认设置，单击"确定"按钮，如图 4-16 中④⑤所示。

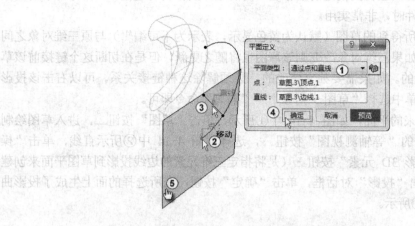

图 4-16　通过点和直线创建平面

10. 平均通过点

"平均通过点"是指通过多个点创建平面。

在"参考元素"工具栏中单击"平面"按钮 ⬭ ，系统弹出"平面定义"对话框，单击"平面类型"下拉列表框，在弹出的下拉列表中选择"平均通过点"，在工作区分别选择 3 个或 3 个以上的点，如图 4-17 中①～④所示。其他采用默认设置，单击"确定"按钮，如图 4-17 中⑤⑥所示。

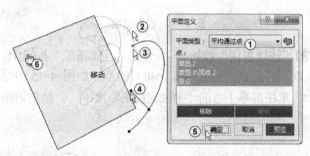

图 4-17　平均通过点创建平面

选择刚刚生成的平面，如图 4-18 中①所示，单击"草图"按钮 ⬚，进入草图绘制模式，单击屏幕下方的"等轴测视图"按钮 ⬚，选择如图 4-18 中②所示面，单击"操作"工具栏上的"投影 3D 元素"按钮 ⬚，系统弹出"投影"对话框，单击"确定"按钮，在所选择的面上生成了投影曲线，如图 4-18 中③④所示。单击"退出工作台"按钮 ⬆。

11. 通过平面曲线

"通过平面曲线"是指通过二维曲线创建平面。

在"参考元素"工具栏中单击"平面"按钮 ⬭ ，系统弹出"平面定义"对话框，单击"平面类型"下拉列表框，在弹出的下拉列表中选择"通过平面曲线"，在工作区选择曲线，如图 4-19 中①②所示。其他采用默认设置，单击"确定"按钮，如图 4-19 中③④所示。

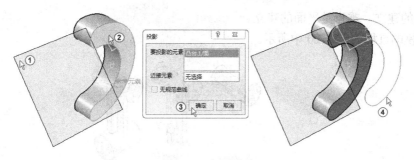

图 4-18 投影曲线

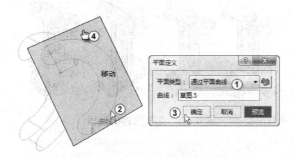

图 4-19 通过平面曲线创建平面

4.3 创建螺纹

在圆孔的内曲面生成内螺纹可用"基于草图的特征"中的"孔"按钮 ⬚。

4.3.1 "螺纹"命令

"螺纹"按钮 ⊕ 可以在圆柱外表面生成外螺纹，或在圆孔的内表面生成内螺纹。系统只是将螺纹信息记录到数据库，三维模型上并不显示螺旋线，但是在二维视图上将显示螺纹的规定画法。只在实体旋转和绘制工程图时才会有作用。整个操作与钻孔中的螺纹生成相似。

在"修饰特征"工具栏中单击"螺纹"按钮 ⊕，系统弹出"定义外螺纹/内螺纹"对话框。该对话框各项的含义如下。

- "侧面"：圆柱外表面或圆孔内表面。
- "限制面"：螺纹的起始界限，必须是一个平面，如选择圆柱的顶面。
- "反转方向"：改变螺纹轴线为当前相反的方向。
- "类型"：螺纹的类型，包括公制细牙螺纹、公制粗牙螺纹和非标准螺纹。
- "外螺纹直径"：螺纹的大径。
- "支撑面直径"：圆柱或圆孔的直径。
- "外螺纹深度"：螺纹的深（高、长）度。
- "支撑面高度"：圆柱或圆孔的高（深、长）度。

4.3.2 创建螺纹实例

下面用具体的支架实例来说明其应用方法。支架建模的要点是凸台、孔、平面、埋头孔、螺纹孔的建立。难点是平面的建立。

支架建模的过程如图4-20中所示。

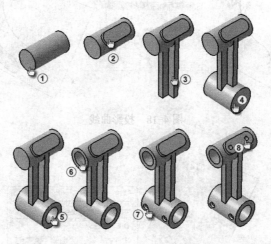

图 4-20 支架的建模过程

1. 创建凸台

1）启动 CATIA V5，选择菜单"文件"→"新建"命令，系统弹出"新建"对话框，在"类型列表"中选择"Part"，单击"确定"按钮。系统又弹出"新建零件"对话框，输入零件名称"zhijia"，单击"确定"按钮，系统进入"零件设计"界面。

2）从特征树中选择"yz 平面"，单击"草图"按钮，进入草图绘制模式，单击屏幕最下方的"全部适应"按钮。单击"圆"按钮，在工作区中绘制以原点为圆心的圆，单击"约束"按钮，标注尺寸，如图4-21中①所示。单击"退出工作台"按钮。

3）在"基于草图的特征"工具栏中单击"凸台"按钮，系统弹出"定义凸台"对话框，单击"类型"下拉列表框，在弹出的下拉列表中选择"尺寸"，在"长度"文本框中输入 47.5，在"轮廓/曲面"选项组中的"选择"框中系统自动输入"草图.1"作为拉伸面，选中"镜像范围"复选框，如图 4-21 中②～④所示。其他采用默认设置，单击"确定"按钮，如图 4-21 中⑤⑥所示。

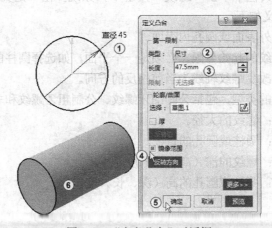

图 4-21 "定义凸台"对话框

2. 创建延长孔

1）从特征树中选择"yz 平面"，单击"草图"按钮 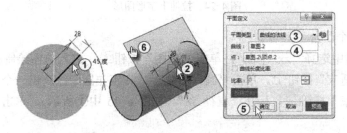，进入草图绘制模式，单击屏幕最下方的"全部适应"按钮 ⊞。单击"直线"按钮 /，在工作区中绘制出一端为原点的斜线，单击"约束"按钮 Ⅰ，标注尺寸，如图 4-22 中①所示。单击"退出工作台"按钮。

2）单击屏幕下方的"等轴测视图"按钮，在特征树中选择刚刚绘制的斜线的另一个端点，如图 4-22 中②所示。在"参考元素"工具栏中单击"平面"按钮 /，系统弹出"平面定义"对话框，单击"平面类型"下拉列表框，在弹出的下拉列表中选择"曲线的法线"，在特征树中选择"草图.2"（即直线），如图 4-22 中③④所示。其他采用默认设置，单击"确定"按钮，如图 4-22 中⑤⑥所示。

图 4-22 曲线的法线创建平面

3）从特征树中选择刚刚生成的平面，单击"草图"按钮 ，进入草图绘制模式，单击屏幕最下方的"全部适应"按钮 ⊞。单击"延长孔"按钮 ⊙⊙，在工作区绘制出关于原点左右对称的延长孔，单击"约束"按钮 Ⅰ，标注尺寸，如图 4-23 中①所示。单击"退出工作台"按钮。

4）在"基于草图的特征"工具栏中单击"凸台"按钮 ，系统弹出"定义凸台"对话框，单击"类型"下拉列表框，在弹出的下拉列表中选择"直到下一个"，在"轮廓/曲面"选项组中的"选择"框中系统自动输入"草图.3"作为拉伸面，如图 4-23 中②③所示。其他采用默认设置，单击"确定"按钮，如图 4-23 中④所示。

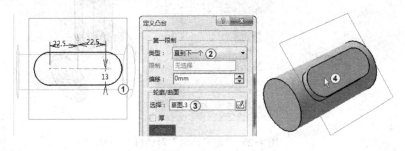

图 4-23 拉伸延长孔

3. 创建十字模型

1）从特征树中选择"xy 平面"，单击"草图"按钮 ，进入草图绘制模式，单击屏幕最下方的"全部适应"按钮 ⊞。单击"居中矩形"按钮 □ 和"快速修剪"按钮 ，绘制出十字图形，单击"约束"按钮 Ⅰ，标注尺寸，如图 4-24 中①所示。单击"退出工作台"按钮。

2）在"基于草图的特征"工具栏中单击"凸台"按钮 ，系统弹出"定义凸台"对话框，单击"类型"下拉列表框，在弹出的下拉列表中选择"尺寸"，在"长度"文本框中输入 140，在"轮廓/曲面"选项组中的"选择"框中系统自动输入"草图.4"作为拉伸面，如图 4-24 中②~④所示。其他采用默认设置，单击"确定"按钮，如图 4-24 中⑤⑥所示。

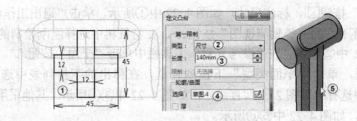

图 4-24　拉伸十字形图形

4. 创建第二个凸台

1）从特征树中选择"zx 平面"，单击"草图"按钮，进入草图绘制模式，单击屏幕最下方的"全部适应"按钮。单击"圆"按钮，在工作区中绘制出一个圆心位于 z 轴上的圆，单击"约束"按钮，标注"直径 58"（如图 4-25 中①所示），单击"退出工作台"按钮。

2）在"基于草图的特征"工具栏中单击"凸台"按钮，系统弹出"定义凸台"对话框，单击"类型"下拉列表框，在弹出的下拉列表中选择"尺寸"，在"长度"文本框中输入 40，在"轮廓/曲面"选项组中的"选择"框中系统自动输入"草图.5"作为拉伸面，选中"镜像范围"复选框，如图 4-25 中②~⑤所示。其他采用默认设置，单击"确定"按钮，如图 4-25 中⑥⑦所示。

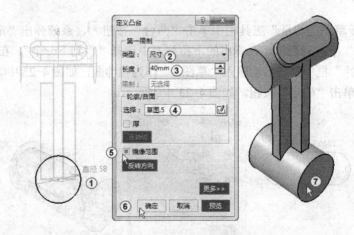

图 4-25　"定义凸台"对话框

5. 创建孔 1

在工作区选择要放置孔的面，如图 4-26 中①所示。然后在"基于草图的特征"工具栏中单击"孔"按钮，弹出"定义孔"对话框，单击"类型"标签，在下面的选择框中选择"简单"，如图 4-26 中②③所示。单击"扩展"标签，在下面的选择框中选择"直到最后"，在"直径"文本框中输入 36，在"方向"选项组中选中"曲面的法线"复选框，如图 4-26 中④~⑦所示。其他采用默认设置，单击"确定"按钮，如图 4-26 中⑧⑨所示。

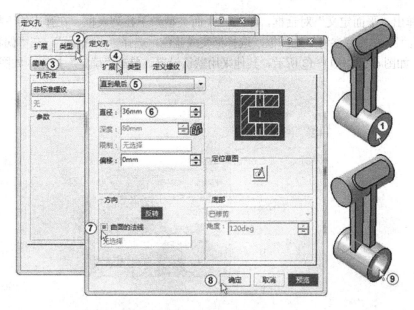

图 4-26　打孔 1

6. 创建孔 2

在工作区选择要放置孔的面，如图 4-27 中①所示。然后在"基于草图的特征"工具栏中单击"孔"按钮，弹出"定义孔"对话框，单击"类型"标签，在下面的选择框中选择"简单"，如图 4-27 中②③所示。单击"扩展"标签，在下面的选择框中选择"直到最后"，在"直径"文本框中输入 36，在"方向"选项组中选中"曲面的法线"复选框，如图 4-27 中④～⑦所示。其他采用默认设置，单击"确定"按钮，如图 4-27 中⑧⑨所示。

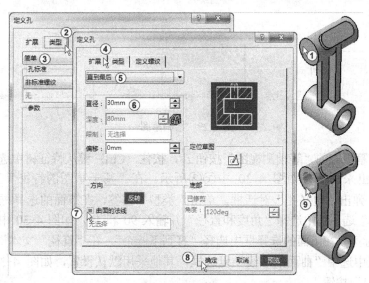

图 4-27　简单孔 2

7. 创建埋头孔

1）生成一个与下端圆柱面相切的平面。在"参考元素"工具栏中单击"平面"按钮

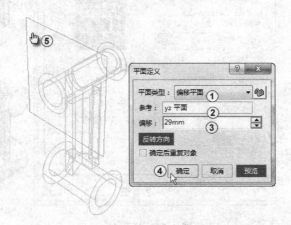，系统弹出"平面定义"对话框，单击"平面类型"下拉列表框，在弹出的下拉列表中选择"偏移平面"，单击"参考"选择框，选择框变成蓝色，选择"yz 平面"，在"偏移"文本框中输入 29，如图 4-28 中①～③所示。其他采用默认设置，单击"确定"按钮，如图 4-28 中④⑤所示。

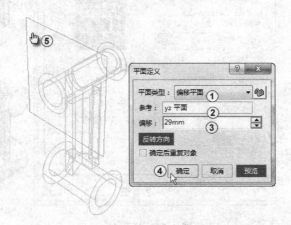

图 4-28　偏移平面

2）从特征树中选择刚刚偏移出来的面，单击"草图"按钮，进入草图绘制模式，单击屏幕最下方的"全部适应"按钮。单击"直线"按钮，捕捉点（40，-140）后向左移动两次，画出两段首尾相接的共线的水平直线。单击"约束"按钮，标注尺寸，在"草图工具"工具栏中单击"构造或标准"按钮，将直线换成构造线，如图 4-29 中①所示。单击"点"按钮，捕捉直线上的两点，如图 4-29 中②③所示。单击"退出工作台"按钮。

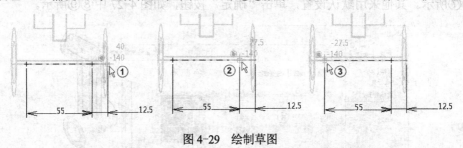

图 4-29　绘制草图

3）单击屏幕下方的"等轴测视图"按钮，按住〈Ctrl〉键从特征树中选择刚刚绘制的一个点和偏移出来的面，如图 4-30 中①②所示。在"基于草图的特征"工具栏中单击"孔"按钮，弹出"定义孔"对话框，单击"类型"标签，在下面的选择框中选择"埋头孔"，在"参数"选项组中选择"角度和直径"并输入 90 和 14，如图 4-30 中③～⑤所示。单击"扩展"标签，在下面的选择框中选择"直到下一个"，在"直径"文本框中输入 7，在"方向"选项组中选中"曲面的法线"复选框，其他采用默认设置，如图 4-30 中⑥～⑨所示，单击"确定"按钮。

4）按住〈Ctrl〉键从特征树中选择埋头孔和"zx 平面"，如图 4-31 中①②所示。在"变换特征"工具栏中单击"镜像"按钮，系统弹出"定义镜像"对话框，选中"保留规格"复选框，其他采用默认设置，单击"确定"按钮，如图 4-31 中③～⑤所示。

92

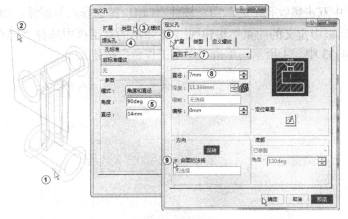

图 4-30　埋头孔

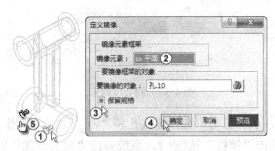

图 4-31　"定义镜像"对话框

8. 创建螺纹孔

1）选择面，如图 4-32 中①所示。在"基于草图的特征"工具栏中单击"孔"按钮，弹出"定义孔"对话框，单击"类型"标签，在下面的选择框中选择"简单"，如图 4-32 中②所示。单击"定义螺纹"标签，选择"螺纹孔"，在"类型"下拉列表中选择"公制粗牙螺纹"，单击"螺纹描述"下拉列表框，在弹出的列表中选择"M10"，在"螺纹深度"文本框中用系统自动算出的 13.751，如图 4-32 中③～⑦所示。其他采用默认设置，单击"确定"按钮。如图 4-32 中⑧所示。

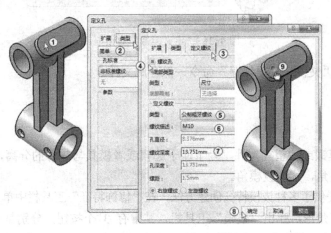

图 4-32　螺纹孔

2）在特征树中双击螺纹孔下的草图，按住〈Ctrl〉键选择点与圆弧，如图 4-33 中①②所示。单击"对话框中定义的约束"按钮，在弹出的对话框中选择"同心度"，单击"确定"按钮，如图 4-33 中③④所示。单击"退出工作台"按钮。

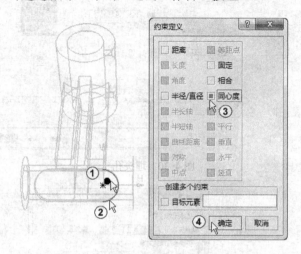

图 4-33　同心度约束

3）按住〈Ctrl〉键，从特征树中选择螺纹孔和"yz 平面"，如图 4-34 中①②所示。在"变换特征"工具栏中单击"镜像"按钮，系统弹出"定义镜像"对话框，选中"保留规格"复选框，其他采用默认设置，单击"确定"按钮，如图 4-34 中③～⑤所示。

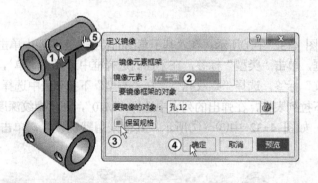

图 4-34　"定义镜像"对话框

4）选择菜单"文件"→"保存"命令，保存此文件。

4.4　拔模

对于铸造、模锻或注塑等零件，为了便于起模或者模具与零件的分离，需要在零件的拔模面上构造一个斜角，称为拔模角。

CATIA V5 提供了多种拔模特征创建方法，在"修饰特征"工具栏中单击"拔模斜度"按钮右下角的倒三角形，弹出"拔模"工具栏，其中有 3 个按钮，分别是"拔模斜度"按钮、"拔模反射线"按钮和"可变角度拔模"按钮，如图 4-35 中①～④所示。

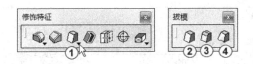

图 4-35 "拔模"工具栏

4.4.1 拔模斜度

拔模斜度的功能是将零件中需要有拔模斜度的部分进行往上或往下的拔模。

在进行拔模操作前，需要先建立一个零件实体，选择菜单"文件"→"打开"命令，找到 Part1，单击"打开"按钮。在"修饰特征"工具栏中单击"拔模斜度"按钮，系统弹出"定义拔模"对话框，系统自动激活了"要拔模的面"选择框，选择待拔模的面，可以选择多个曲面，如图 4-36 中①②所示。然后在"中性元素"选项组中的"选择"框中单击鼠标，使其激活后选择拔模的基准面（拔模前后大小不变的面），再在"角度"文本框中输入所需拔模的角度，如图 4-36 中③④所示。在"拔模方向"选项组的"选择"框中可以选择拔模方向。系统一般会有一个默认的拔模方向，但用户最好自己指定，单击"确定"按钮，如图 4-36 中⑤⑥所示。

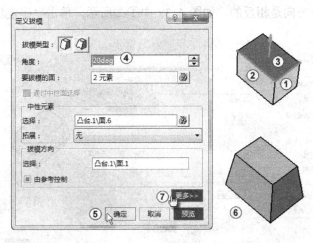

图 4-36 拔模

双击特征树中的"拔模.1"，在"中性元素"选项组中的"选择"框中单击，使其激活后选择拔模的基准面"xy 平面"，如图 4-37 中②所示。拔模前的模型如图 4-37 中①所示。单击"预览"按钮可预览无分界面的模型如图 4-37 中③所示。

单击"定义拔模"对话框中的"更多"按钮，如图 4-36 中⑦所示，系统弹出更多的选项。其中"分离元素"选项组用于定义拔模分界面，分界面可以是平面、曲面或者实体表面。拔模面将被分界面分成两部分分别进行拔模。选中"定义分离元素"复选框后，如图 4-37 中④所示。可以在特征树或工作区中选择一元素作为拔模底面（即拔模与不拔模的分界面），这里仍然选择"xy 平面"，单击"确定"按钮，如图 4-37 中④～⑦所示。可以看出有分界面的模型，定义拔模底面和未定义拔模底面明显有区别，图中的平面既是中性面又是分离元素中的"定义分离元素"。

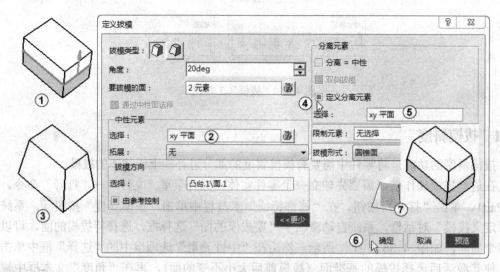

图 4-37 有分界面的拔模

双击特征树中的"拔模.1"，如果中性面和分离元素是同一个面，也可以选中"分离=中性"复选框。此时会激活"双侧拔模"复选框，若选中该复选框，则拔模基准面上下同时拔模，而且上下两个方向是相反的，如图 4-38 中①②所示。单击"确定"按钮，如图 4-38中③④所示。

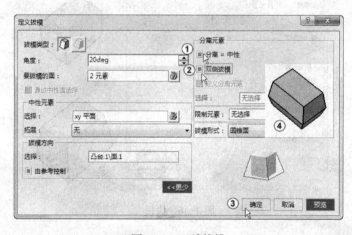

图 4-38 双边拔模

4.4.2 可变角度拔模

右击特征树中的"拔模.1"，在弹出的快捷菜单中选择"删除"命令，系统弹出"删除"对话框，单击"确定"按钮。

单击"拔模"工具栏中的"可变角度拔摸"按钮 ⌒，系统弹出"定义拔模"对话框。与图 4-38 比较后可见其区别在于后者用"点"选择框替换了"通过中性面选择"复选框。说明变角度拔模不能通过中性面选择拔模的表面。

关键的操作是选择中性面和拔模面后，如图 4-39 中①②所示。与这两种面临界的棱边的两个端点各出现一个角度值，双击此角度值，如图 4-39 中③所示。通过随后弹出的"参数定义"对话框即可修改角度值，如图 4-39 中④⑤所示。单击"确定"按钮，如图 4-39 中⑥⑦所示。

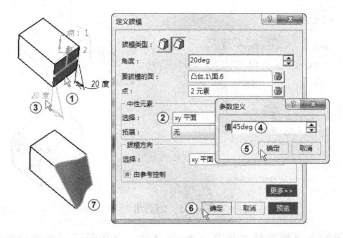

图 4-39　可变角度拔摸

如果要增加角度控制点，双击"拔摸.2"，单击"点"选择框，再单击棱边上的点，棱边的单击处出现角度值。双击角度值，通过随后弹出的"参数定义"对话框即可修改角度值 45°为指定角度 10°，两次单击"确定"按钮，如图 4-40 中①~⑦所示。

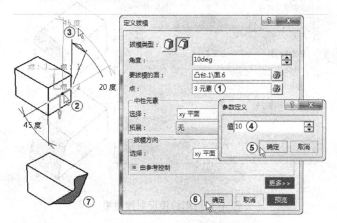

图 4-40　增加角度控制点

选择菜单"文件"→"另存为"命令，系统弹出"另存为"对话框，选择保存的路径，在"文件名"文本框中输入文件名"Part3"，单击"保存"按钮即可保存此文件。

4.4.3　拔模反射线

右击特征树中的"拔模.1"，在弹出的快捷菜单中选择"删除"命令，系统弹出"删除"对话框，单击"确定"按钮。在"修饰特征"工具栏中选择"倒圆角"按钮 🔘，弹出"倒圆角定义"对话框，在"半径"文本框中输入 5，在工作区选择长方体的 1 条边线，如图 4-41 中①②所示。其他采用默认设置，单击"确定"按钮完成倒圆角操作，结果如图 4-41 中③所示。

拔模反射线是用曲面的反射线（曲面和平面的交线）作为拔模特征的中性元素，来创建拔模角特征，可用于对已完成倒圆角操作的零件表面进行拔模。

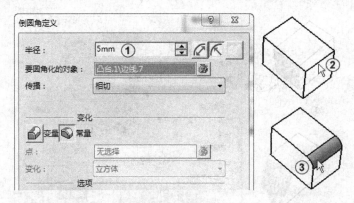

图 4-41　倒圆角

选择圆角曲面作为"要拔模的面"，如图 4-41 中③所示。单击"拔模"工具栏中的"拔模反射线"按钮，系统弹出"定义拔模反射线"对话框。在"角度"文本框中输入拔模角度 20，再在"拔模方向"选项组中选择拔模方向（在这是竖直线），如图 4-42 中①②所示。单击"确定"按钮，如图 4-42 中③④所示。

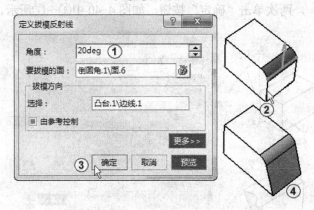

图 4-42　用拔模反射线拔模

选择菜单"文件"→"另存为"命令，系统弹出"另存为"对话框，选择保存的路径，在"文件名"文本框中输入文件名"Part4"，单击"保存"按钮即可保存此文件。

4.4.4　拔模公式

为了使拔模角的顶点与拉伸高度始终保持一致，需要寻找半径 R、高度 H、长度 L 和拔模角之间的公式。

如图 4-43 中所示：长度 L 和高度 H 组成直角三角形的两个直角边，已知高度 H=20，L=15.450848718，用反三角函数可以求出拔模角=arctan(长度 L/高度 H)=37.688。

建立长度 L 与半径 R 的比例关系：L=R×15.450849718/50，改变半径 R，长度 L 将成比例变化。

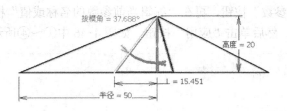

图 4-43　建立公式的原理

（1）新建参数半径 R、高度 H、长度 L 并赋予初值

1）选择菜单"工具"→"公式"命令，系统弹出"公式"对话框，选择"过滤器类型"为"用户参数"，在"新类型参数"右侧的下拉列表框中单击倒三角按钮，在弹出的下拉列表中选择参数类型为"长度"，然后单击"新类型参数"按钮，再在"编辑当前参数的名称或值"栏中将"长度.1"修改成 L，将值修改成 15.450848718。然后单击"应用"按钮。如图 4-44 中①～⑥所示。

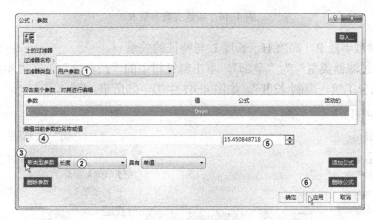

图 4-44　新建长度参数 L

2）在"新类型参数"右侧的下拉列表框中单击倒三角按钮，在弹出的下拉列表中选择参数类型为"实数"，然后单击"新类型参数"按钮，再在"编辑当前参数的名称或值"栏中将"实数.1"修改成 H，将值修改成 20。然后单击"应用"按钮，如图 4-45 中①～⑤所示。

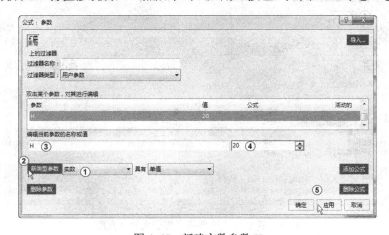

图 4-45　新建实数参数 H

3）单击"新类型参数"按钮，再在"编辑当前参数的名称或值"栏中将"实数.2"修改成 R，将值修改成 50。然后单击"应用"按钮，如图 4-46 中①～④所示。

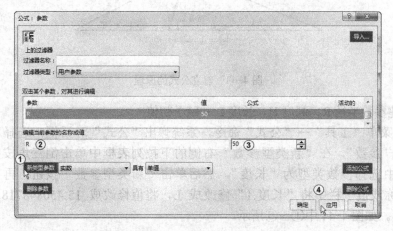

图 4-46　新建实数参数 R

（2）建立参数半径 R、高度 H、长度 L 与特征的关系

1）选择"过滤器类型"为"全部"，单击特征树中的"凸台.1"，在"参数"栏中双击"零件几何体\凸台.1\第一限制\长度"，如图 4-47 中①～③所示。

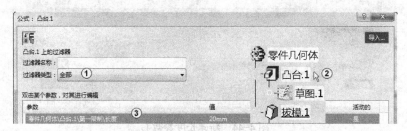

图 4-47　编辑拉伸高度参数

2）系统弹出"公式编辑器"对话框，在对话框的"参数的成员"栏中单击"重命名的参数"，在"重命名的参数的成员"栏中双击"H"，再输入"*1mm"。然后单击"确定"按钮，如图 4-48 中①～④所示。

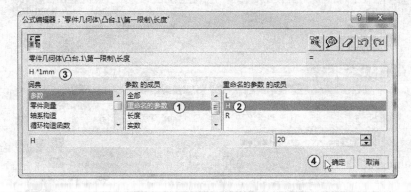

图 4-48　建立公式拉伸高度等于实数（高度）

3）回到"公式"对话框中继续编辑，选择"过滤器类型"为"全部"，单击特征树中的"草图.1"，在"参数"栏中双击"零件几何体\凸台.1\草图.1\半径.1\半径"，如图 4-49①～③所示。

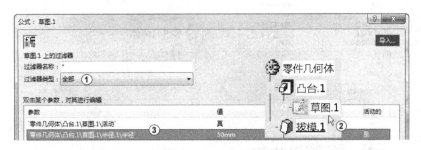

图 4-49　编辑五角星半径

4）系统弹出"公式编辑器"对话框，在对话框的"参数的成员"栏中单击"重命名的参数"，在"重命名的参数的成员"栏中双击"R"，再输入"*1mm"。然后单击"确定"按钮，如图 4-50 中①～④所示。

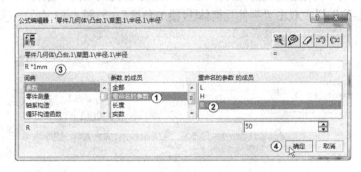

图 4-50　建立公式五角星半径等于实数（半径）

5）回到"公式"对话框中，单击"确定"按钮。

6）选择菜单"工具"→"$f_{(x)}$公式"命令，系统弹出"公式"对话框，选择"过滤器类型"为"长度"，在"参数"栏中双击新建的长度参数 L 对它进行编辑。如图 4-51 中①②所示。

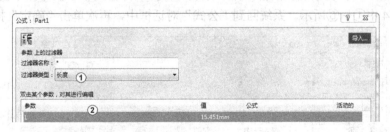

图 4-51　编辑长度参数 L

7）系统弹出"公式编辑器"对话框，在对话框的"参数的成员"栏中单击"长度"，在"长度的成员"栏中单击特征树中的"草图.1"，如图 4-52 中①②所示。双击"零件几何体\凸台.1\草图.1\半径.1\半径"，输入"*15.450849718/50"，如图 4-52 中③④所示。最后两次单击"确定"按钮。

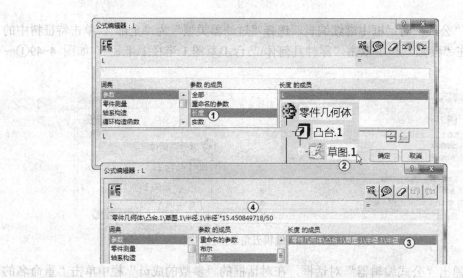

图 4-52　建立公式 L 等于五角星半径*15.450849718/50

8）回到"公式"对话框中继续编辑，选择"过滤器类型"为"全部"，单击特征树中的"拔模.1"，在"参数"栏中双击"零件几何体\拔模.1\角度"，如图 4-53 中①～③所示。

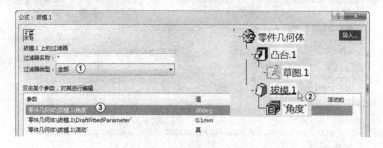

图 4-53　编辑拔模角度

9）系统弹出"公式编辑器"对话框，输入 atan 和半个括号，然后在对话框的"参数的成员"栏中单击"长度"，在"长度的成员"栏中双击"L"，再输入除号/，再在"长度的成员"栏中双击"零件几何体\凸台.1\第一限制\长度"，再输入半个括号，单击"确定"按钮，如图 4-54 中①～⑥所示。系统回到"公式"对话框中，再次单击"确定"按钮。

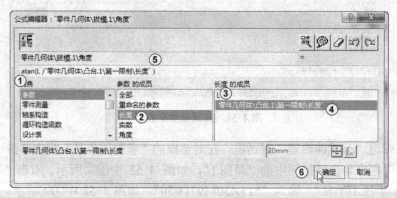

图 4-54　建立公式，拔模角度的反三角函数 atan（L/拉伸高度）

（3）设置"选项"，使参数和关系在设计树中显示出来

选择菜单"工具"→"选项"命令，系统弹出"选项"对话框，单击"基础结构"→"零部件基础结构"，选中"显示"选项卡中的"参数"和"关系"复选框，单击"确定"按钮，如图 4-55 中①～⑥所示。这时特征树中会多出"参数"和"关系"两个项目，展开公式，如图 4-55 中⑦⑧所示。

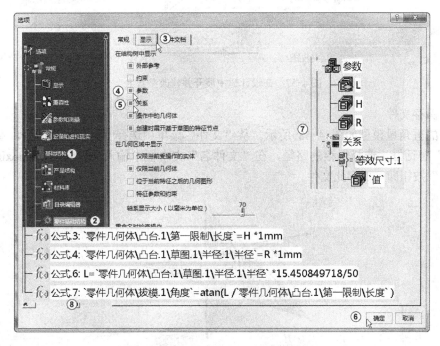

图 4-55 设置选项，使设计树中能显示参数和关系

（4）利用参数修改拉伸高度和五角星半径

1）展开设计树中的参数项，（如果设计树没有显示，则按〈F3〉键。〈F3〉键是模型树显示和隐藏切换键）。双击高度参数，系统弹出高度参数编辑器，在这里可以修改拉伸高度的值，把它修改成 30，然后单击"确定"按钮。系统会按新的值重新计算重建模型，如图 4-56 所示。

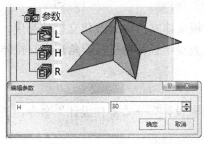

图 4-56 在设计树中展开并修改参数 H

2）双击半径参数，系统弹出半径参数编辑器，在这里可以修改草图 1 五角星的半径值，把它修改成 100，单击"确定"按钮。系统会按新的值重新计算重建模型，如图 4-57 所示。

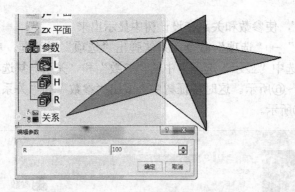

图 4-57　在设计树中展开并修改参数 R

（5）保存文件

建好的五角星模型如图 4-58 所示。从"文件"菜单中选择"另存为"命令，系统弹出"另存为"对话框，选择保存的路径，在"文件名"文本框中输入文件名"wujiaoxing"，单击"保存"按钮即可保存此文件。

图 4-58　建模完成后的五角星

4.4.5　拔模实例

下面用具体的五角星实例来说明其运用。

分析：五角星实体建模的要点是公式编辑、新建参数、在设计树中显示参数和关系的设置、拉伸和拔模的应用。

五角星建模是用拉伸加拔模来建立，用公式建立拉伸高度、五角星半径和拔模角度的关系，使任意改变拉伸高度或五角星半径都保持拔模角顶点与拉伸高度重合。

其作图步骤如下。

（1）选择设计模块

选择菜单"开始"→"机械设计"→"零件设计"命令，进入"零件设计"界面。

（2）绘制"草图1"

1）在特征树中选择"xy 平面"，单击"草图"按钮，进入草图绘制模式。单击屏幕最下方的"全部适应"按钮，单击"轮廓"工具栏中的"圆"按钮，在工作区绘制出一个圆，圆心与原点"相合"（重合），单击"约束"按钮，标注尺寸，如图 4-59 中①所示。单击"轮廓"工具栏中的"等距点"按钮，在工作区选择圆，系统弹出"等距点定义"对话框,在"新点"文本框中输入 5,如图 4-59 中②所示。单击"确定"按钮,如图 4-59 中③④所示。

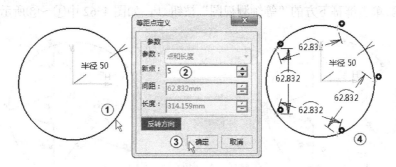

图 4-59　绘制圆和 5 个等分点

2)单击"轮廓"工具栏中的"轮廓"按钮⚙️,在工作区绘制出一个五角星,五角星的 5 个角点分别与 5 个等分点"重合",如图 4-60 中①所示。

3)双击"重新限定"工具栏中的"快速修剪"按钮✏️,将五角星中多余的线剪掉,如图 4-60 中②所示。右击尺寸 62.832,从弹出的快捷菜单中选择"删除"命令,结果如图 4-60 中③所示。

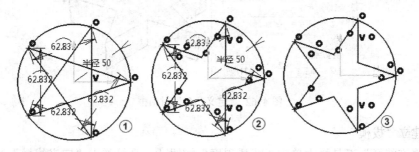

图 4-60　绘制五角星

4)单击"轮廓"工具栏中的"三点圆"按钮🔘,在工作区依次捕捉 3 个点绘制出一个圆,如图 4-61 中①~③所示。

5)按住〈Ctrl〉键,选择如图 4-61 中④⑤所指的角点与刚画的圆,单击"对话框中定义的约束"按钮🎛️,在弹出的"约束定义"对话框中选择"相合",单击"确定"按钮,出现相合标记🔴,如图 4-61 中⑥~⑧所示。再次按住〈Ctrl〉键用鼠标选择如图 4-61 中⑨和⑤所指的角点与圆,单击"对话框中定义的约束"按钮🎛️,在弹出的"约束定义"对话框中选择"相合",单击"确定"按钮。

6)选择两个圆和其上的 5 个点,然后单击工具栏中的"构造/标准元素"按钮⚙️,将其转换成构造线。单击"退出工作台"按钮⬆️。选择菜单"文件"→"另存为"命令,系统弹出"另存为"对话框,选择保存的路径,在"文件名"文本框中输入文件名"hjx",单击"保存"按钮即可保存此文件。

(3)建立"凸台 1"

在"基于草图的特征"工具栏中单击"凸台"按钮🔷,系统弹出"定义凸台"对话框,单击"类型"下拉列表框,选择"尺寸"选项,在"长度"文本框中输入 20,在"轮廓/曲面"选项组的"选择"框中系统自动输入"草图.1"作为拉伸面,其他采用默认设置,单击"确定"按钮。单击屏幕下方的"等轴测视图"按钮⬜,如图 4-62 中①~③所示。

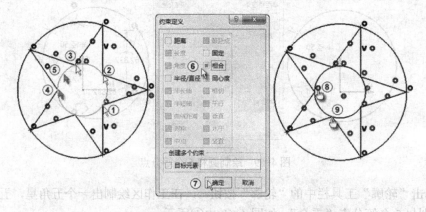

图 4-61 绘制圆并将箭头所指的两个角点分别与圆重合

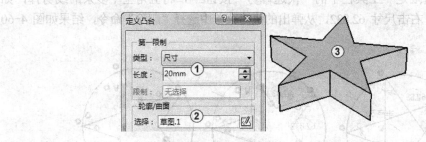

图 4-62 "定义凸台"对话框

（4）建立"拔模"

在"修饰特征"工具栏中单击"拔模斜度"按钮⬜,系统弹出"定义拔模"对话框,在对话框中选择"拔模类型"为"常量"⬜,在"角度"文本框中输入 20,在"要拔模的面"选择框中选择欲拔模的 10 个竖直面,在"中性元素"选项组的"选择"框中选择"xy 平面",在"拔模方向"选项组的"选择"框中选择"xy 平面",如图 4-63 中①~⑤所示。其他采用默认设置,如图 4-63 中⑥~⑧所示,单击"确定"按钮。

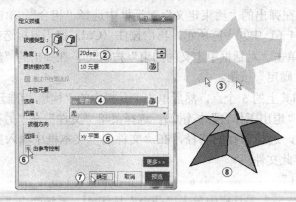

图 4-63 "定义拔模"对话框

显然这不是理想的结果，理想的情况是：无论五角星的半径 R 或高度 H 怎样变化，都希望系统能自动计算出拉伸拔模角度，使拔模角的顶点与拉伸高度始终保持一致。

4.5　肋

扫掠肋是将二维轮廓曲线沿着一条开放或闭合中心线扫掠成三维实体。轮廓曲线和中心线可以封闭，也可以不封闭。

中心曲线可以是开放的，也可以是封闭的。如果是三维中心曲线，必须相切连续；如果是二维中心曲线，则不需要相切连续；如果是闭合的三维中心曲线，那么轮廓线必须是封闭的。

1）从特征树中选择"yz 平面"，单击"草图"按钮![icon]，进入草图绘制模式。单击屏幕最下方的"全部适应"按钮![icon]，单击"圆"按钮![icon]和"直线"按钮![icon]，在工作区绘制出如图 4-64 中①所示的草图 1，注意圆弧的两端必须分别与直线相切。单击"约束"按钮![icon]，标注尺寸。单击"退出工作台"按钮![icon]。

2）从特征树中选择"zx 平面"，单击"草图"按钮![icon]，进入草图绘制模式。单击屏幕最下方的"全部适应"按钮![icon]，单击"矩形"按钮![icon]，在工作区捕捉第一点（0，30），然后捕捉第二点，如图 4-64 中②③所示绘制出一个矩形，单击"约束"按钮![icon]，标注尺寸。单击"退出工作台"按钮![icon]。单击屏幕下方的"等轴测视图"按钮![icon]，结果如图 4-64 中④所示。

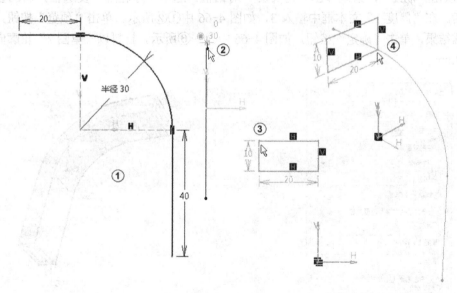

图 4-64　绘制草图 1

3）选择菜单"文件"→"另存为"命令，系统弹出"另存为"对话框，选择保存的路径，在"文件名"文本框中输入文件名"Part5"，单击"保存"按钮即可保存此文件。

4）在"基于草图的特征"工具栏中单击"肋"按钮![icon]，系统弹出"定义肋"对话框，在工作区分别选择矩形和曲线，如图 4-65 中①②所示。在"控制轮廓"选项组的下拉列表框中选择系统默认的"保持角度",单击"预览"按钮可以预览扫描结果,单击"确定"按钮,如图 4-65 中③～⑤所示。

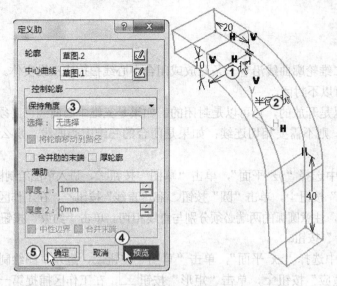

图 4-65 "定义肋"对话框

特征树中将显示刚刚创建的"肋.1",同时"草图.1"和"草图.2"成为其子级。

5)双击"肋.1",系统弹出"定义肋"对话框,选中"厚轮廓"复选框,新的参数选项被激活。在"厚度 1"文本框中输入 3,如图 4-66 中①②所示。单击"预览"按钮,可以预览扫描结果,单击"确定"按钮,如图 4-66 中③～⑥所示。材料以"草图.2"轮廓向内添加厚度 3mm。

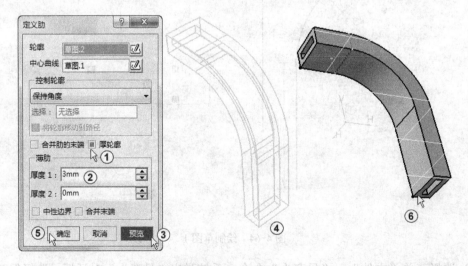

图 4-66 有厚度的"定义肋"对话框

6)双击"肋.1",系统弹出"定义肋"对话框,选中"中性边界"复选框,单击"预览"按钮,可以预览到在"草图.2"轮廓的两侧等量添加材料 3mm。单击"取消"按钮。

只有在中心曲线是不封闭的情况下可以设置轮廓曲线在扫描中的法矢方向。

可以选择下列选项之一来控制轮廓位置：

- 保留角度：轮廓线所在平面与中心曲线切线方向之间的夹角保持不变，如图 4-67 中①所示。

- 拔模方向：轮廓线所在平面与指定的方向始终保持不变。要定义此方向，可以选择平面或边线。例如，若中心曲线为空间螺旋线，则需要使用此选项。在这种情况下，将选择空间螺旋线轴线作为拔膜方向，如图 4-67 中②所示。

- 参考曲面：轮廓线所在平面的法线方向与指定的参考曲面之间的夹角始终保持不变。当选择方式为参考曲面时，选中的参考曲面会被加亮，此时特征会沿曲面进行扫掠，相当于引导线作用，注意视图中必须要有曲面该方式才能生效，如图 4-67 中③所示。

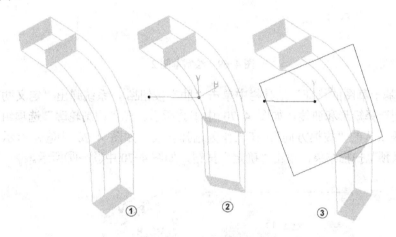

图 4-67　控制轮廓位置

7）在特征树中右击"肋.1"，从弹出的快捷菜单中选择"删除"命令，系统弹出"删除"对话框，取消选中"删除聚集元素"复选框，单击"确定"按钮，如图 4-68 中①～④所示。

图 4-68　删除肋

8）从特征树中选择"zx 平面"，单击"草图"按钮，进入草图绘制模式。单击屏幕最下方的"全部适应"按钮，单击"直线"按钮，在工作区绘制出一条斜线，单击"约束"按钮，标注尺寸，如图 4-69 中①所示。单击"退出工作台"按钮。单击屏幕下方的"等轴测视图"按钮，结果如图 4-69 中②所示。

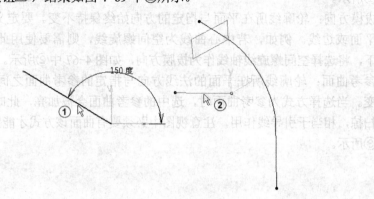

图 4-69　绘制草图 2

9）在"基于草图的特征"工具栏中单击"肋"按钮，系统弹出"定义肋"对话框，在工作区分别选择矩形和曲线，如图 4-70 中①②所示。在"控制轮廓"选项组的下拉列表框中选择系统默认的"拔模方向"，在工作区选择斜线，如图 4-70 中③④所示。单击"预览"按钮可以预览扫描结果，单击"确定"按钮，如图 4-70 中⑤～⑦所示。

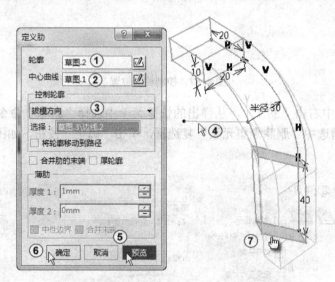

图 4-70　保留角度与拔模方向的肋预览

10）在特征树中右击"肋.1"，从弹出的快捷菜单中选择"删除"命令，系统弹出"删除"对话框，取消选中"删除聚集元素"复选框，单击"确定"按钮。

11）在"参考元素"工具栏中单击"平面"按钮，系统弹出"平面定义"对话框，单击"平面类型"下拉列表框，在弹出的下拉列表中选择"方程式"，输入相关系数，如图 4-71 中①～⑤所示。其他采用默认设置，单击"确定"按钮，如图 4-71 中⑥⑦所示。

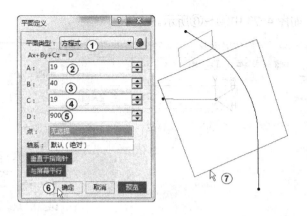

图4-71 方程式创建平面

（2）在"基于草图的特征"工具栏中单击"肋"按钮，系统弹出"定义肋"对话框，在工作区分别选择矩形和曲线，如图 4-72 中①②所示。在"控制轮廓"选项组的下拉列表框中选择系统默认的"参考曲面"，在工作区选择平面，如图 4-72 中③④所示。单击"预览"按钮可以预览扫描结果，单击"确定"按钮，如图4-72 中⑤～⑦所示。

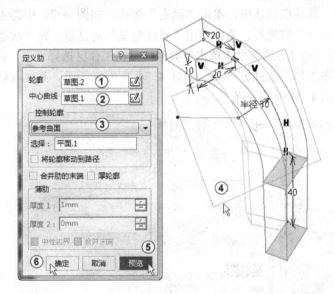

图4-72 拔模方向与参考曲面的肋预览

（3）选择菜单"文件"→"保存"命令。

强烈建议使轮廓位于垂直于中心曲线的平面上，并保证该平面与中心曲线相交。否则，可能会产生不可预知的结果。

与中心曲线相关的轮廓的位置决定结果肋的造型。扫掠轮廓时，CATIA 将保留与中心曲线最近点相关的轮廓的初始位置，然后从该位置开始计算肋。

选择菜单"开始"→"机械设计"→"零件设计"命令，再选择菜单"开始"→"形状"→"创成式外形设计"命令，如图 4-73 中①～③所示。单击"线框"工具栏上的"点"按钮，系统弹出"点定义"对话框，在"X="文本框中输入 50，其他取默认值，单击"确定"按钮，如图4-73中④～⑥所示。

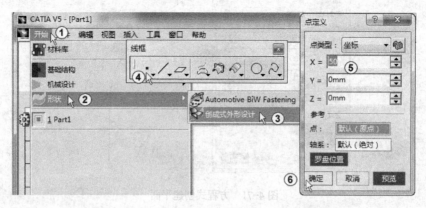

图4-73　绘制第1点

单击"线框"工具栏上的"点"按钮■，系统弹出"点定义"对话框，在"X="文本框中输入0，其他取默认值，单击"确定"按钮，如图4-74中①②所示。单击"线框"工具栏上的"点"按钮■，系统弹出"点定义"对话框，在"X="文本框中输入0，在"Z="文本框中输入100，其他取默认值，单击"确定"按钮，如图4-74中③④所示。单击"线框"工具栏上的"直线"按钮╱，系统弹出"直线定义"对话框，在"线型"下拉列表框中选择"点-点"，在"点1"选择框中单击使其激活后在工作区选择一点，在"点2"选择框中单击使其激活后在工作区选择另一点，如图4-74中⑤⑥所示。其他取默认值，单击"确定"按钮，结果如图4-74中⑦所示。

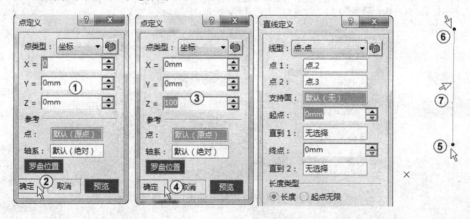

图4-74　绘制点和直线

在"曲线"工具栏中单击"螺旋线"按钮，系统弹出"螺旋曲线定义"对话框，在"螺旋类型"下拉列表框中选择"高度和螺距"，在"螺距"文本框中输入20，在"高度"文本框中输入100，如图4-75中①～③所示。在"起点"选择框中单击使其激活后在工作区捕捉第一个点，在"轴"选择框中单击使其激活后在工作区选择刚刚绘制的直线作为螺旋线中心轴，如图4-75中④⑤所示。"方向"下拉列表框中有2个选择，"顺时针"和"逆时针"，在这里选择"逆时针"，其他取默认值，单击"确定"按钮，如图4-75中⑥⑦所示。

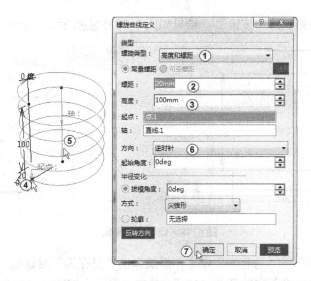

图 4-75　绘制螺旋线

　　选择菜单"开始"→"机械设计"→"零件设计"命令，从特征树中选择"yz 平面"，单击"草图"按钮，进入草图绘制模式。单击屏幕最下方的"全部适应"按钮，单击"圆"按钮，在工作区绘制出如图 4-76 中①②所示的圆（注意圆心坐标为（-50，0），半径为 4），注意圆弧的两端必须分别与直线相切。单击"约束"按钮，标注尺寸。单击"退出工作台"按钮。

　　在"基于草图的特征"工具栏中单击"肋"按钮，系统弹出"定义肋"对话框，在工作区分别选择圆和螺旋线，其他为系统默认值，单击"确定"按钮，如图 4-77 中①~③所示。

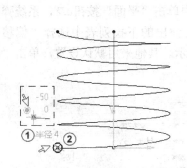

图 4-76　绘制簧丝圆

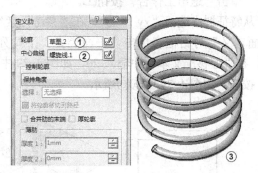

图 4-77　肋

　　从特征树中选择"yz 平面"，单击"草图"按钮，进入草图绘制模式。单击屏幕最下方的"全部适应"按钮，单击"矩形"按钮，绘制出两个矩形，单击"约束"按钮，标注尺寸，如图 4-78 中①所示。单击"退出工作台"按钮。

　　在"基于草图的特征"工具栏中单击"凹槽"按钮，弹出"定义凹槽"对话框，单击"类型"下拉列表框，在弹出的下拉列表中选择"尺寸"，在"深度"文本框中输入 55，在"轮廓/曲面"选项组的选择框中采用系统默认的"草图.4"作为切除面，选中"镜像范围"复选框，如图 4-78 中②③所示，其他采用默认设置，单击"确定"按钮完成凹槽操作，单击屏幕下方的"等轴测视图"按钮 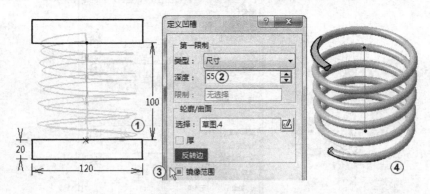，结果如图4-78中④所示。

图4-78 修剪弹簧端面

选择菜单"文件"→"另存为"命令，系统弹出"另存为"对话框，选择保存的路径，在"文件名"文本框中输入文件名"spring"，单击"保存"按钮即可保存此文件。

4.6 多截面实体

多截面实体是指两个或两个以上不同位置的封闭截面轮廓沿一条或多条引导线以渐进方式扫掠形成的实体。下面用天圆地方模型来介绍。

从特征树中选择"xy平面"，单击"草图"按钮 ，进入草图绘制模式。单击屏幕最下方的"全部适应"按钮 ，单击"居中矩形"按钮 ，在工作区捕捉原点（即矩形的中心），移动鼠标单击确定矩形的一个角点，单击"约束"按钮 ，标注尺寸，如图4-79中①所示。单击"退出工作台"按钮 。

从特征树中选择"xy平面"，在"参考元素"工具栏中单击"平面"按钮 ，系统弹出"平面定义"对话框，单击"平面类型"下拉列表框，在弹出的下拉列表中选择"偏移平面"，在"偏移"文本框中输入20，如图4-79中②~④所示。其他采用默认设置，单击"确定"按钮，如图4-79中⑤⑥所示。

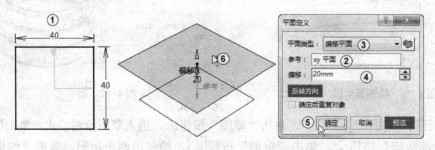

图4-79 绘制矩形和建立平面

从特征树中选择刚刚建立的"平面.1"，单击"草图"按钮 ，进入草图绘制模式。单击屏幕最下方的"全部适应"按钮 ，单击"圆"按钮 ，在工作区捕捉原点，绘制出一个圆，单击"约束"按钮 ，标注尺寸，如图4-80中①所示。单击"退出工作台"按钮

🖱。单击屏幕下方的"等轴测视图"按钮◻️，结果如图4-80中②所示。

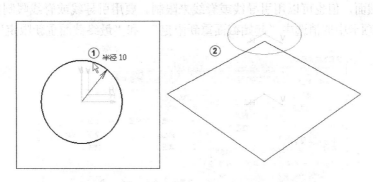

图4-80　绘制圆

选择菜单"文件"→"另存为"命令，系统弹出"另存为"对话框，选择保存的路径，在"文件名"文本框中输入文件名"Part6"，单击"保存"按钮即可保存此文件。

在"基于草图的特征"工具栏中单击"多截面实体"按钮⬒️，系统弹出"多截面实体定义"对话框，系统自动激活"截面"选择框，在工作区分别选择矩形和圆（即在鼠标所指的位置单击），如图 4-81 中①②所示。单击"预览"按钮可预览新生成的实体，系统弹出"更新错误"对话框，单击"确定"按钮，如图 4-81 中③④所示。

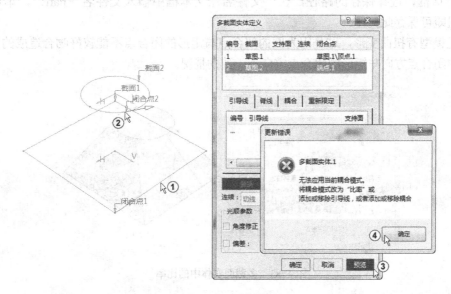

图4-81　预览结果

单击"引导线"标签，如图 4-82 中①所示。选择框激活变成蓝色，此时系统接受输入参数，根据需要可选择多条引导线，或者不用引导线，在这里没有选择引导线。引导线可以使实体的一边在引导线的引导下生成。

单击"脊线"标签，如图 4-82 中②所示。在弹出的选择框中选择"脊线"，如果没有选择"脊线"，系统将会自动以连接图形的顶点来计算出一条脊线。脊线可以用来引导实体的伸展方向，使用的引导线不同，最后的实体外形也不同。

单击"重新限定"标签，如图 4-82 中③所示。默认情况下，多截面实体是从第一个截面到最后一个截面，但也可以用引导线或脊线来限制。要用引导线或脊线限制实体，需要在"重新限定"选项卡中取消选中"起始截面重新限定"和"最终截面重新限定"复选框。

图 4-82 三种选项卡

单击"耦合"标签，单击"截面耦合"下拉列表框，如图 4-83 中①②所示。在弹出的下拉列表中有 4 种耦合方法，在这选择"比率"（根据曲线 X 坐标的比例进行偶合），单击"确定"按钮，如图 4-83 中③④所示。选择菜单"文件"→"另存为"命令，系统弹出"另存为"对话框，选择保存的路径，在"文件名"文本框中输入文件名"Part7"，单击"保存"按钮即可保存此文件。

可见模型有扭曲变形，这是因为圆的闭合点与矩形的闭合点不能较好吻合造成的。下面来看圆的闭合点方向与矩形的闭合点方向不一致的情况。

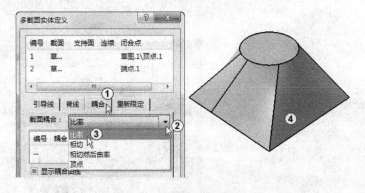

图 4-83 多截面实体中的比率

双击特征树中的"多截面实体.1"，在工作区单击"闭合点 2"的箭头，如图 4-84 中①所示。使箭头方向改变，单击"多截面实体定义"对话框中的"确定"按钮，结果如图 4-84 中②所示。这时所选轮廓的箭头不匹配。

综上所述，多截面实体所使用的每一个封闭截面轮廓都有一个闭合点和闭合方向，而且要求各截面的闭合点和闭合方向都必须处于正确的方位，否则会发生扭曲和出现错误。

闭合点的起点为在草图工作平面上的第一点位置，对于圆等无顶点的图形，则位置较无规则。

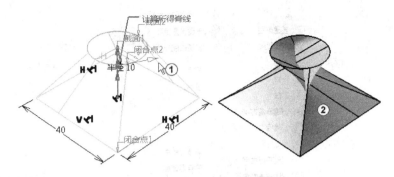

图 4-84　多截面实体中的闭合点方向

两次选择菜单"编辑"→"撤消"命令，回到图 4-83 的状态（或者退出系统，重新打开 Part7）。双击特征树中的"多截面实体.1"，在工作区右击"闭合点 2"，在弹出的快捷菜单中选择"编辑闭合点"命令，如图 4-85 中①②所示。系统弹出"极值定义"对话框，右击"部件"选项，在弹出的快捷菜单中选择"编辑部件"命令，如图 4-85 中③④所示。系统弹出"方向"对话框，把 X 的值改为 3，Y 的值改为 4，如图 4-85 中⑤所示。三次单击"确定"按钮，如图 4-85 中⑥～⑧所示。可见扭曲的情况得到好转，但仍不能满足要求。解决的方法之一是移除圆的闭合点，再重新创建闭合点。二是用"耦合"方法中的点对点来创建多截面实体。

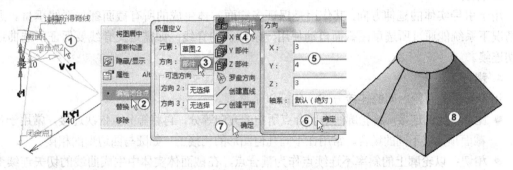

图 4-85　编辑多截面实体中的闭合点

"多截面实体定义"对话框中各选项的含义如下。

1. 截面

用于选择多截面实体草图截面轮廓。选择截面轮廓后，在列表中选中任一个草图截面，右击，弹出快捷菜单，如图 4-86 所示。

截面右键快捷菜单选项的含义如下。

● "替换"：替换选中的截面轮廓。

● "移除"：删除选中的截面轮廓。

● "替换闭合点"：替换选中截面的闭合点。

● "移除闭合点"：删除选中截面的闭合点。

● "添加"：添加截面轮廓，所添加的轮廓位于列表的最后。

● "之后添加"：添加截面轮廓，所添加的轮廓位于选中截面之后。

● "之前添加"：添加截面轮廓，所添加的轮廓位于选中截面之前。

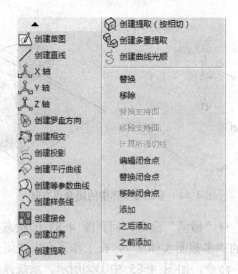

图4-86 快捷菜单

2. 引导线

引导线在多截面实体中起到边界的作用，它属于最终生成的实体。引导线必须与每个轮廓线相交。

3. 脊线

用于引导实体的延伸方向，其作用是保证多截面实体生成的所有截面都与脊线垂直。通常情况下系统能通过所选草图截面自动使用一条默认的脊线；如需定义脊线要保证所选曲线相切连续。

4. 耦合

用于设置截面轮廓间的连接方式，包括以下选项。

- 比率：比例连接，将轮廓线沿闭合点所指的方向等分，再将等分点依次连接，常用于各截面顶点数不同的场合。常用在不同几何图形的相接上，如圆与四边形的相接。
- 相切：以轮廓上的斜率不连续点作为耦合点，在截面体实体中生成曲线的切矢连续变化，因此若两图形的斜率不连续、点数目不同，就无法使用此方式。
- 相切然后曲率：曲率连续，根据轮廓线的曲率不连续点进行连接，要求各截面的顶点数必须相同。
- 顶点：顶点连接，根据轮廓线的顶点进行连接，要求各截面的顶点数必须相同。

选择的断面由多段几何线组成具有很多点，且几个断面中的点数不一样，需要用"耦合"方法中的点对点来创建多截面实体。这时先要对草图圆进行处理，使其由4段圆弧组成，以此形成4个点。

打开Part6文件，双击特征树中的"草图.2"，单击"直线"按钮 / ，绘制出两条斜线。单击"构造/标准元素"按钮 ，使其变成构造元素，表现为虚线，如图4-87中①②所示。双击"快速修剪"按钮 ，修剪掉多余线段，结果如图4-87中③所示。单击"圆"工具栏中的"弧"按钮 ，绘制出两段圆弧。如图4-87中④⑤所示。选择菜单"文件"→"另存为" ，系统弹出"另存为"对话框，选择保存的路径，在"文件名"文本框中输入文件名"Part8"，单击"保存"按钮即可保存此文件。

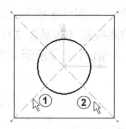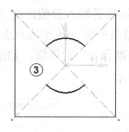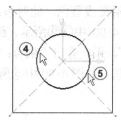

图 4-87　绘制 4 段圆弧

在"基于草图的特征"工具栏中单击"多截面实体"按钮，系统弹出"多截面实体定义"对话框，系统自动激活"截面"选择框，在工作区分别选择矩形和圆。右击"闭合点2"，在弹出的快捷菜单中选择"替换"命令，然后在工作区单击一点，如图 4-88 中①~③所示。结果如图 4-88 中④所示。

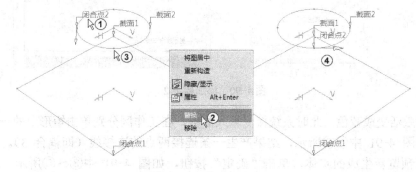

图 4-88　替换闭合点 2

单击"耦合"标签，选择框激活变成蓝色，此时系统接受输入参数，在工作区分别单击矩形上的一点和圆上的一点，如图 4-89 中①~③所示，结果产生一条连接两点的连接线（即耦合 1）。双击对话框中的"耦合 1"，系统弹出"耦合：耦合 1"对话框，单击"确定"按钮，如图 4-89 中④⑤所示。在对话框中单击"添加"按钮，如图 4-89 中⑥所示。

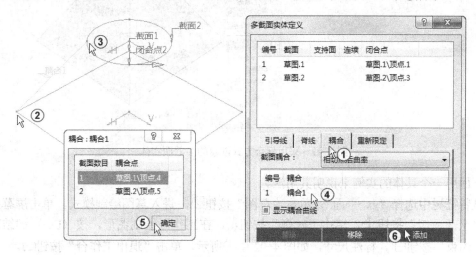

图 4-89　添加耦合 1

119

选择框激活变成蓝色，此时系统接受输入参数，在工作区分别单击矩形上的一点和圆上的一点，如图 4-90 中①②所示，结果产生一条连接两点的连接线（即耦合 2）。双击对话框中的"耦合 2"，系统弹出"耦合：耦合 2"对话框，如图 4-90 中③④所示。在对话框中单击"添加"按钮，如图 4-90 中⑤所示。

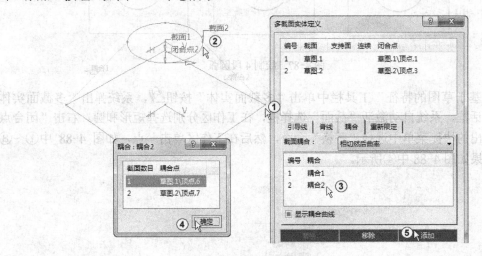

图 4-90　添加耦合 2

选择框激活变成蓝色，此时系统接受输入参数，在工作区分别单击矩形上的一点和圆上的一点，如图 4-91 中①②所示，结果产生一条连接两点的连接线（即耦合 3）。单击"预览"按钮可预览新生成的实体，单击"确定"按钮，如图 4-91 中③～⑤所示。选择菜单"文件"→"另存为"命令，系统弹出"另存为"对话框，选择保存的路径，在"文件名"文本框中输入文件名"Part9"，单击"保存"按钮即可保存此文件。

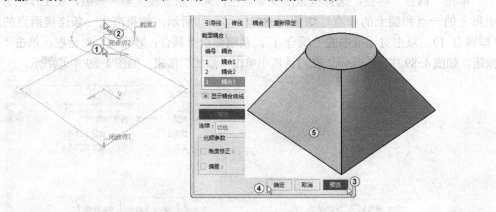

图 4-91　采用耦合方式创建的多截面实体

下面用一个具体的实例来说明其用法。

从特征树中选择"zx 平面"，单击"草图"按钮，进入草图绘制模式。单击屏幕最下方的"全部适应"按钮，单击"轮廓"按钮，在工作区绘制图形，按〈Esc〉键结束，单击"约束"按钮，标注尺寸，如图 4-92 中①所示。单击"退出工作台"按钮。

从特征树中选择"zx 平面"，在"参考元素"工具栏中单击"平面"按钮，系统弹出

"平面定义"对话框,单击"平面类型"下拉列表框,在弹出的下拉列表中选择"偏移平面",在"偏移"文本框中输入50,如图4-92中②~④所示。其他采用默认设置,单击"确定"按钮,如图4-92中⑤⑥所示。

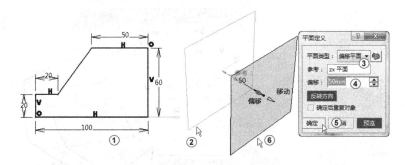

图4-92 绘制图形1

从特征树中选择刚刚建立的"平面.1",单击"草图"按钮，进入草图绘制模式。单击屏幕最下方的"全部适应"按钮，单击"轮廓"按钮，在工作区绘制图形,单击"约束"按钮，标注尺寸,如图4-93中①所示。单击"退出工作台"按钮。单击屏幕下方的"等轴测视图"按钮。

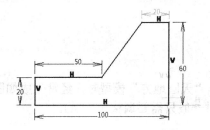

图4-93 绘制图形2

在"基于草图的特征"工具栏中单击"多截面实体"按钮，系统弹出"多截面实体定义"对话框,系统自动激活"截面"选择框,在工作区分别选择图形1和图形2,右击"闭合点2",从弹出的快捷菜单中选择"替换"命令,单击图形右上角的点,如图4-94中①~③所示。单击箭头,改变方向后的结果如图4-94中④所示。

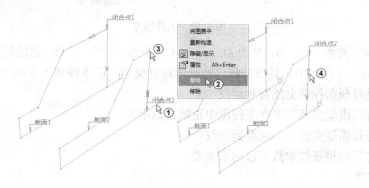

图4-94 替换点

单击"耦合"标签，选择框激活变成蓝色，此时系统接受输入参数，在工作区分别单击4 个点，结果产生两条连接 4 个点的耦合线，如图 4-95 中①～⑤所示。单击"确定"按钮，如图 4-95 中⑥所示。

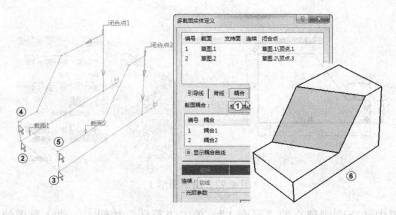

图 4-95　添加耦合

选择菜单"文件"→"另存为"命令，系统弹出"另存为"对话框，选择保存的路径，在"文件名"文本框中输入文件名"Part10"，单击"保存"按钮即可保存此文件。

4.7　思考与练习

一、选择题

1. 用"放样"按钮 ![icon] 作"天圆地方"模型时，经常生成如图 4-96a 所示的图形而得不到图 4-96b 所示的效果，这时一般只需要调整（　　　）。

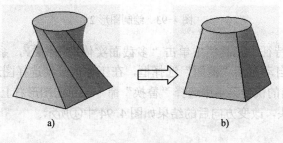

图 4-96　天圆地方

A. 耦合关系　　　　　B. 闭合点　　　　　C. 脊线　　　　　D. 截面轮廓

2. 零件设计工作台用工具添加螺纹特征的螺钉模型，以下描述不正确的是（　　　）。

A. 螺钉模型视觉上能看到螺纹

B. 螺钉模型的螺纹可在工程图中正确投影出来

C. 螺钉模型视觉上不能看到螺纹

D. 螺钉模型螺纹参数可以用 ![icon] 查看

二、操作题

1. 建立基准面，用凸台、孔、镜像和凹槽特征建立如图 4-97 所示的模型，尺寸自行确定。本例是一个典型的叠加类组合体，可以分为 4 部分，建立模型时一部分一部分地做。本例的目的是使读者学会建模的基本思路，如：先分解模型;草图最好与系统的原点重合;在建模过程中经常放大或缩小视图或旋转视图；对称的模型先做一半，再镜像另一半等。

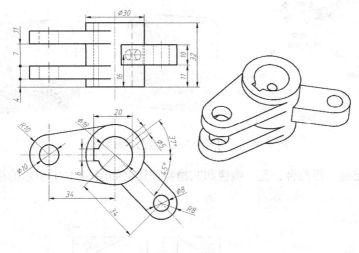

图 4-97　组合体

2. 绘制伞柄草图作为中心曲线，以 $\phi2.5$ 的圆作为轮廓，扫掠肋，最后上下两端倒圆角，圆角半径为 1.25，如图 4-98 所示。

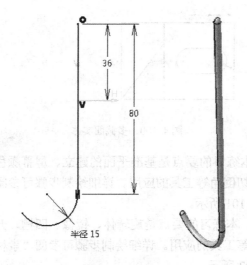

图 4-98　扫掠肋

3. 打开如图 4-99 中①所示的模型，上截面中有 4 个点，下截面中有 8 个点。没有采用点对点方法，直接采用比率方式创建的多截面实体如图 4-99 中②所示。再用上截面中的一个点对下截面中的两个点，方法是在"耦合"选择框中单击，选择框变成蓝色，选择上截面的第一点，选择下截面的对应第一点，产生一条连接两点的连接线，再次选择上截面的第一点，选择下截面第二点，产生第二条连接线，然后选择上截面第二点，选择下截面第三点，产生第三条连接线，再选择上截面第二点，选择下截面第四点，产生第四条连接线，依次类推选择上截面和下截面的全部点，产生 8 条连接线，单击"确定"按钮。所创建的多截面实体如图 4-99 中③所示。

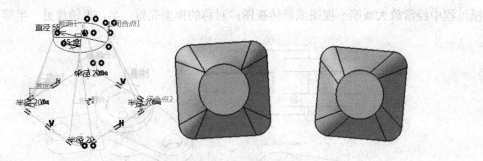

图 4-99 采用耦合方式创建的多截面实体

4．建立基准面，用凸台、孔、镜像和凹槽特征建立如图 4-100 所示的模型，尺寸自行确定。

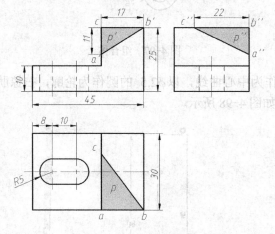

图 4-100 多截面实体

5．建立花瓶模型。本练习的要点是基准平面的建立、屏幕颜色的设置、多截面实体、边倒角、壳体、三方向相切倒角等工具的应用。详细绘制步骤可参阅"素材文件\第 4 章\ex\花瓶.PDF"文件，如图 4-101 所示。

6．建立螺丝刀模型。本练习的要点是旋转体、镜像、凹槽、开槽腔、圆模式、矩形模式、沟槽、边倒角、倒角等工具的应用。详细绘制步骤可参阅"素材文件\第 4 章\ex\螺钉旋具.PDF"文件，如图 4-102 所示。

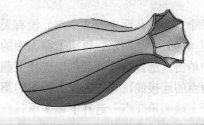

图 4-101 建好的花瓶模型

图 4-102 建模完成的螺钉旋具

7. 建立 32 面体。本练习的要点是草图约束、公式编辑、测量项应用、肋和沟槽应用。32 面体是由 12 个"正五边形"和 20 个"正六边形"组合而成的多面体,本例的建模手法巧妙地运用了"正五边形"和"正六边形"的边与面的关系,加上三角函数公式绘制出一个 10 边形"草图 1",在"草图 1"的基础上再绘制出"草图 2"和"草图 3",用"肋"特征扫出一个多面体,再用"沟槽"特征切除多余部分,只用 2 个特征就建造出一个边边相等的 32 面体。详细绘制步骤可参阅"素材文件\第 4 章\ex\32 面体.PDF"文件,如图 4-103 所示。

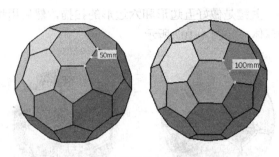

图 4-103　建好的 32 面体模型

8. 建立扳手模型。用拉伸、切除、圆角的方法建模,如图 4-104 所示。

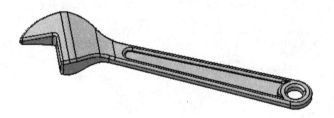

图 4-104　扳手

9. 建立篮球模型。先旋转出一个球,再投影曲线,切除扫描,切除旋转,圆周阵列,如图 4-105 所示。

图 4-105　篮球

10. 建立排球模型。先旋转出半个圆,再切除,切除草图有讲究,然后镜像、圆周阵列组合成一个球体,如图 4-106 所示。

图 4-106　排球

11．建立足球模型。关键是做好五边形和六边形的扫描，然后用切除旋转、镜像和圆周阵列等工具组合成一个球体，如图 4-107 所示。

图 4-107　足球

第5章 装配设计

产品一般是由许多零件组合而成的,将不同的零件组合成大型器件的过程称之为装配。装配的概念在工程中非常重要,它是进行产品设计验证的必要过程。CATIA V5 能够模拟实际工作环境,将零件进行装配合成。装配是 CATIA V5 基本的功能模块,包括创建装配体、添加定制的部件或零件到装配体、创建部件之间的装配关系、移动和布置装配成员、生成部件爆炸图、装配干涉和间隙分析等主要功能。

在现代设计中,装配已经不局限于将零件在物理层次上进行结合,CAD 装配已经衍生出了很多实用的功能,如运动分析,干涉检查,自顶向下关联设计等诸多方面。在 CATIA V5 中,可以实现自动爆炸视图,自动生成 BOM 表,截面分析等。通过这些高效的工作方式,能够使设计人员减少设计时间,提高设计的质量。

本章的主要内容是:部件创建、部件移动、装配约束、装配体修改、装配分析、装配文件的保存、装配实例。

本章的重点是:装配体零件的添加、零件空间位置的调整、零件之间约束的添加以及对装配体的分析。

本章的难点是:部件的装配约束的建立。

5.1 装配设计介绍

将一个零部件(单个零件或子装配体)放入装配体中时,这个零部件文件会与装配体文件产生链接的关系。装配体文件不能单独存在,它和零部件一起存放才有意义,同时,对零部件文件所进行的任何改变都会反映到装配体中。

CATIA 2015 装配体文件的扩展名为"CATProduct"。

1. 产品、部件和零件的关系

产品、部件和零件是相对于装配层次而言的。产品在设计中处于最高地位,即"总成"。部件也称为组件,可以是一个零件,也可以是多个零件的装配结果。它是组成产品的主要单位之一。零件是组成部件和产品的基本单位。

例如对于整台汽车,发动机是一个部件;而对于活塞连杆,发动机是一个产品。部件和部件之间可以组成父子关系,通过展开 CATIA V5 的特征树,能够观察到整个产品的装配层次。

装配:是装配设计的最终结果,它由部件(或零件)之间的约束关系和部件组成。

约束:是指部件之间的相对限制条件,用于确定部件间的位置关系。

2. 装配设计平台

进入 CATIA V5 装配模块有 2 种方法。

1）选择菜单"开始"→"机械设计"→"装配设计"命令，如图 5-1 中①～③所示。

图 5-1　产品结构工具

2）选择菜单"文件"→"新建"命令，在弹出的对话框中选择"Product"文件类型。

新建装配体文件时，CATIA V5 创建一个特征树，最顶层的默认产品名称为"Product1"，后装入的零部件都在它的特征树节点之下。

装配体工作界面和零件界面相类似，新增加了几个装配体模块专用的工具栏。

- 产品结构工具栏：用于插入、管理产品中的部件。
- 移动零部件工具栏：对产品、部件、零件重新调整空间位置。
- 约束零部件工具栏：根据实际工程装配，添加各零部件之间的相互关联约束。
- 装配体特征工具栏：对装配后的产品进行布尔运算、切割、钻孔等操作。
- 标注工具栏：对装配体中的某些零部件进行说明，建立文字标注，焊接特征标注等。
- 空间分析工具栏：检验零部件之间是否存在空间干涉，进行截面分析，测量距离等。

3. 装配的基本概念

装配体设计的目的在于确定各零部件之间相对的空间位置关系。各部件之间存在着位置参考和被参考的关系，在装配过程中，需要确定相对于 CATIA V5 固有基准面保持静止的零件，即"固定"的零部件，然后再设置其他零部件相对于固定的零件的位置约束关系。一个零件在空间具有 6 个自由度，约束的过程就是减少其自由度的过程。

创建新的装配体一般步骤如下。

1）装入已有的零件或者子装配体。

2）指定固定的零部件，其余浮动的零部件可以利用移动工具进行平移或者转动。

3）添加零部件之间的约束关系，使之符合实际工程的设计要求。

5.2　插入部件

插入部件的操作主要通过"产品结构工具"工具栏实现，如图 5-1 中④所示，该工具栏包括"部件插入"和"部件管理"两个部分。被装入的零部件可以是已经存在的零部件，也可以是新建立的零部件。部件的管理包括部件的替换、排序、生成序号等。

在"插入"菜单栏中，也可以找到相应的命令。"产品结构工具"工具栏中主要有 4 个按钮用来装入零部件。按钮以及对应的功能如表 5-1 所示。

表 5-1　插入零部件工具栏按钮及功能说明

按　　　钮	功　能　说　明
部件	将一个部件插入到当前产品中，插入后与该部件相关的数据直接存储在当前的产品文件内。该部件之下还可以插入其他产品或零件，选择要插入的产品或零件，单击该按钮，特征树即可增加一个产品新结点，如图 5-2 中①所示
产品	将一个产品插入到当前产品中，装配体仅保存约束关系。插入后与该产品相关的数据文件独立地存储在自己的原文件内。该产品之下也可以插入其他产品或零件，选择要插入的产品或零件，单击该按钮，特征树即可增加一个产品新结点。如图 5-2 中②所示
零件	将一个新零件插入到当前产品中，该零件是独立文件，其数据独立存储在该零件文件内，装配体仅仅保存约束关系。选择装配产品，单击该按钮插入零件，特征树即可增加一个零件新结点。双击该零件新结点，将其全部展开即可进入零件设计模块。该零件即是新创建的以"Part1"为默认文件名的新零件，如图 5-2 中③所示
现有部件	将存在的零件或者子装配插入一个装配体中，这是比较常用的一种装入已有零部件的方法

注意：插入的位置可以是当前产品，也可以是产品中的某个部件，在插入之前需要利用鼠标来选择特征树上的具体插入位置。使其高亮显示。这将决定零部件之间的装配关系层次。

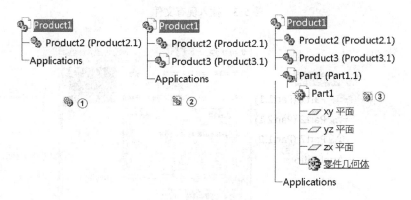

图 5-2　插入零部件

单击特征树中的"Product1"，单击"产品结构工具"工具栏中的"现有部件"按钮，系统弹出"选择文件"对话框，单击"显示预览窗格"按钮，选择要打开的文件（可以配合使用〈Ctrl〉键和〈Shift〉键，选择打开多个文件，这里选择 Part1 文件），还可以选择"以只读方式打开"文件，可以看到被选择的零件的图形，如图 5-3 中①~⑤所示。单击"打开"按钮。装配文件特征树上会显示插入的部件，同时在模型显示区显示打开的部件。

被插入模型的初始位置将根据原先创建时的坐标系而定。

可以分别导入各个零部件，也可以一次性导入多个零部件。同样地导入 Part2 文件。

单击特征树中的"Product1"，单击"产品结构工具"工具栏中的"现有部件"按钮，系统弹出"选择文件"对话框，单击"显示预览窗格"按钮，选择 Part7，单击"打开"按钮。此时打开的部件有重名（相同的零件编号），会发生部件同名冲突，系统弹出"零件编号冲突"对话框，在对话框中可以选择同名的部件，然后单击"重命名"（或"自动重命名"），系统又弹出"零件编号"对话框，进行重命名（这里输入 Part7），两次单击"确定"按钮。更改后的部件名会同时保存在装配文件和部件自己原文件中，装配文件特征树上会显示插入的部件，同时在模型显示区显示打开的部件。如图 5-4 中①~⑤所示。

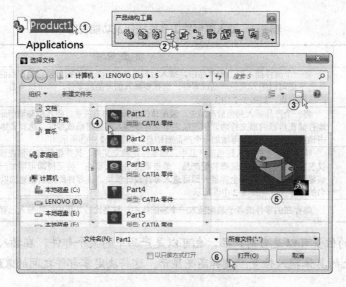

图 5-3　插入现有文件

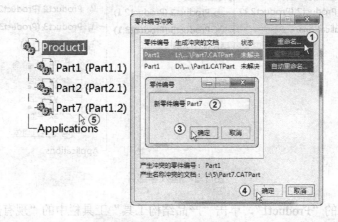

图 5-4　零件编号冲突

在"零件编号"文本框中可以修改装配文件名称，如在零件名称上右击，在弹出的快捷菜单中选择"属性"命令，在"属性"对话框中的"产品编号"文本框中可以修改装配文件名称。

"产品结构工具"工具栏中的"具有定位的现有部件"按钮与"现有部件"按钮的功能大致相同，但是该按钮可以根据智能移动窗口将部件插入到指定的位置。

1.　特征树的显示

装配体的特征树中，包含了构成当前产品的所有零部件。逐级展开特征树，可以得到该产品的装配层次。位于最顶端的是产品总成。在特征树下端具有一个"约束"文件夹，集合了部件所有的装配关系。如果该装配体含有装配特征，将添加在 Applications 文件夹下。如图 5-5 所示。

在模型显示区域，在添加有约束的零部件上，显示有约束图标，例如固定约束、同心约束，使用鼠标单击该图标，可以对约束进行一系列操作。

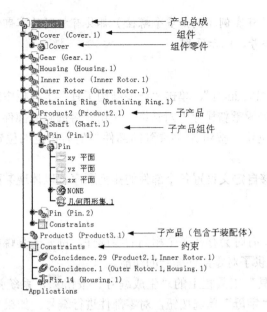

图中文字标注：
- 产品总成 → Product1
- 组件 → Cover (Cover.1)
- 组件零件 → Cover
- 子产品 → Product2 (Product2.1)
- 子产品组件 → Shaft (Shaft.1)
- 子产品（包含于装配体）→ Product3 (Product3.1)
- 约束 → Constraints

图 5-5　特征树

从特征树中可以清晰地看到各个组件和产品的装配结构层次。注意，通过查看组件前的图标，可以分析该零部件是否独立，例如 Product3 (Product3.1)，该产品是通过"产品结构工具"工具栏中的"部件"按钮生成，数据存于该产品总成中，没有独立的文件，图标背后没有白色文件夹。

注意：有"白色文件夹"的组件图标表示其都有单独的文件。

在特征树中，每个组件都有特定的名称。

右击特征树中的部件，从弹出的快捷菜单中选择"属性"命令，如图 5-6 中①②所示。可以看到部件具有 4 个属性，即"产品""图形""机械""工程制图"。在"产品"属性中，可以修改部件的新名称，如图 5-6 中③～⑤所示。

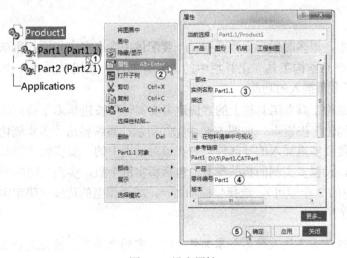

图 5-6　设定属性

注意：一个零件的所有实例（例如多个螺栓）都具有相同的零部件号，但是在右端括号中会依次对各实例进行编号，以示区别。

2. 特征树重组

单击特征树顶端的"Product1"，单击"产品结构工具"工具栏中的"图形树重新排序"按钮 ，系统弹出"图形树重新排序"对话框。按钮 将选到的部件上移一个位置，按钮 将选到的部件下移一个位置，按钮 将选到的部件与随后指定的位置对调。单击"确定"按钮。

通过这个功能，能够自定义设置各个部件的排列顺序，以体现装配件的装配结构层次。如图5-7中①~⑥所示。

3. 零部件编号

在同一个装配体中，有时会存在多个相同的零部件，例如多套螺栓和螺母，为了方便查看和管理，CATIA V5 提供了对零部件编号的功能。

单击"产品结构工具"工具栏上的"生成编号"按钮 ，系统弹出"生成编号"对话框，选择"整数"或者"字母"单选按钮，对零部件进行编号。如果要编号的零件已经有了编号，则"现有数字"选项组将被激活，可以通过选中"保留"或"替换"单选按钮进行重新定义。单击"确定"按钮。如图5-7中⑦⑧所示。

右击部件（或零件），通过快捷菜单中的"属性"命令，可以看到零部件的编号。

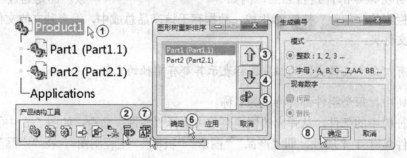

图5-7 图形树重排序和生成编号方式

4. 多重插入

在实际工程中，很多时候会遇到在同一个装配体中含有多个相同的零部件或者子装配体的情况，通过"产品结构工具"工具栏中的"现有部件"按钮 一个一个插入非常烦琐，CATIA V5 提供了多重插入的功能。

单击"产品结构工具"工具栏上的"快速多实例化"按钮 右下角的倒三角形按钮，再单击"定义多实例化"按钮 ，如图5-8中①②所示，系统弹出"多实例化"对话框。首先在特征树中选择需要多重插入的零部件，则在该对话框中的"要实例化的部件"栏中出现已选择零件的名称，设置多实例的相关参数，包括新实例个数，实例之间的间隔，间距总长度（确定3个参数中的2个即可），选择坐标轴之一，或者模型的边线来确定实例排列的方向。如图5-8中③~⑦所示。

注意：通过这种方法插入的各个零部件之间没有约束关系，彼此是独立的，按钮 相当于多次执行"现有部件" 命令。

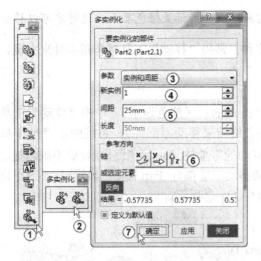

图 5-8　快速多实例化

5. 替换部件

单击"产品结构工具"工具栏中的"替换部件"按钮，在当前装配体中选择要被替换的部件 Part7，如图 5-9 中①②所示。系统弹出"选择文件"对话框，选择一个已经存在的部件或零件文件名 Part3，如图 5-9 中③所示。单击"打开"按钮。系统弹出"对替换的影响"对话框，用系统默认值，单击"确定"按钮即可用其他产品或零件替换当前产品下的某个产品或零件，如图 5-9 中④⑤所示。

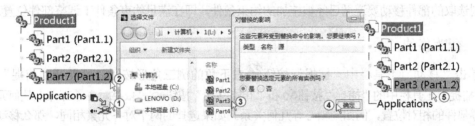

图 5-9　替换部件

5.3　移动组件

在装入零部件时，CATIA V5 是按照零部件建模时的位置导入的，各个零部件可能会存在相互重叠，因此，必须调整各个部件的空间位置。

在进行装配前，先要明确装配的级别，总装配是最高级，其次是各级的子装配，即各级的部件。对哪一级的部件进行装配，则这一级的装配体必须处于激活状态。双击特征树上的装配体，就激活了该装配体，此时图标显示蓝色。CATIA V5 中的大部分操作只对处于激活状态的部件及其子部件有效。

注意，只有激活状态下的产品的部件及其子装配体才能被移动或者旋转，双击特征树中的组件（子装配体），即激活该组件（子装配体），此时，图标显示蓝色。然后单击该对象或该对象在特征树中的对应结点，图标呈橙色显示，这时才可以移动对象。

移动组件的方法有多种，常用"移动"工具栏和指南针来实现。

5.3.1 自由平移

激活特征树顶端的"Product1"（蓝色显示），单击"移动"工具栏中的"操作"按钮<img id>（即通过徒手进行平移或者旋转来移动零部件），系统弹出"操作参数"对话框。单击按钮，按下左键选择需要移动的零部件 Part2（亮色显示）后不放，拖动到合适的位置。单击按钮，按下左键选择需要移动的零部件 Part3（亮色显示）后不放，拖动到合适的位置，单击"确定"按钮，如图 5-10 中①～⑦所示。

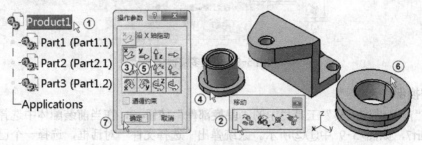

图 5-10　移动部件

"操作参数"对话框中的按钮功能为：第 1 行是控制沿着某坐标轴方向的移动。第 2 行是控制沿着某坐标平面内的移动。第 3 行是控制沿着某坐标轴的旋转。若选中"遵循约束"复选框，则选取的部件移动要遵循已经被施加的约束条件，即在满足约束条件下调整部件位置。

5.3.2 智能移动

单击"移动"工具栏中"捕捉"按钮右下角的倒三角形按钮，可展开"捕捉"工具栏。"捕捉"工具栏中的"捕捉"按钮和"智能移动"按钮是依靠对齐零部件上几何元素来改变零部件的相对位置，例如同轴心等几何关系。如果选择的两个对齐元素相同，那么移动后两个元素重合，如果两个对齐元素不同，那么移动后其中一个元素通过另一个元素对齐。

选择不同的元素，将得到不同的结果，如表 5-2 所示。

表 5-2　参考元素和移动结果

最初选择的元素	最后选择的元素	移动结果
点	点	两点重合
点	线	点移动到线上
点	平面	点移动到平面上
线	点	线通过点
线	线	两条线在同一直线上
线	平面	线移动到平面上
平面	点	平面通过点
平面	线	平面通过线
平面	平面	两个平面重合

单击"捕捉"工具栏中的"捕捉"按钮📷，单击 Part2，鼠标自动捕捉轴心线；单击 Part 1，鼠标自动捕捉轴心线，零件自动移动位置，以满足同轴心的关系。单击绿色的箭头，可以改变配合的方向。如图 5-11 中①～⑤所示。

注意，这个工具仅仅是移动零部件，并没有添加约束关系。

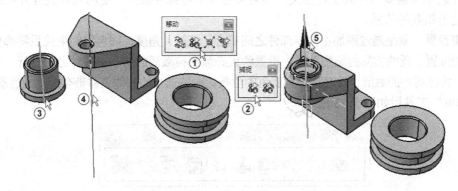

图 5-11　同轴心

单击"捕捉"工具栏中的"智能移动"按钮📷（也是通过两个元素的对齐来移动零部件的），系统弹出"智能移动"对话框，单击"更多"按钮，可看到快速约束类型，选择被移动部件的对齐元素 Part2，按住并拖动到参考部件上 Part 1，如图 5-12 中①～④所示。系统会自动识别与被移动部件上所选的元素相同类型的几何元素。用↑和↓按钮可调整约束的优先顺序。选中"自动约束创建"复选框，在特征树上产生位置约束条件，不选中这个复选框时，则只是位置上的移动，没有约束条件。单击绿色的箭头，可以改变配合的方向。单击"确定"按钮，如图 5-12 中⑤～⑨所示。

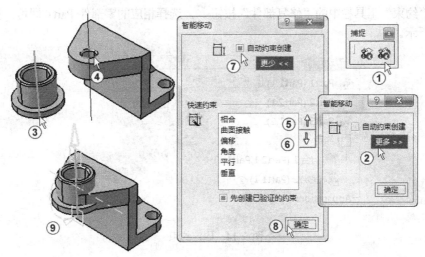

图 5-12　智能移动

注意：在特征树中会出现"约束"文件夹，包含了当前装配体中的所有约束。双击特征树上的约束符号，也可以对"约束"进行修改。

5.4 约束部件

通过单击移动零件按钮或者配合指南针旋转移动零件后，可以得到零件的大概位置，但是各个零部件的空间位置是相对独立的。

设计装配体需要考虑其工程意义，即需要将各个零部件按照一定的规则进行互相约束。从而表达出相互的关系。

约束设置，就是通过添加不同零部件之间重合、接触、角度、固定等约束关系将部件移动到合适的位置。反映实际的装配关系。设置约束必须在被激活的两个子部件之间进行。在默认状态下，特征树中的激活部件名称带有蓝色的色条，而被选择的部件名称带有橙色的色条。

"约束"工具栏如图5-13所示。

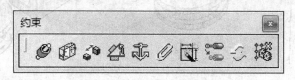

图5-13 "约束"工具栏

注意：未被激活的部件不能进行约束。

5.4.1 固定约束和固联约束

1. 固定约束

固定约束用于固定部件的位置（相对于当前坐标系），以作为其他部件的参考位置。在装配更新时防止该子装配从它的父一级子装配中移动和离开。

单击"约束"工具栏中的"修复部件"按钮⚓，选择相应的零部件Part1即可，如图5-14中①～③所示。

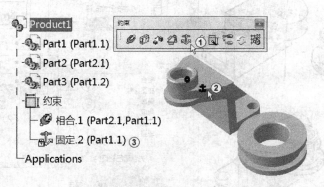

图5-14 固定约束

双击特征树上的固定约束图标⚓或者几何体上的固定约束图标，系统弹出"约束定义"对话框。单击"更多"按钮，可以看到在固定一个子装配约束中，要依靠装配体的几何原点固定它的位置，就需要设置一个绝对位置。这个操作被称为"在空间中固定"，这个选项系统是默认的，如图5-15中①②所示。

图 5-15　在空间中固定

2. 固联约束

"固联"按钮是将同处于一个被激活部件中的若干个子部件按照当前的位置固定为一个群体，若移动其中的一个部件，其他部件也将移动。

单击"约束"工具栏中的"固联"按钮，系统弹出"固联"对话框，分别选择需要固定在一起的元件，单击"确定"按钮即可。

5.4.2　相合约束

相合约束用于对齐几何元素，根据选择的几何元素，可以获得同心、同轴或共面约束。当两个几何元素的最小距离小于（公差 10e3）mm 时，系统认为它们是相重合。

单击屏幕下方的"旋转"按钮后在工作区选择模型并按住鼠标不放，旋转任意角度。

单击"约束"工具栏中的"相合约束"按钮，系统弹出"助手"对话框，勾选"以后不再提示"复选框，单击"关闭"按钮，如图 5-16 中①～③所示。选择 Part2 的下表面，单击屏幕下方的"等轴测视图"按钮，再选择 Part1 的上表面，如图 5-16 中④⑤所示。系统弹出"约束属性"对话框，在"方向"下拉列表框中选择"相反"（即两个平面的位置方向相反），单击"确定"按钮，如图 5-16 中⑥⑦所示。

若在"方向"下拉列表框中选择"相同"，表示两个平面的位置方向相同。若在"方向"下拉列表框中选择"未定义"，系统寻找最佳的位置。也可以单击几何体的绿色箭头，确定两个平面的位置方向。

注意：移动的总是第一个选择的几何元素。

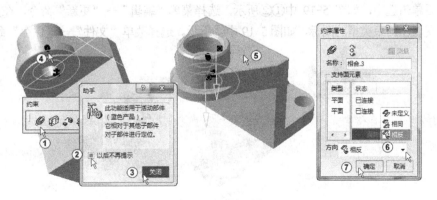

图 5-16　反向对齐

选择菜单"编辑"→"更新"命令，如图 5-17 中①～③所示。

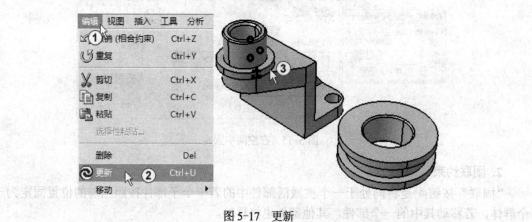

图 5-17　更新

单击"约束"工具栏中的"相合约束"按钮 ，选择 Part3 的上表面，再选择 Part2 的上表面，如图 5-18 中①②所示。系统弹出"约束属性"对话框，在"方向"下拉列表框中选择"相反"，单击"确定"按钮，如图 5-18 中③④所示。

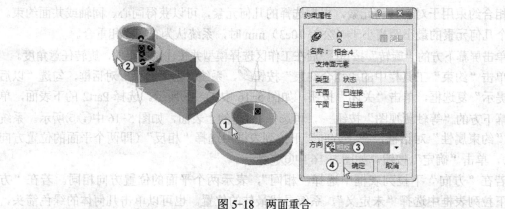

图 5-18　两面重合

选择菜单"编辑"→"更新"命令，单击"约束"工具栏中的"相合约束"按钮 ，鼠标尽量靠近 Part3 的圆孔时系统会显示出轴线后单击选中，鼠标尽量靠近 Part2 的圆孔时系统会显示出轴线后单击选中，如图 5-19 中①②所示，选择菜单"编辑"→"更新"命令，在几何体显示区域出现表示约束类型的图标，如图 5-19 中③所示。选择菜单"文件"→"保存"命令。

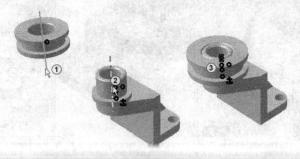

图 5-19　同轴心配合

5.4.3 接触约束和偏移约束

1. 偏移约束

"偏移约束"是通过设置两个部件上的点、线、面等几何元素来约束部件之间的几何关系，使其相隔一定的距离。

选择菜单"开始"→"机械设计"→"装配设计"命令，单击特征树中的"Product2"，单击"产品结构工具"工具栏中的"现有部件"按钮，系统弹出"选择文件"对话框，单击"显示预览窗格"按钮，按着〈Ctrl〉键选择 Part5 和 Part6 文件，单击"打开"按钮，如图 5-20 中①②所示。

单击"约束"工具栏中的"偏移约束"按钮，分别选择 Part5 的左面和 Part6 的上面，如图 5-20 中③～⑤所示。在"约束属性"对话框中设置"偏移"为 30，偏置距离可以是正值或者负值，一个几何体上的箭头指向另一个几何体，偏置距离为正，否则为负。其他取默认值，单击几何体上的箭头，可以改变几何体约束的方向。单击"确定"按钮，选择菜单"编辑"→"更新"命令，如图 5-20 中⑥～⑧所示。

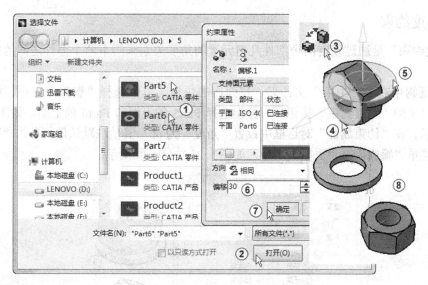

图 5-20 偏移约束

当需要更改距离约束值时，双击表示偏移约束的距离值 30，在"约束定义"对话框中输入新的参数值后单击"确定"按钮即可。

2. 接触约束

"接触约束"是在两个平面之间产生接触约束，它们的公共区域可能是一个平坦的面（面接触）、一条线（线接触）或一个点（点接触）。

在特征树中右击"约束"文件夹，在弹出的快捷菜单中选择"删除"命令，如图 5-21 中①②所示。单击"约束"工具栏中的"接触约束"按钮，分别选择 Part5 的上面和 Part6 的上面，如图 5-21 中③～⑤所示。选择菜单"编辑"→"更新"命令，如图 5-21 中⑥所示。

单击"约束"工具栏中的"相合约束"按钮，鼠标尽量靠近 Part5 的圆孔时系统会显示出轴线后单击选中，鼠标尽量靠近 Part6 的圆柱时系统会显示出轴线后单击选中，选择菜单"编辑"→"更新"命令，如图5-22中①~④所示。

选择菜单"文件"→"保存"命令。

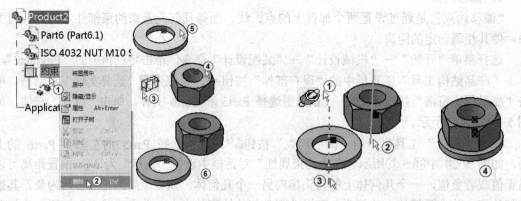

图 5-21　接触约束　　　　　　　　　　　　　图 5-22　同轴心配合

5.4.4　角度约束

"角度约束"是通过设定两个部件几何元素的角度关系来约束两个部件之间的相对几何关系。

在特征树中右击"约束"文件夹，在弹出的快捷菜单中选择"删除"命令。单击"约束"工具栏中的"角度约束"按钮，分别选择 Part5 的上面和 Part6 的上面，如图 5-23 中①~③所示。在"约束属性"对话框中设置"角度"为 60，其他取默认值，单击"确定"按钮，选择菜单"编辑"→"更新"命令，如图 5-23 中④~⑥所示。

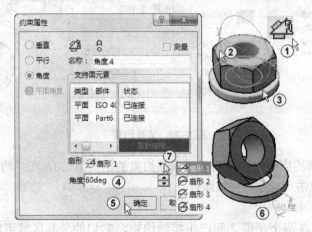

图 5-23　角度约束

"角度约束"分成 4 个类型：

- 垂直：角度值等于 90 度。
- 平行：角度值等于 0 度。在"方向"下拉列表框里可以定义两个平面的方向。
- 角度：角度值不等于 90 度。单击"角度"单选按钮后在"扇形"下拉列表框里有 4 个象限可以标注角度，如图 5-23 中⑦所示，在"角度"文本框里可以输入一个角度值。

● 平面角度：可以选择一根轴进行角度约束，但是这根轴必须在两个平坦的平面上。

注意：区分两个几何元素的最小角度值的公差是10e6弧度。

当需要更改"角度约束"值时，双击表示角度约束的角度值，在"约束定义"对话框中输入新的参数值后单击"确定"按钮即可。

5.4.5 快速约束

"快速约束"是按照快速约束列表中约束的优先顺序，系统自动对选择的零部件对象创建约束。选择菜单"工具"→"选项"命令，系统弹出"选项"对话框，单击"机械设计"结点下的"装配设计"选项，在打开的"选项"对话框中切换到"约束"选项卡，可在"快速约束"选项组中设置快速约束的优先顺序，如图5-24中①～④所示。单击"确定"按钮，选择菜单"编辑"→"更新"命令。

单击"约束"工具栏中的"快速约束"按钮，在工作区中选择两个约束参照，系统根据选择的参照和约束设置，自动添加合适的约束。

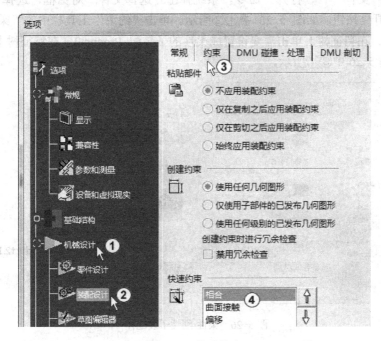

图 5-24　快速约束

5.4.6 更改约束

"更改约束"可以更改已经建立的约束类型。如果要更改已有的约束，单击"约束"工具栏中的"更改约束"按钮，在特征树中选择需要更改的约束，系统弹出"可能的约束"对话框，在对话框中选择更改后的约束，单击"确定"按钮，完成约束更改，如图 5-25 中①～④所示。在特征树中双击更改后的约束，在系统弹出的"约束定义"对话框中输入"值"为30，单击"确定"按钮，如图5-25 中⑤～⑧所示。

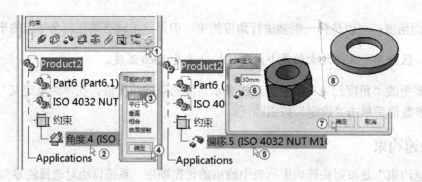

图 5-25　更改约束

5.4.7　柔性/刚性子装配体

在一个装配设置一个柔性子装配后，此柔性子装配的任何变更与它的父一级装配无关，更新父一级子装配也不会影响此柔性子装配。

选择菜单"文件"→"打开"命令，系统弹出"选择文件"对话框，选择 Product3 文件，单击"打开"按钮，如图 5-26 中①②所示。单击"约束"工具栏中的"柔性/刚性子装配体"按钮，在特征树上单击需要设置成柔性的子装配 Product2（在特征树上其颜色会变成紫色），如图 5-26 中③④所示。

图 5-26　柔性/刚性子装配体

注意，一旦将子装配体设置为柔性件后，约束关系不能被即时地传递，例如 Product1 中包含 Product2，设置 Product2 为柔性件，则当单独打开 Product2，修改其中的约束后，CATIA V5 不会更新 Product1 中的 Product2。

刚体件与原来的被插入产品具有关联性，而柔性件的约束关系和原来的子装配体相互独立。

柔性子装配体有一个好处，即能够在总装配体中通过移动工具来调整零部件的空间位置。例如有一个汽车悬架总装配体，它是由多个部件组成的，将些些部件设置为柔性后，各个零部件可以按照原有的约束进行移动，能够模拟出实际悬架工作的状态。

5.4.8 重复使用阵列

"重复使用阵列"可以利用实体建模时定义的阵列模式产生一个新的实体阵列。

选择菜单"文件"→"打开"命令，系统弹出"选择文件"对话框，选择 Product4 文件，单击"打开"按钮，圆板上 4 个孔是圆形阵列形成的，目前已有一个孔安装了垫圈。单击"约束"工具栏中的"重复使用阵列"按钮，系统弹出"在阵列上实例化"对话框。系统自动激活了该对话框的"阵列"选项组，在工作区用鼠标选择小孔（即已存在的实体建模时定义的阵列），如图 5-27 中①②所示。在"要实例化的部件"选择框中单击以激活，然后在工作区选择垫圈（即用来阵列的实体模型），单击"确定"按钮，则其余 4 个孔内也就安装了垫圈，如图 5-27 中③~⑤所示。

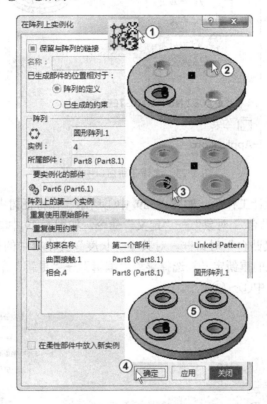

图 5-27　重复使用阵列

5.5　更改装配体中的部件

一个装配体完成后，可以在特征树中对该装配体中的任何部件（产品或子装配体）进行如下操作：部件打开与删除、部件尺寸修改、部件装配约束修改、部件装配约束重新定义等。

下面以 Product2 中的 Part6 为例，说明修改装配体中部件的一般过程。

1）打开Product2，如图5-28中①所示。

2）展开 Part6 的特征树，在特征树中右击"凸台.1"，在弹出的快捷菜单中选择"凸台.1对象"→"在新窗口中打开"命令，如图5-28中②～④所示。

注意："在新窗口中打开"命令是把编辑的部件用零件设计工作台打开，并建立一个新的窗口，其余部件不发生变化。

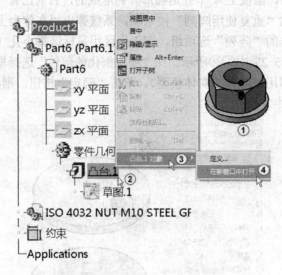

图5-28　选择在新窗口中打开

3）系统进入零件设计工作台，如图 5-29 中①所示。在特征树中右击"凸台.1"，从弹出的快捷菜单中选择"凸台.1对象"→"定义"命令，如图5-29中②～④所示。

4）系统弹出"定义凸台"对话框。对其中"长度"文本框中的长度值进行修改，单击"确定"按钮，完成特征的重新定义。选择菜单"编辑"→"更新"命令，此时 Part6 的长度会发生改变，如图5-30中①～③所示。

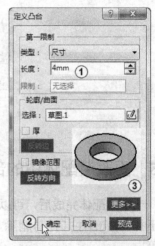

图5-29　选择定义　　　　　　　　　　　图5-30　修改长度

5）选择菜单"开始"→"机械设计"→"装配设计"命令，即可回到装配设计工作台。

5.6 保存装配文件

要保存装配文件，可选择菜单"文件"→"保存"命令，文件菜单中有 4 个保存的相关命令，如图 5-31 中①所示。其作用和用法如下。

1. 保存

"保存"命令可智能快速保存当前的装配文件，如果是新建装配文件，系统会显示"另存为"文件对话框，要求用户为装配文件输入文件名并选择保存路径，单击"保存"按钮，则保存当前装配文件，如图 5-31 中②～④所示。

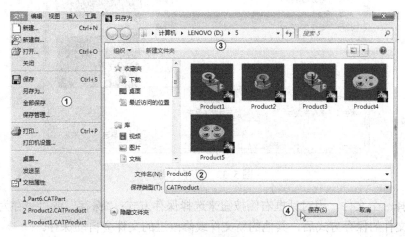

图 5-31　另存文件

2. 另存为

执行"另存为"命令可以把当前文件以一个新文件保存，或保存到另一个路径。

3. 全部保存

"全部保存"命令可以保存当前打开并修改过的全部文件。

如果装配文件中有新建或已修改的部件，选择菜单"文件"→"全部保存"命令，系统弹出"全部保存"警告对话框，提示有的文件不能自动保存，如图 5-32 中①所示。如果单击"取消"按钮，将不保存这些文件；如果单击"确定"按钮，系统弹出"全部保存"对话框。在对话框中选择每个要保存的文件，再单击"另存为"按钮，如图 5-32 中②③所示。系统弹出"另存为"对话框，在该对话框中可以为新文件命名，并逐个依次保存文件。

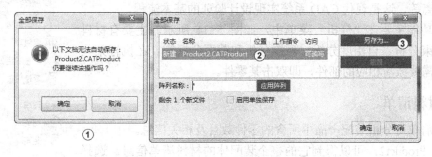

图 5-32　全部保存

4. 保存管理

选择菜单"文件"→"保存管理"命令，系统弹出"保存管理"对话框，如图 5-33 中所示。在该对话框中，可以选择已打开的全部文件的保存方式。这是最常用的保存命令。

在"保存管理"对话框列表中，列出了已打开的全部文件并显示它们的状态、名称、保存位置、工作指令及可访问性。每个打开的文件有"打开""新建"和"修改"3 种状态。

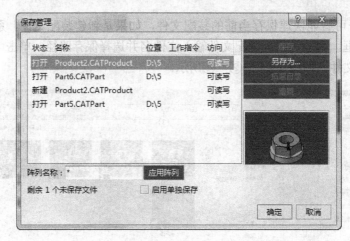

图 5-33　保存管理

可以选择一个文件，用对话框右侧按钮来选择保存方式："保存"或"另存为"。当确定了其中一个文件的保存方式后，其他的新文件或修改过的文件会自动保存。

如果要把装配中的全部文件都保存到一个新的文件夹中，在"保存管理"对话框中单击"拓展目录"按钮，全部文件会另存到另一个文件夹的产品文件中。

当执行上述操作后，只是制订了一个保存方案。如果需要改变这个保存方案，则单击"重置"按钮，重置该方案。

单击"确定"按钮，系统开始按用户设定的保存方案保存每个文件，这时界面会显示保存进度的进度条，显示保存的进展情况。

5.7　装配分析

部件装配之后需要分析部件之间的约束关系、自由度、检验干涉和测量距离等，这是现代 CAD 系统实现设计验证的基本流程。

这些功能主要在"分析"菜单中，如图 5-34 所示。主要有材料清单、约束分析、自由度分析、碰撞分析和截面分析等。在执行某些操作前，需要激活相应的部件，即双击某零件。

5.7.1　材料清单

材料清单可分析装配产品中所含的零件数目及相关信息。

打开 Product2，可以得到它的整个装配体的材料清单信息。选择菜单"分析"→"物料清单"命令，系统弹出"物料清单：

图 5-34　"分析"菜单

Product2"对话框,左上方窗口显示的是特征树上的第一级零件,左下方"摘要说明"窗口里显示的是装配体零件的总数。可以修改对话框中零件信息的格式,单击"定义格式"按钮,如图 5-35 中①所示。系统弹出"物料清单:定义格式"对话框,在这个对话框里可以选择需要的部分来定义窗口的格式。"添加"按钮用于增加清单格式,而"移除"按钮用于删除清单格式,如图 5-35 中②③所示。"物料清单的属性"选项组用于增减零件清单的显示信息,左边窗口中是"显示的属性"项目,右侧是"隐藏的属性"项目,"摘要说明的属性"选项组用于确定产品简要信息的显示项目,如图 5-35 中④~⑥所示。单击中间的转移按钮 $\ll$ 和 $\gg$,可以将这些选项相互转移。

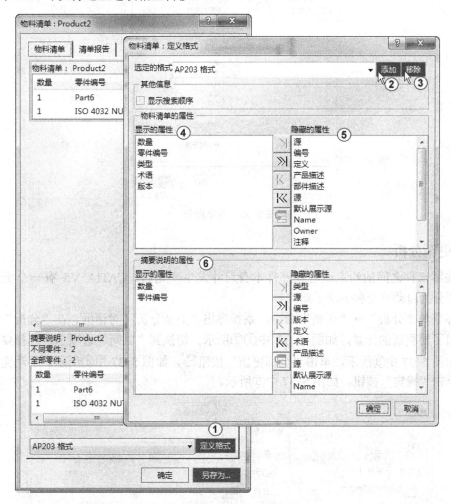

图 5-35 材料清单

切换到"清单报告"选项卡,则用另外一种方式显示了零件清单。对话框上部的窗口以层次方式列出了装配产品的信息,下部的列表框用于设定信息窗口所要显示的项目,如图 5-36 所示。

切换到"物料清单"选项卡,单击"另存为"按钮可以输出一个零件清单,并且以*.txt(文本格式)、*.html(超文本链接格式)或者 Excel 的格式存档。

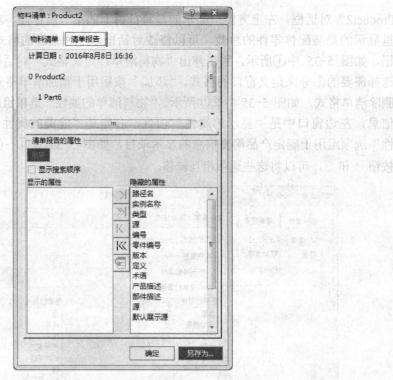

图 5-36　清单报告

5.7.2　更新分析

某些零部件之间的约束或者零部件本身尺寸发生变化后，CATIA V5 有一个更新的过程。更新分为自动更新和手动更新。

选择菜单"分析"→"更新"命令，系统弹出"更新分析"对话框，在"分析"选项卡中，列出了要更新的元素，如图 5-37 中①②所示。切换到"更新"选项卡，选择要更新的元素，如图 5-37 中③所示。单击"全部更新"按钮，如图 5-37 中④所示。手动完成局部更新，单击"确定"按钮，如图 5-37 中⑤所示。

图 5-37　更新分析

屏幕下方"更新"工具栏上的"全部更新"按钮 是全局更新，即对所有修改过的内容进行刷新。在工作区域，未更新的约束符号是黑色的，而更新过的约束符号是绿色的。

选择菜单"工具"→"选项"命令，进入"机械设计"→"装配设计"，将"更新"设置为"自动"，如图 5-38 中①～③所示。单击"确定"按钮，则在完成约束修改后，CATIA V5 自动将部件进行更新。

图 5-38　零部件"更新"选项

5.7.3　约束分析

"约束分析"是对当前装配产品中约束关系进行分析，统计各种约束类型。

首先双击特征树上的需要进行约束统计的部件，使其成为工作组件。选择菜单"分析"→"约束"命令，系统弹出"约束分析"对话框。

在"约束"选项卡里显示分析约束的状况，如图 5-39 中①所示。

- 活动部件：窗口里显示一个激活元件的名字。
- 部件：在一个激活的元件里显示包含它的子元件的数量。
- 无约束：在一个激活的元件里显示没有约束的子元件。
- 已验证：显示正确约束的数量。
- 不可能：显示不可能约束的数量。例如该约束关系的存在可能干扰其他部件，图标类型是在正常的约束图标的左下方添加一个惊叹号。
- 未更新：显示约束没有被更新的数量。图标类型就是在正常图标的左下方增加一个更新的符号。
- 断开：显示断掉约束的数量。例如约束的两个几何元素有一个被删除或者无法连接，可以双击该约束关系，系统出"约束定义"对话框，然后利用重新定义约束进行重新关联。
- 已取消激活：显示约束没有被激活的数量。即暂时取消或者激活该约束。双击这个未激活的约束，可以重新定义约束。
- 测量模式：显示在测量模式里约束的数量。
- 固联：显示（子装配固定在一起）这个操作的数量。
- 总数：显示激活元件的约束的总数量。

如果约束关系中有不可能、未更新、断开、已取消激活和测量模式，在对话框中将出现相应的选项页。

如果当前产品中所有约束关系处于正常状态，那么该对话框中"自由度"选项卡中。列出了每个部件当前仍然含有的自由度个数，如图 5-39 中②所示。

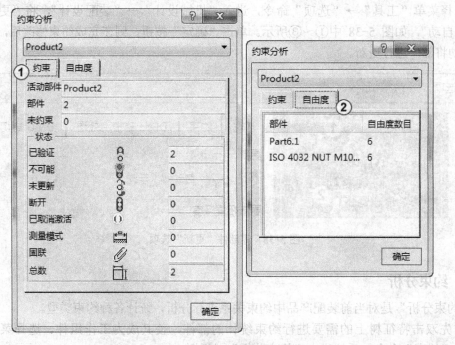

图 5-39 约束分析和自由度

5.7.4 自由度分析和关联关系

1. 自由度分析

空间物体具有 6 个自由度，即 3 个平移的自由度和 3 个旋转的自由度，设置约束的过程就是减少自由度的过程。

打开 Product3，在特征树中双击需要分析自由度的零件 Part4，激活该零件，然后选择菜单"分析"→"自由度"命令，系统弹出"自由度分析"对话框。在该对话框中列出了所选部件存在的自由度，即一个旋转自由度，如图 5-40 所示。单击"关闭"按钮。

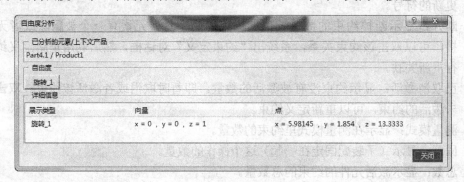

图 5-40 零件自由度分析

在工作区域，旋转自由度以一个圆弧箭头和旋转轴的符号表示，而平移自由度是以一个上下箭头来表示。对于旋转自由度，在"自由度分析"对话框中列出了旋转轴矢量的各个分量和旋转中心点的坐标，而平移自由度只列出了平移矢量的各个分量。

如果当前激活的零件没有设置约束，则会弹出对话框，提示当前的零件具有 3 个平移和 3 个旋转的自由度。

如果是固定的零件，在检查自由度时则会提示该零件没有自由度。

2．依赖项分析

实际的装配件存在一定的装配层次，即存在子装和总装的关系。在 CATIA V5 中，依据约束关系，同样可以查看数字模型的装配层次。

双击需要显示装配层次的部件"Product1"，然后选择菜单"分析"→"依赖项分析"命令，系统弹出"装配依赖项结构树"对话框，右击"Product1"（即根节点），从弹出的快捷菜单中选择"全部展开"命令，可以展开该节点的所有子节点，如图 5-41 中①～③所示。单击"确定"按钮。

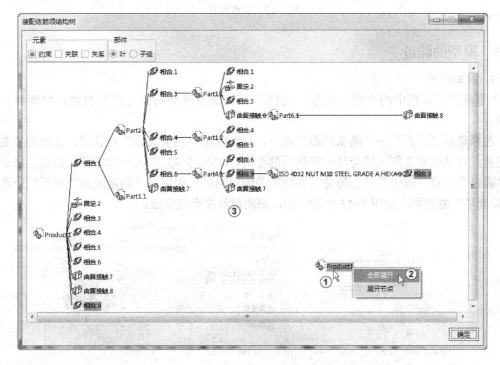

图 5-41　关联关系

对话框中首先显示根节点。"元素"选项组有 3 个复选框，默认选择是"约束"；选择"关联"可以显示部件之间的关联性；选择"关系"可以显示部件中隐含的关系式。"部件"选项组有两个复选框，默认选择是"叶"，表示只显示最小的节点；选择"子级"则显示部件中的所有子集合。

选择菜单"分析"→"依赖项分析"命令，系统弹出"装配依赖项结构树"对话框，右击"Product1"，从弹出的快捷菜单中选择"全部展开"命令。

再右击"Product1"（即根节点），从弹出的快捷菜单中选择"展开节点"命令，在展开的节点上（这里是"相合 1"）右击，弹出快捷菜单，如图 5-42 中①～④所示。"设置为新的根节点"，表示将所选节点重新作为根节点；"全部展开"是展开所选节点包含的所有层次；"展开节点"是展开该节点的下一层子节点；"更改激活"是改变节点的状态，设置其休眠状态或者激活状态。

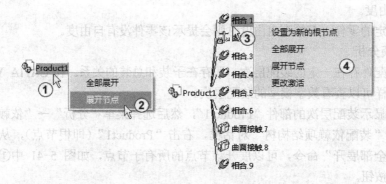

图 5-42　节点展开

5.7.5　模型的测量

1. 测量间距

"测量"工具栏中的"测量间距"按钮📏可以测量两个对象之间的参数，如距离、角度等。

选择菜单"分析"→"测量间距"命令，系统弹出"测量间距"对话框。选择需要测量的元素，对话框和工作区域会显示测量项的距离，如图 5-43 中①～④所示。测量完成后单击"确定"按钮，测量结果会随着对话框的关闭而消失。如果在"测量间距"对话框中选中"保持测量"复选框，如图 5-43 中⑤所示，则测量结果会被保留。

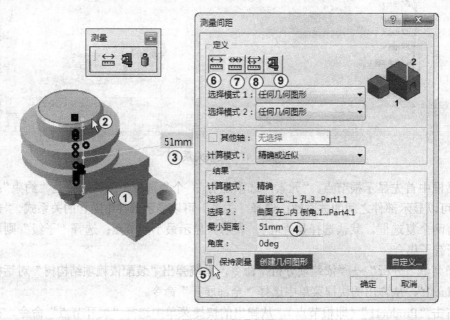

图 5-43　测量间距

"测量间距"对话框的"定义"选项组有 4 个测量用的工具按钮，如图 5-43 中⑥～⑨所示，其功能和用法如下。

- "测量间距"⇥：每次测量限选两个元素，如再次测量，则需重新选择。
- "在链式模式中测量间距"⇥⇥：第一次测量时选择两个元素，以后的测量都是以前一次选择的第二个元素作为再次测量的起始元素。
- "在扇形模式中测量间距"⇥⇥：第一测量时选择的第一元素一直作为以后每次测量的第一元素，因此，以后测量只需选择测量的第二元素即可。
- "测量项"⚏：测量某个几何元素的特征参数，如长度、面积、体积等。

2. 测量项

"测量"工具栏中的"测量项"按钮⚏可以测量曲线长度、几何体厚度、面积和体积。

选择菜单"分析"→"测量项"命令，系统弹出"测量项"对话框。选择需要测量的元素，对话框和工作区域会显示测量结果，如图 5-44 中①②所示。

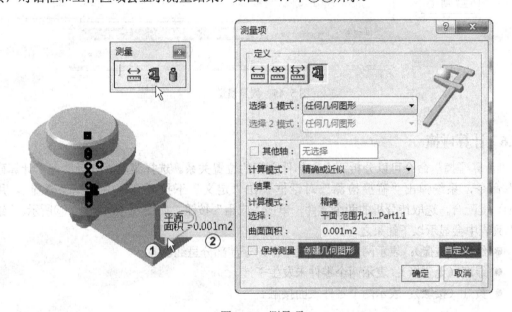

图 5-44　测量项

测量曲线长度和面积方法同上。测量厚度则需在"定义"选项组中单击"测量厚度"按钮⚏，测量体积则需在特征树中选取"零部件几何体"为测量项。

3. 测量惯量

"测量"工具栏中的"测量惯量"按钮⚏可以测量几何体的体积、质量、重心坐标和惯性矩等实体物性。

选择菜单"分析"→"测量惯量"命令，系统弹出"测量惯量"对话框。在特征树上选择 Part3，对话框会显示测量结果，如图 5-45 中①②所示。单击"导出"按钮，系统弹出"导出结果"对话框，可以将测量结果输出到指定的文件，如图 5-45 中③～⑤所示。

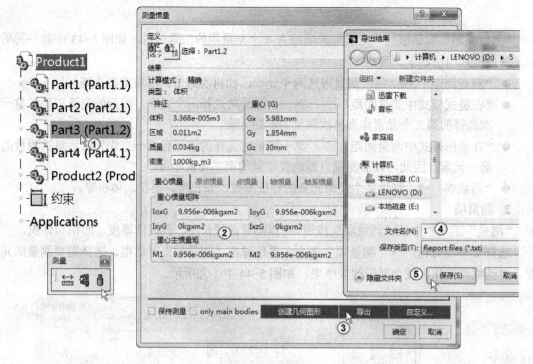

图 5-45 测量惯量

5.7.6 计算碰撞

"计算碰撞"命令可以分析两个零部件之间的位置关系。选择菜单"分析"→"计算碰撞"命令，系统弹出"碰撞检测"对话框。在"定义"下拉列表框中选择"碰撞"，用〈Ctrl〉键配合，选取待分析的两个零件，单击"应用"按钮，如图 5-46 中①~⑤所示。"结果"列表中会显示以下结果之一。

- 红灯（碰撞）：表示两个零件发生干涉，干涉部分呈红色显示。
- 绿灯（无碰撞）：表示两个零件未发生干涉。
- 黄灯（接触）：表示两个零件表面接触。

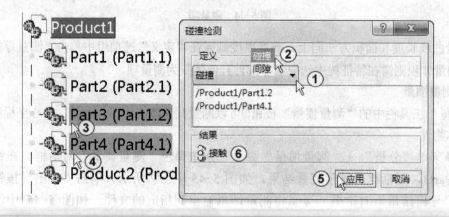

图 5-46 碰撞检查

如果在"定义"下拉列表框中选择"间隙"，在新增加的文本框中输入间隙值，单击"应用"按钮，"结果"列表中会显示以下结果之一。

● 红灯（碰撞）：表示两个零件间隙小于设定值，干涉部分呈红色显示。
● 绿灯（无碰撞）：表示两个零件间隙大于设定值。
● 黄灯：若表面接触，则显示"接触"；若间隙不足，则显示"危机"。

5.7.7 碰撞（干涉）分析

"空间分析"工具栏中的"碰撞"按钮🐾可以分析当前装配体中部件之间是否存在干涉关系。它首先分析部件之间干涉的不同类型，并且显示出干涉（碰撞）的部位，计算出部件之间的距离。

首先打开装配文件，选取 Part1 作为检测对象，选择菜单"分析"→"碰撞"命令，系统弹出"检查碰撞"对话框，如图 5-47 中①～⑥所示。

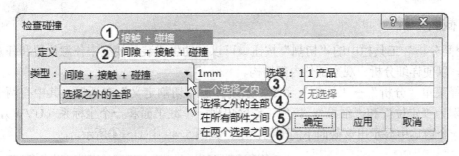

图 5-47　检查碰撞

对话框中"类型"可以有以下选择。

● "接触+碰撞"：检测部件之间是否有接触或碰撞。
● "间隙+接触+碰撞"：检测部件之间是否有间隙或碰撞，如果存在间隙，是否超过设定的间隙。

对话框中分析对象范围可以有以下选择。

● "一个选择内"：在一个选定的范围内，检测其中每一个部件是否与选定范围中的部件是否存在碰撞。
● "选择之外的全部"：在选择的对象和剩余对象之间进行碰撞检测。
● "在所有部件之间"：是默认选项，在所有部件中，检测每一个部件与其他部件之间是否存在碰撞。
● "两个选择之间"：检测第一个选择范围内的每一个部件是否与第二个选择范围内的部件存在碰撞。

选择"间隙+接触+碰撞"作为检测类型，"间隙"为 1，"在所有部件之间"作为检测范围，单击"应用"按钮，检测结果如图 5-48"检查碰撞"对话框所示。对话框中列出了干涉的具体类型和数目，并列出碰撞类型，单击"导出为"按钮📇，可以输出部件干涉报告。单击某一个碰撞部件，弹出预览窗口，可以详细观察部件干涉部位，如图 5-48 中①～④所示。

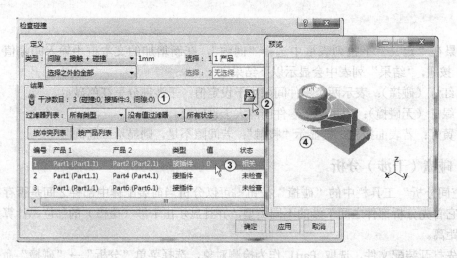

图 5-48 检验干涉

5.7.8 截面分析

"空间分析"工具栏中的"切割"按钮 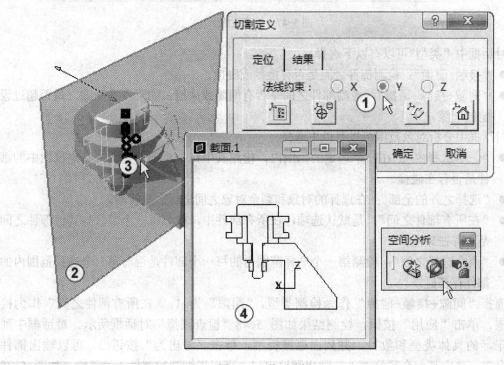 可以自动生成装配模型中任意位置和任意方向的截面。以便详细分析、观察部件内部结构。

选择菜单"分析"→"切割"命令，系统弹出"切割定义"对话框，其中有两个选项卡，分别为"定位"和"结果"，模型工作区出现一个截平面和一个坐标系（UVW），另外弹出的一个窗口中显示出该截面下的剖切模型，如图 5-49 中①～④所示。

图 5-49 截面分析

在"切割定义"对话框中的"定位"选项卡中，能够指定多种定位截平面。在"法线约束"中，可以选择 X、Y、Z，即使截平面垂直于所选的坐标轴。

"切割定义"对话框中的"结果"选项卡，其功能是用于处理截面显示的形式和状态，如图 5-50 所示。

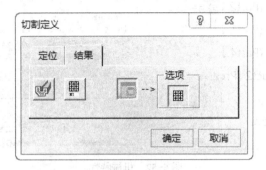

图 5-50 "结果"选项卡

5.7.9 查看机械特性

机械特性是指零件和装配体的物理特性。首先单击屏幕下方"应用材料"工具栏上的"应用材料"按钮，选择需要的材料并拖动该材料至特征树中的 Part1，则应用材料会在特征树上显示，单击"确定"按钮完成材料的定义，如图 5-51 中①~⑥所示。

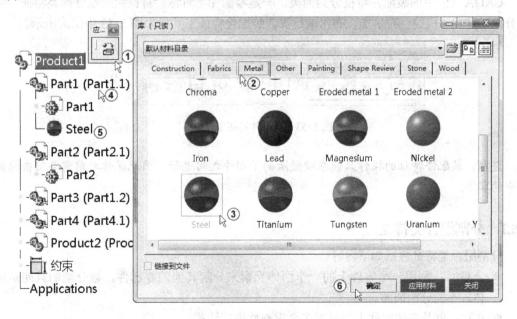

图 5-51 部件定义材料

机械特性可以被查看，但不能被修改。右击 Part1，从弹出的快捷菜单中选择"属性"命令，系统弹出"属性"对话框，打开"机械"选项卡，即可查看该零部件的机械特性，如图 5-52 中①~④所示。

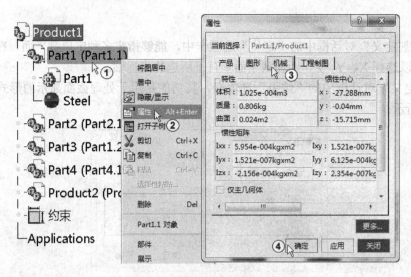

图 5-52　机械特性

5.8　装配件特征

装配件特征，是指在装配件环境下建立和多个零件相关的特征，例如部件之间的分割、钻孔、布尔运算以及对称零部件等。

CATIA V5 中的装配件特征分为两类，一是零部件"对称"特征；二是分割类特征，包括分割、开孔、槽腔、布尔加、布尔减运算。装配件特征工具栏如图 5-53 中①②所示。

图 5-53　装配件特征工具栏

注意，装配件特征的操作只能在被激活的子部件之间进行。因此操作之前需要双击特征树中的零件。

5.8.1　分割组合类特征

分割组合类特征包括如下内容。

- 分割：利用一个零件上的一个面体元素来分割其他的零部件。被分割的只能是实体，不能分割曲面。
- 孔：就是在装配件上同时对多个零部件进行钻孔。
- 凹槽：类似于钻孔，利用草图轮廓在零部件上减除材料。
- 添加：利用一个零件作为参考，和另外一个零件进行布尔加的运算，使两个零件合并为一体。在被添加的零件特征树中会增加一个表示布尔操作的新特征。
- 移除：即利用一个零件作为参考，将一个零件上与参考零件相同的部件减除，执行布尔减的操作。

下面用具体实例来说明分割类特征的建立。

打开 Product1 装配体文件，含有两个零件：bott（底座）和 top（顶盖），其中需要在顶盖零件和底座零件上打孔。

单击"参考装配特征"工具栏中的中"孔"按钮 ⊙，单击顶盖零件的表面，选择需要钻孔的部位。在"定义孔"对话框中选择孔的类型，指定孔的孔径、深度等参数，如图 5-54 中①～③所示。

在"定义装配特征"对话框中，"可能受影响的零件"列表框列出了当前被激活产品的所有零件，"受影响零件"表示即将被装配件特征所作用的零件。在上述两个列表框中可以分别选择零件，用对话框中 ☑ 和 ☒ 按钮将其分别添加或移除到相应的列表框中，如图 5-54 中④～⑥所示。

单击"确定"按钮后，可以看到生成一孔，该孔同时作用于底座零件和顶盖零件，单击"移动"工具栏中的"操作"按钮 🖘，将顶盖零件移开后可看到结果如图 5-54 中⑦所示。

在装配体特征树中出现装配体特征的文件夹，双击"装配孔.1"可以对该特征重新定义参数。

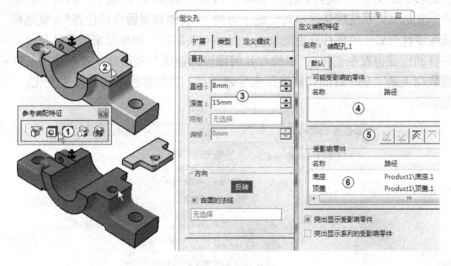

图 5-54 装配件特征

其余分割组合类特征的建立步骤和装配孔的相类似。关键之处在于指定特征的作用范围，即"受影响零件"。

5.8.2 镜像零部件

通过装配体镜像命令，可以得到和现有零部件相同的零部件，并且新部件与原部件关于参考面对称。

打开 Product3 装配文件，单击"装配体特征"工具栏上的"对称"按钮 🖳，弹出"装配对称向导"对话框，提示该操作分为两步：

1）指定对称面。

2）指定需要被镜像的零件。

首先选择底座的 XZ 平面作为对称面，然后选择 luosi 作为需要被镜像的零件，如图 5-55 中①～④所示。

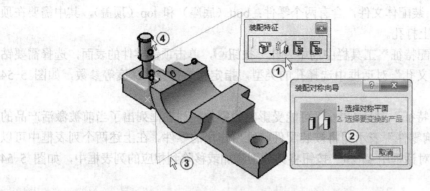

图 5-55　对称特征向导

　　在"装配对称向导"对话框中，左侧列表框中列出当前被镜像的零部件，右侧为对称命令的参数。系统默认选择"镜像，新部件"，即镜像之后产生一个新的零件，其余 3 个选项分别为"旋转、新实例""旋转，相同实例""平移，新实例"。选中"所有几何图形集，有序或无序"复选框，系统默认选中对话框下方的 "将链接保留在原位置" 复选框，表示新生成的镜像零件与原来的部件在空间位置上是相互关联的，如果原来的零件位置发生变化，则镜像部件的位置也发生变化。"保持与几何图形的链接"复选框，表示镜像部件和原来部件在特征数据上是完全一致的，修改原来零部件后，镜像零件也同时发生变化，如图 5-56 中①～⑤所示。

图 5-56　对称特征参数对话框

出现预览，可以观察是否正确。单击"完成"按钮，系统弹出"装配对称结果"对话框，单击"关闭"按钮，在特征树中即出现一个新的"Symmetry of 螺栓"的零件。并出现"装配特征"文件夹。在该结构中，两个螺栓件是对称分布的，如图 5-57 中①～④所示。因此在装入一个零件后，另外一个零件是通过建立装配体对称特征而得到的。

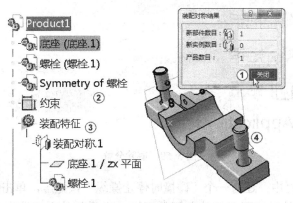

图 5-57　装配体镜像

5.9　爆炸装配模型

激活特征树顶端的 Product1（蓝色显示），单击"移动"工具栏中的"分解"（爆炸）按钮，系统弹出"分解"对话框。能够将当前产品中的所有部件以空间分散的方式进行显示。

- "深度"（爆炸的层次）：共有两个选项。"所有级别"为分解全部零部件；"第一级别"为只分解第一层级，如图 5-58 中①②所示。
- "类型"（爆炸种类）：共有 3 个选项。"3D"为在三维空间里分解，均匀分布；"2D"为在二维空间里分解，即将部件投影到 XY 平面上；"受约束"为根据约束的条件分解，分解后的部件保持相对共线或共面关系，如图 5-58 中③④所示。
- "选择集"：可以重复选择产品，如图 5-58 中⑤所示。
- "固定产品"：固定一个产品，如图 5-58 中⑥所示。
- "滚动分解"：显示分解过程，用鼠标拖动滑块或者单击滑块右侧的按钮，可以查看分解过程，如图 5-58 中⑦所示。

单击"确定"按钮，弹出"警告"对话框，询问是否要改变部件位置，单击"是"按钮则接受部件的爆炸移动，如图 5-58 中⑧⑨所示。

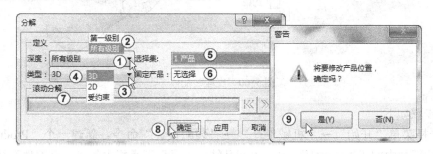

图 5-58　"分解"对话框

爆炸后各个零部件处于新的空间位置，如果要恢复到原先装配时的状态，则需要右击特征树中的"约束"文件夹，从弹出的快捷菜单中选择"约束对象"命令，然后选择"刷新约束"命令，装配体即恢复到原先被约束的状态，如图 5-59 中①～③所示。

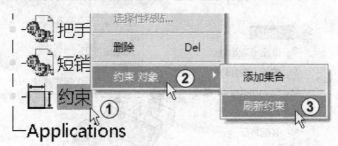

图 5-59　解除分解

在"移动"工具栏中，还有一个"碰撞时停止操纵"按钮，单击这个按钮后，能够防止在"自由调整"部件时出现零部件之间的干涉。当零部件之间发生碰撞时，会出现高亮显示。

5.10　支座装配体实例

将底座、螺栓、上座、长销、把手和短销 6 个零件组装成支座装配体，如图 5-60 中①～⑦所示。主要流程是导入所有零部件，将零部件调整到合适的空间位置，设置面与面重合的装配关系；设置轴线和轴线同轴心的装配关系；以及面与面偏移的装配关系。最后单击"更新"按钮，即可得到结果。

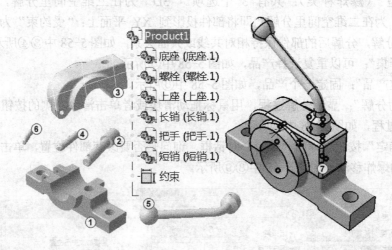

图 5-60　支座装配体

装配步骤如下。

1）选择菜单"开始"→"机械设计"→"装配设计"命令，新建一个"Product1"文件。单击特征树中的"Product1"，单击"产品结构工具"工具栏中的"现有部件"按钮，选择要打开的文件 bott，单击"打开"按钮。单击"约束"工具栏中的"修复部件"按钮，选择相应的零部件 bott 即可。

2）单击"产品结构工具"工具栏中的"现有部件"按钮，选择要打开的文件 luosi，单击"打开"按钮。单击屏幕下方的"旋转"按钮后在工作区按住鼠标不放旋转 luosi 到适当位置。单击"约束"工具栏中的"相合约束"按钮，选择 luosi 相应的表面，再选择 bott 的上表面，系统弹出"约束属性"对话框，在"方向"下拉列表框中选择"相同"，单击"确定"按钮，如图 5-61 中①～⑤所示。

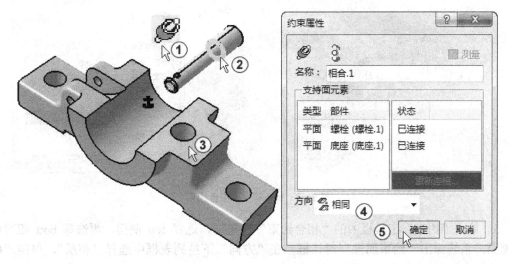

图 5-61　bott 和 luosi 相合约束

3）单击"约束"工具栏中的"相合约束"按钮，选择 luosi 的轴线，再选择 bott 相对应孔的轴线，设置线与线重合装配关系；单击屏幕下方"更新"工具栏上的"全部更新"按钮，如图 5-62 中①～④所示。

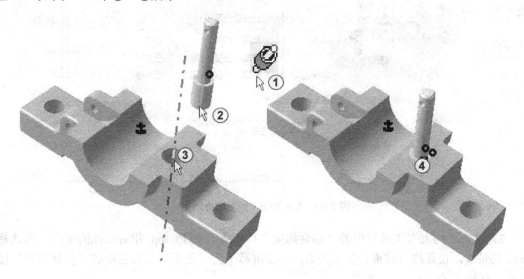

图 5-62　bott 和 luosi 同轴心约束

4）单击"产品结构工具"工具栏中的"现有部件"按钮，选择要打开的文件 top，单击"打开"按钮。单击屏幕下方的"旋转"按钮后，在工作区按住鼠标不放旋转 top 到适当位置。单击"约束"工具栏中的"相合约束"按钮，选择 top 下表面，再选择 bott 的上表面，系统弹出"约束属性"对话框，在"方向"下拉列表框中选择"相同"，单击"确定"按钮，如图 5-63 中①～⑤所示。

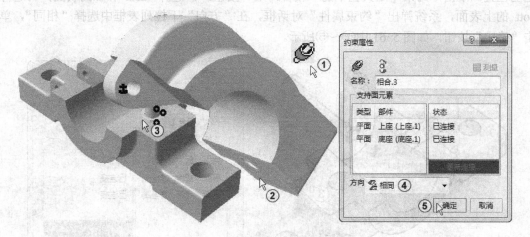

图 5-63　bott 和 top 相合约束

5）单击"约束"工具栏中的"相合约束"按钮，选择 top 侧面，再选择 bott 相对应的侧面，系统弹出"约束属性"对话框，在"方向"下拉列表框中选择"相反"，单击"确定"按钮，如图 5-64 中①～⑤所示。

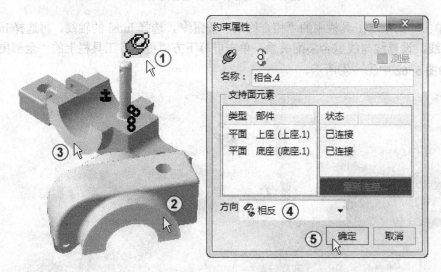

图 5-64　bott 和 top 侧面相合约束

6）单击"约束"工具栏中的"相合约束"按钮，选择 top 相对应孔的轴线，再选择 luosi 的轴线，设置线与线重合装配关系；单击屏幕下方"更新"工具栏中的"全部更新"按钮，如图 5-65 中①～④所示。

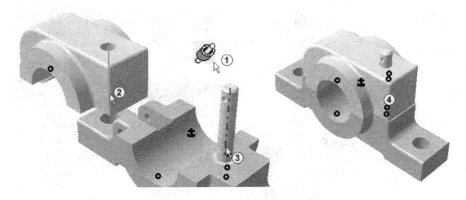

图 5-65　top 和 luosi 的同轴心约束

7）单击"产品结构工具"工具栏中的"现有部件"按钮，选择要打开的文件 xiaoc，单击"打开"按钮。单击屏幕下方的"旋转"按钮后，在工作区按住鼠标不放旋转 xiaoc 到适当位置。单击"约束"工具栏中的"偏移约束"按钮，选择 xiaoc 顶端面，再选择 bott 侧面，在"约束属性"对话框中设置"方向"为"相同"，"偏移"为 1，单击"确定"按钮，如图 5-66 中①～⑥所示。

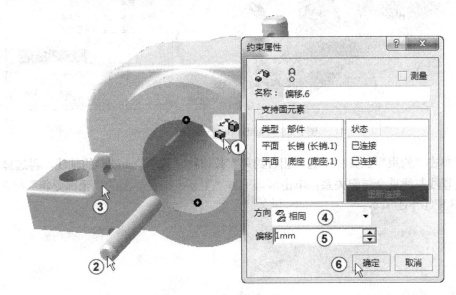

图 5-66　xiaoc 和 bott 偏移约束

8）单击"约束"工具栏中的"相合约束"按钮，选择 xiaoc 的轴线，再选择 bott 连接孔轴线，设置线与线重合装配关系；单击屏幕下方"更新"工具栏上的"全部更新"按钮，如图 5-67 中①～④所示。其装配后的放大图如图 5-67 中⑤所示。

9）单击"产品结构工具"工具栏中的"现有部件"按钮，选择要打开的文件 handle，单击"打开"按钮。单击屏幕下方的"旋转"按钮后，在工作区按住鼠标不放旋转 handle 到适当位置。单击"约束"工具栏中的"相合约束"按钮，选择 handle 下端面，再选择 top 上端面，系统弹出"约束属性"对话框，在"方向"下拉列表框中选择"相反"，单击"确定"按钮，如图 5-68 中①～⑤所示。

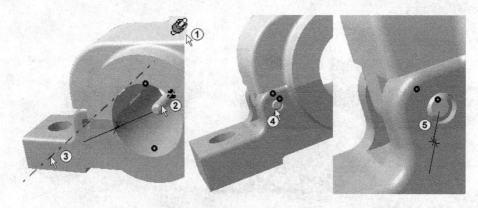

图 5-67   xiao 和 bott1 轴心约束

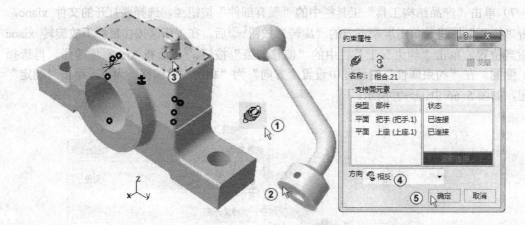

图 5-68   handle 和 top 相合约束

10）单击"约束"工具栏中的"相合约束"按钮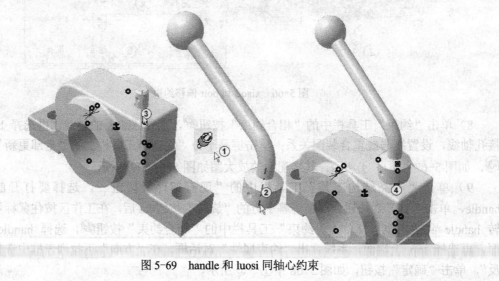，选择 handle 的轴线，再选择 luosi
轴线，设置线与线重合装配关系；单击屏幕下方"更新"工具栏上的"全部更新"按钮，
如图 5-69 中①～④所示。

图 5-69   handle 和 luosi 同轴心约束

11）单击"产品结构工具"工具栏中的"现有部件"按钮，选择要打开的文件 xiao，单击"打开"按钮。单击屏幕下方的"旋转"按钮后在工作区按住鼠标不放旋转 xiao 到适当位置。单击"约束"工具栏中的"偏移约束"按钮，选择 xiao 顶端面，再选择 top 侧面，在"约束属性"对话框中设置"方向"为"相反"，"偏移"为 6，单击"确定"按钮，如图 5-70 中①～⑥所示。

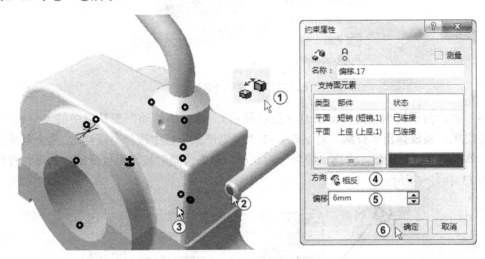

图 5-70　xiao 和 top 偏移约束

12）单击"约束"工具栏中的"相合约束"按钮，选择 xiao 的轴线，再选择 handle 上孔轴线，设置线与线重合装配关系；单击屏幕下方"更新"工具栏上的"全部更新"按钮，如图 5-71 中①～③所示。其装配后的放大图如图 5-71 中④所示。

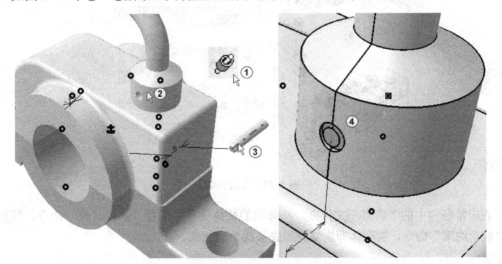

图 5-71　xiao 和 handle 同轴心约束

13）选择菜单"编辑"→"更新"命令，完成支座模型装配，如图 5-72 所示。

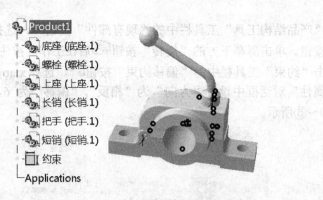

图 5-72　支座模型装配

14）激活特征树顶端的 Product1（蓝色显示），单击"移动"工具栏中的"分解"（爆炸）按钮，系统弹出"分解"对话框。在"固定产品"栏中选择"底座"，其余取系统默认值，单击"确定"按钮，弹出"警告"对话框，单击"是"按钮则接受部件的爆炸移动，如图 5-73 中①～④所示。

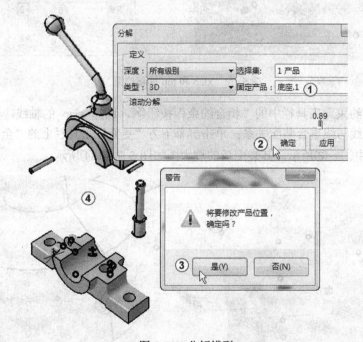

图 5-73　分解模型

右击特征树中的"约束"文件夹，从弹出的快捷菜单中选择"约束对象"命令，然后选择"刷新约束"命令，装配体即恢复到原先被约束的状态。

5.11　思考与练习

一　选择题

1. 在装配中插入零件的按钮是（　　　）。

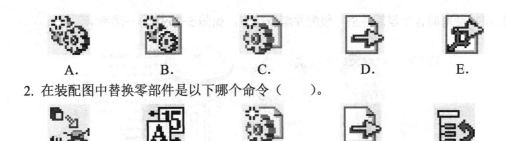

A.   B.   C.   D.   E.

2. 在装配图中替换零部件是以下哪个命令（ ）。

A.   B.   C.   D.   E.

3. 在装配设计过程中，可以装配插入哪组文件类型的组件（ ）。

A. Body、Feature、Wireframe、Surface

B. Shaper、Curve、Spline、Point

C. CATProduct、CATPart、Model、IGES

D. CATDrawing、 Model、IGES、CATPart

4. 下列工具所创建的约束类型分别是（ ）。

A.   B.   C.   D.   E.

A. 偏移约束 B. 相合约束 C. 固定组件 D. 角度约束 E. 接触约束

5. 以下对于装配描述错误的是（ ）。

A. 装配中使用的部件可以是预先存在的部件

B. 装配文档以"CATProduct"为扩展名

C. 装配中无法对插入的部件进行编辑修改

D. 装配同样也包含特征树，特征树显示插入的部件和约束

二. 简答题

1. 装配体的装配关系如何确定？装配、部件和零件之间有怎样的联系？

2. 能否利用偏移约束实现两个平面的重合或接触约束？

3. 在装配过程中，如果零件编号发生了冲突该怎样处理？

4. 怎样将一个子装配体插入到一个已经存在的装配体中？

5. CATIA 的装配体有哪些分析工具？

6. 怎样检查装配体是否存在干涉问题？

三. 操作题

1. 将轴承内圈、钢球和轴承外圈进行装配并爆炸模型，如图 5-74 中①~④所示。

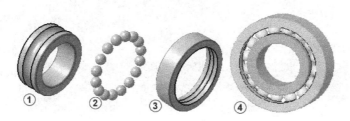

图 5-74 轴承装配体模型

2. 将轴活塞的各个零部件进行装配并爆炸模型，如图 5-75 中①~⑦所示。

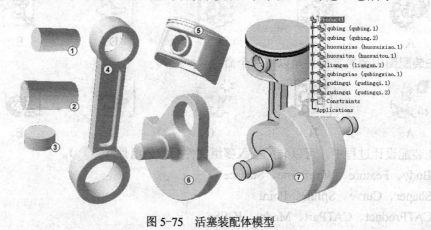

图 5-75　活塞装配体模型

3. 将夹具装配体的各个零部件进行装配并爆炸模型，如图 5-76 所示。可参阅"素材文件\第 5 章\ex\3\夹具装配体.PDF"。在该装配体中，含有一个"把手"子装配体，根据实际工作的特点，建立了一个装配体"对称零件"的特征。导轨上的两个移动台呈镜像分布。

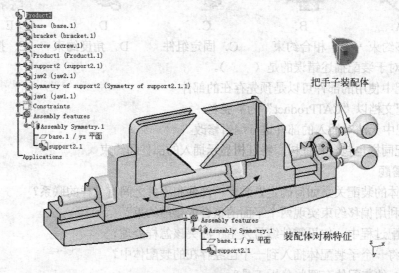

图 5-76　夹具装配体模型

第6章 曲 线

CATIA V5 中有很多模块，如线框和曲面设计、创成式曲面设计、自由曲面造型等许多模块都与曲面设计相关，这些模块与零件设计模块均集成在一个程序中，在设计过程中可互相切换，进行混合设计。

本章的主要内容是：生成点、生成线。

本章的重点难点是：空间曲线的生成。

6.1 进入创成式曲面设计工作台

1）进入创成式曲面设计工作台的步骤如下。选择菜单"开始"→"外形"→"创成式外形设计"命令，系统弹出"新建零件"对话框，在该对话框中输入零件名称，单击"确定"按钮进入"创成式外形设计"工作台。

在"创成式外形设计"模块中，经常需要切换到零件设计模块。此时应选择菜单"开始"→"机械设计"→"零件设计"命令，进入"零件设计"工作台。在图形绘制过程中，零件设计模块和创成式外形设计模块可以互相切换。

2）显示"线框"工具栏。如果在工具栏中没有显示"线框"工具栏，在工具栏空白处右击，在系统弹出的快捷菜单中选择"线框"命令，"线框"工具栏在工具栏中显示出来，如图6-1中①②所示。

图6-1 "线框"工具栏

3）展开曲线工具栏中的工具组。在"线框"工具栏中单击工具按钮右下角的倒三角形，工具组被展开，将"曲线"工具栏中的工具组全部展开，如图6-2所示。

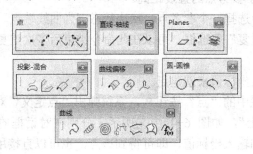

图6-2 展开后的工具组

6.2 生成点

点是最基本的线框结构单元之一。CATTA V5 中，空间点创建方法有：利用坐标值创建点、创建曲线上的点、创建平面上的点、创建曲面上的点等。

1. 通过坐标创建点

输入坐标值创建点，可以加入参考点。

单击"线框"工具栏中的"点"按钮▪，系统弹出"点定义"对话框，在"点类型"下拉列表框中单击，系统弹出下拉列表，列表中有 7 种创建点的形式，如图 6-3 中①②所示。选择其中一种，这里选择了"坐标"形式来创建点，在"X="、"Y="、"Z="文本框中分别输入 5、10、10（此时没有输入参考点，系统是以原点为参考点来创建坐标点的），单击"确定"按钮，创建的点如图 6-3 中③～⑦所示。

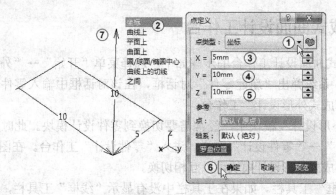

图 6-3　没有加入参考点创建的点

也可以在"参考"选项组的"点"选择框中设置参考点，系统在此参考点的相对位置创建点。参考点也可以是已有对象上的点。

2. 曲线上创建点

在选择的曲线或边线上创建点。可以设定点在曲线或边线上的距离或比例位置。

单击"线框"工具栏中的"点"按钮▪，系统弹出"点定义"对话框，在"点类型"下拉列表框中选择"曲线上"，如图 6-4 中①所示。激活"曲线"选择框后，在图形显示区域选择已有的曲线。如果选中"曲线长度比率"，则根据长度比例系数确定点。

"测地距离"和"直线距离"为距离的两种类型。"测地距离"为相对于参考点的曲线距离，"直线距离"为相对于参考点的直线距离。

在"参考"选项组中选择一个参考点，默认状态下为曲线端点。

如果选中"确定后重复"复选框，可以在此命令结束后多次重复生成点的命令。

3. 平面上创建点

在选择的平面上输入坐标值来创建点。

单击"线框"工具栏中的"点"按钮▪，系统弹出"点定义"对话框，在"点类型"下拉列表框中选择"平面上"，如图 6-4 中②所示。分别在对话框的"平面""H""V""参考"选项组中选择平面和输入坐标值，即可得到该点，也可以直接用鼠标在平面上选择点。参考点可以是平面上的任意点，默认的参考点是坐标原点。

4．曲面上创建点

在选择的曲面上输入点在曲面上的位置来创建点。

单击"线框"工具栏中的"点"按钮▪，系统弹出"点定义"对话框，在"点类型"下拉列表框中选择"曲面上"，如图 6-4 中③所示。激活"曲面"选择框后，选择支持曲面。激活"参考"选项组中的"点"选择框，选取参考点，默认状态下为曲面的中点。激活"方向"选择框，选择距离计算方向，并在"距离"文本框中输入创建点与参考点的距离。单击"确定"按钮完成曲面点的创建。也可以直接用鼠标在曲面上取点。

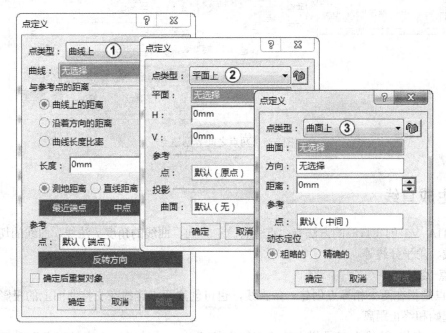

图 6-4　曲线上、平面上、曲面上创建点

5．创建圆心、球心

在选择的圆或圆弧圆心创建点。

单击"线框"工具栏中的"点"按钮▪，系统弹出"点定义"对话框，在"点类型"下拉列表框中选择"圆／球面／椭圆中心"，如图 6-5 中①所示。激活"圆／球面／椭圆"选择框，选择圆或球体表面，单击"确定"按钮完成创建。

6．生成给定切线方向的曲线上的切点

创建的点与选择的曲线和方向相切。

单击"线框"工具栏中的"点"按钮▪，系统弹出"点定义"对话框，在"点类型"下拉列表框中选择"曲线上的切线"，如图 6-5 中②所示。激活"曲线"选择框，选择已有曲线，激活"方向"选择框，选择方向，单击"确定"按钮完成给定切线方向的该曲线上的切点的创建。

7．生成两点之间的一个点

在选择的两点之间的直线上创建点。

单击"线框"工具栏中的"点"按钮▪，系统弹山"点定义"对话框，在"点类型"下

拉列表框中选择"之间"，如图6-5中③所示。激活"点1"和"点2"选择框，分别选择两个点，在"比率"文本框中输入比率的系数值，单击"确定"按钮完成根据距离比率系数确定的一个点的创建。

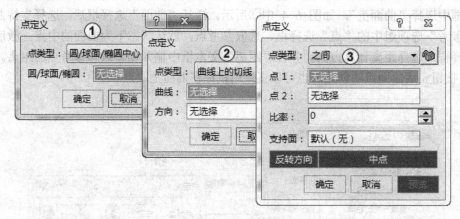

图6-5 两点之间等创建点

6.3 生成直线

CATIA V5创建直线的方法有：点-点、点-方向、曲线的角度/法线、曲线的切线、曲面的法线、角平分线等。

1. 点-点

点-点是指在两个相异点创建一条直线，也可创建两点连线在支持曲面上的投影线。可以设置起始和终止距离。

单击"直线-轴线"工具栏中的"直线"按钮✔，系统弹出"直线定义"对话框，在"线型"下拉列表框中单击，系统弹出下拉列表，在列表中有6种创建直线的形式，选择其中一种，在这里选择了"点-点"，如图6-6中①②所示。在"点1"选择框中选取第一点，在"点2"选择框中选取第二点，单击"确定"按钮，即可创建直线。通过其他设置，也可以设置直线的起点及参考平面等。

"直线定义"对话框中各选项的含义如下。

- "点1"：选择直线的起点。
- "点2"：选择直线的终点。
- "支持面"：选择支持面（曲面），生成的线是起始点连线在支持面上的投影，如果支持面是平面，投影为直线，如果支持面是曲面，投影线可能是曲线。
- "起点"：输入起点的外延长值（从点1开始）。
- "终点"：输入终点的外延长值（从点2开始）。

2. 点-方向

选择点指定方向，输入距离创建直线。

单击"直线-轴线"工具栏中的"直线"按钮✔，系统弹出"直线定义"对话框，在"线型"下拉列表框中单击，系统弹出下拉列表，选择"点-方向"，如图6-6中③所示。

"直线定义"对话框中各选项的含义如下。

● "点"：选择直线的起点。

● "方向"：选择直线的方向，可以选择直线或平面。

● "反转方向"：单击"反转方向"按钮，线段改变为相反的方向。

其余各项的含义同前。

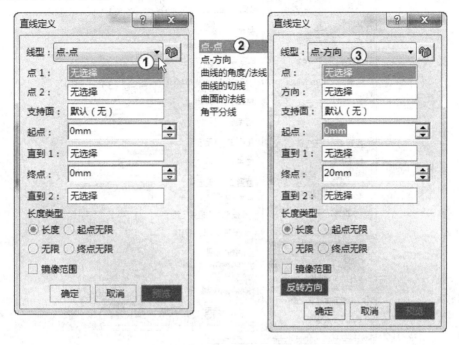

图6-6 选择"点-点"和"点-方向"创建直线

3. 角度与曲线垂直

选择曲线，指定基准平面和线的起始点，设定角度和线的长度。

单击"直线-轴线"工具栏中的"直线"按钮 ∕，系统弹出"直线定义"对话框，在"线型"下拉列表框中单击，系统弹出下拉列表，选择"曲线的角度 / 法线"，如图6-7中①所示。

"直线定义"对话框中各选项的含义如下。

● "曲线"：选择一条曲线。

● "角度"：输入一个角度值。

● "支持面上的几何图形"：选中此复选框，则生成的是空间直线在支持面上的投影。

● "曲线的法线"：单击"曲线的法线"按钮，生成的线是曲线的法线。

● "确定后重复对象"：选中此复选框，则应用上面的输入参数再生成多条直线。

4. 与曲线相切

选择曲线指定起点和长度。

单击"直线-轴线"工具栏中的"直线"按钮 ∕，系统弹出"直线定义"对话框，在"线型"下拉列表框中单击，系统弹出下拉列表，选择"曲线的切线"，如图 6-7 中②所示。在"曲线"选择框中选取一条曲线，"元素 2"选择框中选取一个点。在"切线选项"选项组的"类型"下拉列表框中选择相切类型，如图 6-7 中③所示。其中"单切线"选项为创建通过选定起点的曲线切线，"双切线"选项为创建平行于曲线切线的直线。依次在"起点"和"终点"文本框中输入直线向两边延伸的长度。单击"确定"按钮，即可创建直线。

图 6-7　选择曲线的法线和切线创建直线

5. 与曲面垂直

选择曲面，指定定位点。

单击"直线-轴线"工具栏中的"直线"按钮 ╱，系统弹出"直线定义"对话框，在"线型"下拉列表框中单击，系统弹出下拉列表，选择"曲面的法线"，如图 6-8 中①所示。在"曲面"选择框中选择一个曲面，在"点"选择框中选取一个点，编辑"起点"或"直到1"，"终点"或"直到 2"，确定直线的起点和终点，视情况单击"反转方向"按钮，修改延伸方向，单击"确定"按钮，即可创建直线。

6. 平分线

选择两直线，指定基准点和线长度。

单击"直线-轴线"工具栏中的"直线"按钮 ╱，系统弹出"直线定义"对话框，在"线型"下拉列表框中单击，系统弹出下拉列表，选择"角平分线"，如图 6-8 中②所示。在"直线 1"和"直线 2"选择框中分别选取两条直线。若需建立该二等分线在一曲面上的投影，则在"支持面"选择框中选取一支持面。编辑"起点"或"直到 1"，"终点"或"直到 2"，确定直线的起点和终点，此时会显示要创建的直线。若出现多条直线，则说明该条件下有多余的直线重合。

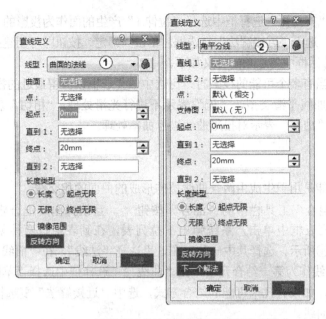

图 6-8　选择曲面的法线和角平分线创建直线

6.4　投影

本节将介绍投影曲线、混合曲线和反射线的定义及操作方法。

6.4.1　投影曲线

（1）投影曲线"定义"

通过将投影元素向依附元素投影产生新的几何元素。投影可以是垂直于依附元素，也可以沿一定方向进行投影。

（2）生成投影曲线的元素

- 点投影到曲面或曲线上。
- 曲线投影到曲面上。
- 点和曲线的组合投影到曲面上。

（3）投影方式

- "法线"：以垂直依附元素的方向进行投影。
- "沿某一方向"：可以选择一条直线作为投影方向，或者选择一个平面，以平面的法线方向作为投影方向，也可以右击鼠标在系统弹出的菜单中选择投影方向，在系统弹出的对话框中通过定义坐标来定义方向。

（4）投影操作方法

单击"投影-混合"工具栏中的"投影"按钮，系统弹出"投影定义"对话框，在"投影类型"下拉列表框中单击，系统弹出下拉列表，在列表中有两种创建投影曲线的形式，如图 6-9 中①②所示。选择其中一种，在这里选择了"法线"，在"投影的"选择框中选择"草图.1"绘制的曲线作为被投影元素，如果有多个要投影的元素可以按住〈Ctrl〉键进行多个元素选择，在"支持面"选择框中选择"拉伸.1"产生的面作为投影的目标面，如果有几个可能的投影方式，选中"近接解法"复选框，单击"确定"按钮即可创建投影曲线。

"投影定义"对话框中各选项的含义如下。

"近接解法"：当有多个可能的投影时，可选中该复选框以保留最近的投影。

"光顺"：选择曲线平滑类型，"无"表示不进行光滑处理；"相切"表示对投影曲线进行切线连续处理；"曲率"表示对投影曲线进行曲率处理。

6.4.2 混合曲线

混合曲线的功能是用于生成由两条曲线拉伸形成的曲面的相交线。

单击"投影-混合"工具栏中的"混合"按钮，系统弹出"混合定义"对话框，在"混合类型"下拉列表框中单击，系统弹出下拉列表，在列表中有两种创建混合曲线的形式，如图 6-9 中③④所示。选择其中一种，在这里选择"法线"，在"曲线 1"选择框中选择"草图.1"绘制的曲线作为第一结合元素，在"曲线 2"选择框中选择"草图.2"绘制的曲线作为第二结合元素，如果有几个可能的结合方式，选中"近接解法"复选框，单击"确定"按钮即可创建混合曲线。

图 6-9　创建投影曲线与混合曲线

6.4.3 反射线

反射线是按照反射原理在支持面上生成新的曲线。

单击"投影-混合"工具栏中的"反射线"按钮，系统弹出"反射线定义"对话框，如图 6-10 所示。在"支持面"选择框中选择"zx 平面"作为反射面，在"方向"选择框中选择"直线.1"，在"角度"文本框中输入 90，单击"法向"单选按钮，单击"确定"按钮即可创建反射线。

"反射线定义"对话框中各选项的含义如下。

图 6-10　选择曲面定义方向输入
角度创建反射线

- "类型"："圆柱"对应于光源位于无限远位置处的反
  射线。
- "角度"：用于设置入射角和反射角之和。
- "角度参考"：用于定义曲线的生成方式，即反射线与支持面形成曲线的方法，包括
  "法线"和"切线"两种形式。

6.5　相交曲线

相交曲线生成两个元素之间的相交部分，相交元素大致包括在线框元素之间、曲面之间、线框元素和一个曲曲之间、曲面和实体的截交线或横截面之间。

单击"线框"工具栏中的"相交"按钮，系统弹出"相交定义"对话框，如图 6-11 中①所示。在"第一元素"选择框中选择"旋转.1"产生的面，可以按住〈Ctrl〉键选择多个元素，在"第二元素"选择框中选择"拉伸.1"产生的面，可以按住〈Ctrl〉键选择多个元素，单击"确定"按钮即可创建交叉曲线。

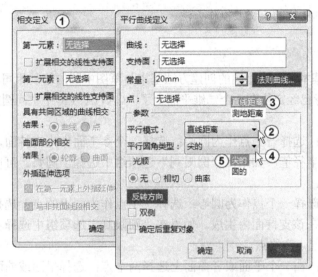

图 6-11　创建反射线和平行曲线

若两条直线没有相交时，选中"扩展相交的线性支持面"复选框可将两直线延长，创建延长线的交点；若创建两曲面相交时，选中"外插延伸选项"和"在第一个元素上外插延伸相交"复选框可创建将第一个曲面外插延伸时两曲面的交线。

6.6　平行曲线

平行曲线是在基础面上生成一条或多条与指定曲线平行的曲线。

单击"曲线偏移"工具栏中的"平行曲线"按钮，系统弹出"平行曲线定义"对话框，在"曲线"选择框中选择"拉伸.1"产生的一条边，在"支持面"选择框中选择"拉伸.1"的一个面，在"常量"文本框中输入 20，在"平行模式"下拉列表框中单击，系统弹出下拉列表，在列表中有两种创建平行曲线的形式，选择其中一种，在这里选择了"直线距离"。在"平行圆角类型"下拉列表框中单击，系统弹出下拉列表，在列表中有两种转角形式，选择其中一种，在这里选择"尖的"，如图 6-11 中②~⑤所示。单击"确定"按钮即可创建平行曲线。

如果选中"确定后重复对象"复选框，单击"确定"按钮，则系统会系统弹出"对象重复"对话框，在"复制元件"文本框中输入 2，选中"建立新的本体"复选框，单击"确定”按钮后可创建重复的平行曲线。

　　“平行曲线定义”对话框中各选项的含义如下。

　　“平行模式”中的“直线距离”表示两平行线之间的距离为最短的曲线，而不考虑支持面；“测地距离”表示两平行线之间的距离为最短的曲线，考虑支持面。

　　“平行圆角类型”中“尖的”表示平行曲线与参考曲线的角特征相同；“圆的”表示平行曲线在角上以圆角过渡，该方式偏移距离为常数。

6.7　基本曲线

　　本节将介绍基本曲线的定义及操作方法。

6.7.1　圆

　　圆或圆弧是最基本的曲线，圆的创建方法基本与草图中圆的绘制相同，需要注意的是要选择面，而草图本身已经定位在一个二维平面上了。CATIA V5 中空间圆或圆弧的创建方法具体如下。

- 中心和半径：选择一个点作为圆心；选择一个参考面作为支持面，圆在该支持面内生成；输入半径值。如果在“圆限制”选项组中选择了圆弧，可以继续指定圆弧的起点和终点。
- 中心和点：选择一个点作为圆心；选择一个点作为圆上的点；选择一个支持面作为支持面；圆在该支持面内生成。如果在“圆限制”选项组中选择了圆弧，可以继续指定圆弧的起点和终点。
- 两点和半径：在一个平面或者曲面上选择两个点；选择平面或曲面作为支持面；圆将在该支持面内生成；输入半径值。
- 三点：选择要生成圆的 3 个点。
- 双切线和半径：选择两个元素作为圆的相切元素，可以是点或者曲线；选择一个平面或曲面作为支持面，圆将在该支持面内生成；输入半径值；系统会显示几种生成圆的可能，在希望生成圆的区域单击。
- 双切线和点：选择一个元素作为圆的相切元素，可以是点或者是曲线；选择一条曲线；在曲线上选择一点作为切点；选择一个平面或者曲面作为支持面，圆将在该支持面内生成；选择后系统会显示有几种生成圆的可能，在希望生成圆的区域单击。
- 如果单击“部分弧”按钮，可以从切点断开形成圆弧，也可以单击“补充圆”按钮，形成互补的另外一个圆弧。
- 三切线：选择 3 个元素作为切线；选择一个平面或曲面作为支持面；圆将在该支持面内生成，选择后系统会显示有几种生成圆的可能，在希望生成圆的区域单击。

　　如果有几种生成圆的可能，除在希望生成圆的区域单击外，也可以在对话框内单击“下一方案”按钮，图形会自动转到另外一个生成圆的可能区域。

　　单击“线框”工具栏中的“圆”按钮，系统弹出“圆定义”对话框，在“圆类型”下拉列表框中单击，系统弹出下拉列表，在列表中有 9 种创建圆或圆弧的形式，如图 6-12 中①②所示，选择其中一种，在这里选择了“中心和半径”，在“中心”选择框中选择“拉伸.1"中的一个点，在"支持面"选择框中选择"拉伸.1"产生的面，在"半径"文本框中输入20，在"圆限制"选项组中单击"全圆"按钮⊙，单击"确定"按钮。

图 6-12 "圆定义"对话框

若选中"支持面上的几何图形"复选框，则创建的圆为支持曲面上的投影。

6.7.2 圆角

圆角用于在空间曲线、直线及点等几何元素上建立平面或空间的过渡圆角。

单击"圆-圆锥"工具栏中的"圆角"按钮，系统弹出"圆角定义"对话框，在"圆角类型"下拉列表框中单击，系统弹出下拉列表，在列表中有两种创建圆角的形式，如图 6-13 中①②所示，选择其中一种，在这里选择了"支持面上的圆角"，在"元素 1"选择框中选择"草图.1"绘制的曲线，在"元素 2"选择框中选择"草图.2"绘制的曲线，在"支持面"选择框中选择"xy 平面"，在"半径"文本框中输入20，单击"确定"按钮。

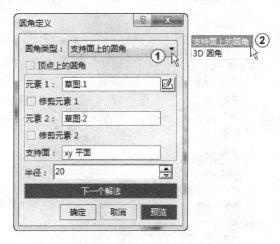

图 6-13 "圆角定义"对话框

如果选中对话框中的"顶点上圆角"复选框，则只选择一个点作为"元素 1"就可以了，"元素 2"选项变成灰色。

如果同时存在几种生成圆角的可能，可以单击"下一个解法"按钮，或者直接在视图上单击选择合适的圆角。

如果在对话框中选中"修剪元素 1"和"修剪元素 2"复选框，两个参考元素将在切点处被修剪。如图 6-14 中①所示是未选中两个修剪元素时创建的圆角，如图 6-14 中②所示是选中两个修剪元素时创建的圆角。

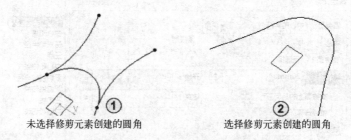

未选择修剪元素创建的圆角　　　　　　　选择修剪元素创建的圆角

图 6-14　选中和未选中修剪元素时创建的圆角

6.7.3　连接曲线

连接曲线用于生成与两条曲线连接的曲线，可以控制连接点处的连续性。

单击"圆-圆锥"工具栏中的"连接曲线"按钮 ，系统弹出"连接曲线定义"对话框，在"连接类型"下拉列表框中单击，系统弹出下拉列表，在列表中有两种创建连接曲线的形式，如图 6-15 中①②所示。在这里选择"法线"，在"第一曲线"选项组的"点"选择框中选择"草图.1"曲线中的一个点，在"曲线"选择框中选择"草图.1"绘制的曲线，单击"连续"下拉列表框，在系统弹出的列表中选择"相切"，如图 6-15 中③④所示。在"张度"文本框中输入 1，在"第二曲线"选项组的"点"选择框中选择"草图.2"曲线中的一个点，在"曲线"选择框中选择"草图.2"绘制的曲线，单击"连续"下拉列表框，在系统弹出的列表中选择"相切"，在"张度"文本框中输入 1，单击"确定"按钮。

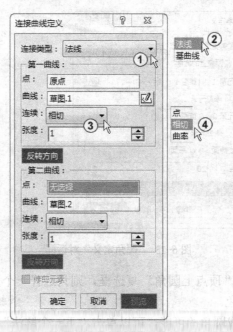

图 6-15　选择两点两曲线创建连接曲线

182

"张度"用于定义连接曲线在某种连接方式下的张度情况。

在每个曲线的端点都有一个箭头，可以单击箭头来改变曲线的方向，也可以在"连接曲线定义"对话框中单击"反转方向"按钮来改变曲线的张度方向。

在"连续"下拉列表框中选择不同的连续方式所产生的"连接曲线"效果也不一样，如图 6-16 中①所示是以"点"连续方式创建的连接曲线，如图 6-16 中②所示是以"相切"连续方式创建的连接曲线，如图 6-16 中③所示是以"曲率"连续方式创建的连接曲线。

如果在对话框中选中"修剪元素"复选框，两个参考元素将在连接点处被切断，如图 6-16 中④所示。

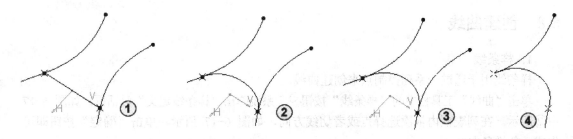

图 6-16　以点、相切、曲率和选中"修剪元素"复选框创建连接曲线

6.7.4　二次曲线

单击"圆-圆锥"工具栏中的"二次曲线"按钮，系统弹出"二次曲线定义"对话框，如图 6-17 中①所示。

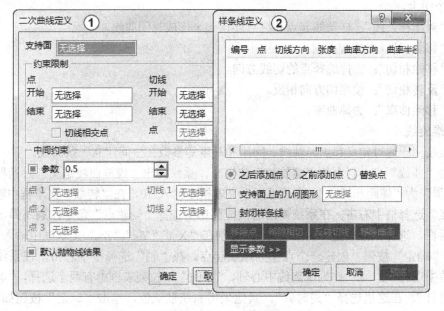

图 6-17　"二次曲线定义"和"样条线定义"对话框

- "二次曲线定义"对话框中各选项的含义如下。
- "支持面"：用于设置生成曲线所在的平面。
- "点"：用于设置二次曲线起点和终点。
- "切线"：用于设置二次曲线的切线。如果需要，可以选择一条直线来定义起点或终点的切线。
- "切线相交点"：用于定义起点切线和终点切线的点，在穿过点或终点和选定的点的虚拟直线上创建这些切线。
- "参数"：用于决定二次曲线的类型。若参数值为 0.5，则二次曲线为抛物线；若参数值为 0~0.5，则二次曲线为椭圆弧；若参数值为 0.5~1，则二次曲线为双曲线。

6.8 创建曲线

1. 样条线

样条线用于通过一系列控制点来创建曲线。

单击"曲线"工具栏中的"样条线"按钮，系统弹出"样条线定义"对话框，如图 6-17 中②所示。在列表框内依次选择点或者切线方向，如图 6-17 所示，单击"确定"按钮即可生成一条样条曲线。

"样条线定义"对话框中各选项的含义如下。

- "之后添加点"：在选择点后面插入点。
- "之前添加点"：在选择点前面插入点。
- "替换点"：替换选择点。
- "支持面上的几何图形"：选择一个平面或曲面作为支持面，生成的样条线投影到某个面上。
- "封闭样条线"：样条线起点和终点连接起来形成封闭曲线。
- "移除点"：去掉选择点。
- "移除相切"：去掉选择点的切线方向。
- "反转相切"：使相切方向相反。
- "移除曲率"：去掉曲率。

2. 螺旋线

螺旋线用于通过定义起点、轴线、间距和高度等参数在空间建立一条曲线。

单击"曲线"工具栏中的"螺旋线"按钮，系统弹出"螺旋曲线定义"对话框，选择"螺旋类型"为"螺距和转数"，在"螺距"文本框中输入 10，在"转数"文本框中输入 4，在"起点"选择框中右击，在系统弹出的快捷菜单中选择"创建点"命令，系统弹出"点定义"对话框，选择"点类型"为"坐标"，分别在"X=""Y=""Z="文本框中输入 5、5、0，单击"确定"按钮，创建一个点作为螺线起点。在"轴"选择框中右击，在系统弹出的快捷菜单中选择"Z 轴"作为螺旋线中心轴，"方向"下拉列表框中有两个选择，"顺时针"和"逆时针"，在这里选择"逆时针"，其他采用系统默认值，单击"确定"按钮如图 6-18 中①~⑨所示。

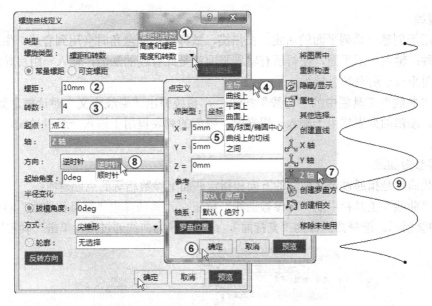

图 6-18　螺旋线

3. 螺线

螺线用于通过中心点和参考方向在支持面上创建二维曲线。

单击"曲线"工具栏中的"螺线"按钮◎，系统弹出"螺线曲线定义"对话框，在"支持面"选择框中选择"xy 平面"，在"中心点"选择框中右击，在系统弹出的快捷菜单中选择"创建点"命令，系统弹出"点定义"对话框，选择"点类型"为"坐标"，分别在"X＝""Y＝""Z＝"文本框中输入 0，单击"确定"按钮，创建一个点作为螺线中心点。系统回到"螺线曲线定义"对话框，在"参考方向"选择框中右击，在系统弹出的快捷菜单中选择"X 部件"，在"起始半径"文本框中输入 0，在"方向"下拉列表框中选择"逆时针"，在"类型"下拉列表框中有 3 种选择："角度和半径"（给定结束点的角度和半径）；"角度和螺距"（给定结束点的角度和螺距）；"半径和螺距"（给定结束点的半径和螺距）。在这里选择"角度和半径"，在"终止角度"文本框中输入 0，在"终止半径"文本框中输入 20，在"转数"文本框中输入 3。单击"确定"按钮，如图 6-19 中①～⑨所示。

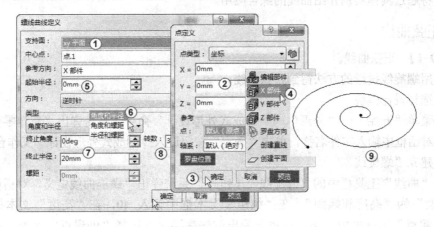

图 6-19　螺线

4. 脊线

脊线用于创建一系列平面的曲线。在扫描、放样或曲面全角时会用到脊线。生成脊线的方法有两种：输入一组平面，使得所有输入平面都是此脊线的法面；输入一组引导线，使得脊线的法面垂直于所有的引导线。

单击"曲线"工具栏中的"脊线"按钮 ，系统弹出"脊线定义"对话框，如图 6-20 中①所示。顶部的列表框用于输入一组平面；中部的列表框用于输入一组引导线。单击"确定"按钮。

5. 等参数曲线

等参数曲线是指通过定义曲线的方向和指定曲面上参数相等的点创建曲线。

单击"曲线"工具栏中的"等参数曲线"按钮 ，系统弹出"等参数曲线"对话框，如图 6-20 中②所示。选择曲面作为"支持面"，选择点作为曲线通过点，单击"确定"按钮。

图 6-20 脊线和等参数曲线

6.9 实例

本节将通过具体实例介绍曲线的综合应用。

6.9.1 正弦曲线

【例 9-1】 正弦曲线。

本例用螺旋线投影的方法得到正弦曲线。

（1）选择设计模块

选择菜单"开始"→"外形"→"创成式外形设计"命令，系统弹出"新建零件"对话框，在该对话框中输入零件名称，单击"确定"按钮进入"创成式外形设计"工作台。

（2）建立"螺旋线"

单击"曲线"工具栏中的"螺旋线"按钮 ，系统弹出"螺旋曲线定义"对话框，选择"螺旋类型"为"高度和螺距"，在"螺距"文本框中输入 40，在"高度"文本框中输入 40，在"起点"选择框中右击，在系统弹出的快捷菜单中选择"创建点"命令，系统弹出

"点定义"对话框,选择"点类型"为"坐标",分别在"X=""Y=""Z="文本框中输入0、20、0,单击"确定"按钮,创建一个点作为螺线起点。在"轴"选择框中右击,在系统弹出的快捷菜单中选择"X 轴"作为螺旋线中心轴,"方向"下拉列表框中有两个选择,"顺时针"和"逆时针",这里选择"逆时针",其他采用系统默认值,单击"确定"按钮,如图 6-21 中①~⑧所示。

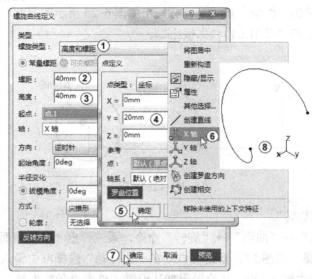

图 6-21 "螺旋曲线定义"对话框

(3)建立"投影曲线"

单击"投影-混合"工具栏中的"投影"按钮 ,系统弹出"投影定义"对话框,在"投影类型"下拉列表框中单击,系统弹出下拉列表,选择"法线",在"投影的"选择框中选择"螺旋线.1"作为被投影元素,在"支持面"选择框中选择"zx 平面"作为投影的目标面,单击"确定"按钮即可创建投影曲线,如图 6-22 中①~⑤所示。

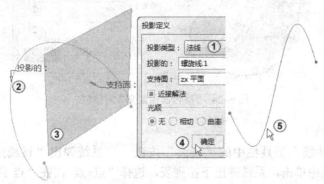

图 6-22 投影曲线

6.9.2 用直线创建螺旋线

【例 9-2】用直线创建螺旋线。

(1)选择设计模块

选择菜单"开始"→"外形"→"创成式外形设计"命令,系统弹出"新建零件"对话框，在该对话框中输入零件名称，单击"确定"按钮进入"创成式外形设计"工作台。

（2）绘制"草图1"

1）在特征树中选择"xy 平面"，在工具栏中单击"草图"按钮![草图按钮]，进入草图绘制模式。在工具栏中单击"轴"按钮![轴按钮]和"圆"按钮![圆按钮]，在绘图区绘制出一条竖线和一个圆，竖线下端点与原点重合，圆心与水平轴重合，如图 6-23 所示。

2）在工具栏中单击"约束"按钮![约束按钮]，标注出如图 6-23 所示的尺寸。

3）在工具栏中单击"退出工作台"按钮![退出按钮]。

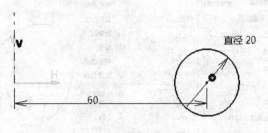

图 6-23　绘制草图 1

（3）建立"曲面旋转"

选择菜单"插入"→"曲面"→"旋转"命令，系统弹出"旋转曲面定义"对话框，在"轮廓"选择框中选择"草图.1"，系统会自动在"旋转轴"选择框中输入草图绘制的轴线，在"角度 1"文本框中输入 90，其他采用默认设置。单击"预览"按钮，可以预览旋转结果，如图 6-24 所示，单击"确定"按钮。

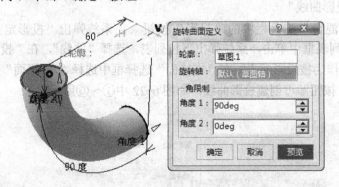

图 6-24　"旋转曲面定义"对话框

（4）建立"直线1"

单击"直线-轴线"工具栏中的"直线"按钮![直线按钮]，系统弹出"直线定义"对话框，在"线型"下拉列表框中单击，系统弹出下拉列表，选择"点-点"，在"点 1"选择框中右击，在系统弹出的快捷菜单中选择"创建点"命令，系统弹出"点定义"对话框，选择"点类型"为"坐标"，分别在"X＝""Y＝""Z＝"文本框中输入 0、0、-70，单击"确定"按钮，创建一个点。系统回到"直线定义"对话框，在"点 2"选择框中右击，在系统弹出的快捷菜单中选择"创建点"命令，系统弹出"点定义"对话框，选择"点类型"为"坐标"，分别在"X＝""Y＝""Z＝"文本框中输入 0、30、-70，单击"确定"按钮，则可创建直线，如图 6-25 中①～⑥所示。

188

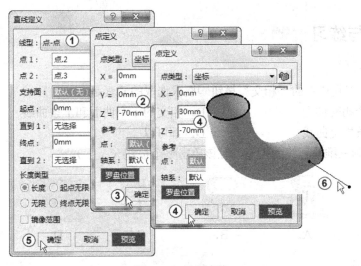

图6-25　绘制直线

（5）建立"直线2"

单击"直线-轴线"工具栏中的"直线"按钮 ╱，系统弹出"直线定义"对话框，在"线型"下拉列表框中单击，系统弹出下拉列表，选择"曲线的角度/法线"。在"曲线"选择框中选择"直线.1"，在"支持面"选择框中选择"旋转.1"，在"点"选择框中选择直线端点，在"角度"文本框中输入5，在"起点"文本框中输入0，在"终点"文本框中输入3000，其他采用默认设置。单击"确定"按钮，隐藏旋转面和直线，如图6-26中①～⑨所示。

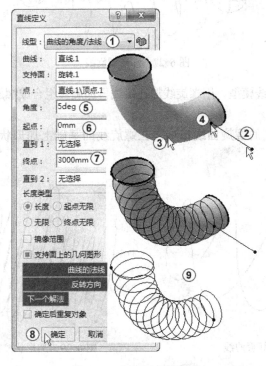

图6-26　创建好的螺旋线

6.10 思考与练习

一. 选择题

1. "线框" 工具栏中的 "相交" 按钮  要求选取的元素是（   ）。

    A. 两个相交曲面   B. 相交的 1 个曲面和 1 条曲线

    C. 两条相交曲线   D. 都可以

2. 若想得到三维轮廓线的投影，应该单击哪个按钮（   ）。

    A.   B.   C.   D.

二. 操作题

1. 建立圆周螺旋线模型。用拉伸曲面作支持面，曲面扫描加入角度变化，创建出圆周螺旋曲面，用边界工具提取得到圆周螺旋线，如图 6-27 所示。

图 6-27　圆周螺旋线

2. 建立螺旋灯管曲线模型。用螺旋线加连接线再加旋转组合成螺旋灯管曲线，如图 6-28 所示。

3. 建立加形状控制的螺旋曲线模型。在螺旋线的基础上加形状控制曲线，如图 6-29 所示。

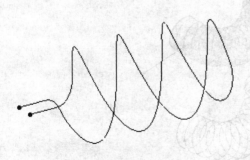

图 6-28　螺旋灯管曲线

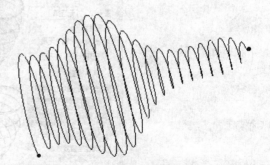

图 6-29　加形状控制的螺旋曲线

第7章 曲 面

线框结构与创建曲面两种工具是相互的，复杂的线框结构需要有曲面的辅助才能完成。而曲面也需要以线框结构为基础建立。"创成式外形设计"模块提供了很多曲面造型功能，如拉伸、偏移、填充、多截面曲面和桥接等，下面将逐一介绍。

本章的主要内容是：生成曲面。

本章的重点和难点是：空间曲面的生成。

（1）显示"曲面"工具栏

如果在工具栏中没有显示"曲面"工具栏，在工具栏空白处右击，在系统弹出的快捷菜单中选择"曲面"命令，如图7-1中①所示，"曲面"工具栏在工具栏中显示出来。

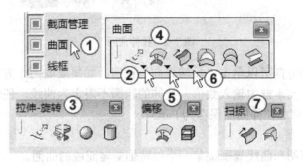

图7-1 展开后的曲面工具组

（2）展开"曲面"工具栏中的工具组

在"曲面"工具栏中单击工具按钮右下角的倒三角形，工具组被展开，将"曲面"工具栏中的工具组全部展开，如图7-1中②～⑦所示。

7.1 "曲面"工具栏

本节将介绍曲面的定义及操作方法。

7.1.1 拉伸曲面和旋转曲面

1. 拉伸曲面

拉伸曲面是将一条曲线沿某一方向进行延伸操作，从而形成曲面。

打开第7章中的实例"正弦曲线"，单击"曲面"工具栏中的"拉伸"按钮，系统弹出"拉伸曲面定义"对话框，在"轮廓"选择框中选择"正弦曲线"作为拉伸轮廓，在"方向"选择框中选择"xy平面"作为拉伸方向，拉伸方向垂直于指定的参考平面，可以指定 条直线来作为拉伸方向，也可以指定 x、y、z 三个坐标值，形成一个向量作为拉伸方向，在"拉伸限制"选项组的"限制 1"中的"尺寸"文本框中输入 10，单击"确定"按钮，如图 7-2 中①～④所示。

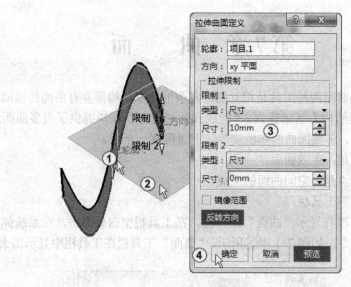

图 7-2　拉伸曲面

如果要改变拉伸方向可以单击"反转方向"按钮。如果要向两个方向拉伸，可以在"限制 2"中的"尺寸"文本框中输入数值。拉伸的轮廓不限定为曲线，任何一个几何元素都可以作为拉伸的轮廓。将此拉伸曲面保存为 Part5。

2．旋转曲面

旋转曲面是将草图和曲线等围绕某一个旋转轴旋转而成的曲面。

打开第 6 章中的实例"正弦曲线"，单击"曲面"工具栏中的"旋转"按钮，系统弹出"旋转曲面定义"对话框，在"轮廓"选择框中选择"正弦曲线"作为旋转轮廓，在"旋转轴"选择框中右击，在弹出的快捷菜单中选择"Z 轴"作为旋转轴，在"角限制"选项组的"角度 1"文本框中输入 0，"角度 2"文本框中输入 60，单击"确定"按钮，如图 7-3 中①～⑤所示。

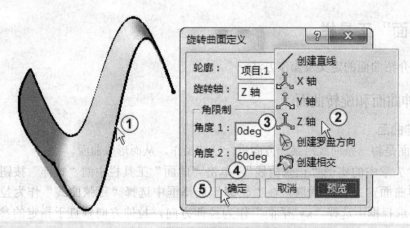

图 7-3　旋转曲面

如果需要向两个方向旋转曲面，可以在"角度 1"文本框中输入数值。

7.1.2　球面和圆柱面

1. 球面

创建球形曲面的操作方法如下。

单击"曲面"工具栏中的"球面"按钮◯，系统弹出"球面曲面定义"对话框，在"中心"选择框中选择"正弦曲线"的端点作为圆心，"球面轴线"选择框中系统会自动选择"默认（绝对）"作为球形轴，在"球面半径"文本框中输入 10，在"球面限制"选项组中单击"通过指定角度创建曲面"按钮，在"纬线起始角度"文本框中输入-45（注意值在 0 到-90 之间），在"纬线终止角度"文本框中输入 45（注意值为 0～90），在"经线起始角度"文本框中输入 0，在"经线终止角度"文本框中输入 180，单击"确定"按钮，如图 7-4 中①～⑧所示。

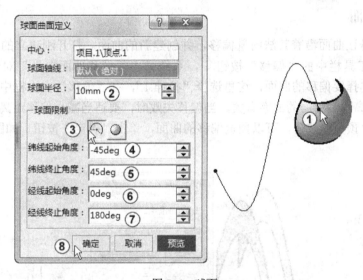

图 7-4　球面

如果要创建一个完整的球面，在"球面限制"选项组中单击"创建完整曲面"按钮◯就可以了，一些角度参数选项变成灰色，不需要进行设置。

2. 圆柱面

创建圆柱曲面的操作方法如下。

单击"曲面"工具栏中的"圆柱面"按钮🗎，系统弹出"圆柱曲面定义"对话框，在"点"选择框中右击，在系统弹出的快捷菜单中选择"创建点"命令，系统弹出"点定义"对话框，选择"点类型"为"坐标"，分别在"X=""Y=""Z="文本框中输入 0、0、0，单击"确定"按钮，创建一个点作为圆柱圆心，在"方向"选择框中右击，在弹出的快捷菜单中选择"X 部件"，在"参数"选项组的"半径"文本框中输入 8，在"长度1"文本框中输入 10，在"长度 2"文本框中输入 6，单击"确定"按钮，如图 7-5 中①～⑩所示。

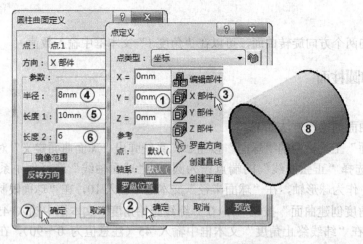

图 7-5　圆柱面

7.1.3　偏移曲面

偏移曲面是让曲面沿着其法向量偏移，并创建新的曲面。打开刚建立的 Part5 文件，单击"曲面"工具栏中的"偏移"按钮🍥，系统弹出"偏移曲面定义"对话框，在"曲面"选择框中选择要偏移的曲面，这里选择"拉伸.1"，在"偏移"文本框中输入偏移距离9，注意偏移距离与偏移面的曲率有关，当偏移失败时，要适当减少偏移距离，或者修改偏移曲面，单击"预览"按钮，可以预览偏移的曲面，单击"确定"按钮，如图 7-6 中①～⑤所示。

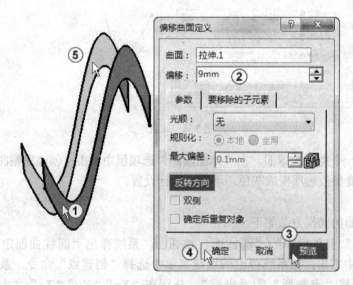

图 7-6　偏移曲面

如果要将偏移的曲面创建在反方向，可以单击"反转方向"按钮。如果选中"双侧"复选框，可以同时在两个方向创建曲面。如果选中"确定后重复对象"复选框，在单击确定后系统弹出"复制对象"对话框，在"复制元件"文本框中输入 2，取消选中"在新几何体中创建"复选框，单击"确定"按钮，创建重复的偏移曲面如图 7-7 中①~④所示。

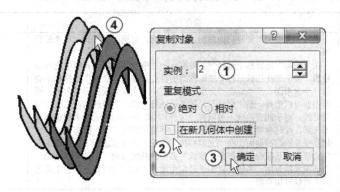

图 7-7　选中重复物体选项创建重复偏移

7.1.4　扫掠曲面

扫掠是将把轮廓线沿着一条空间曲线扫掠成曲面。在创建较复杂扫掠曲面时，需要引入引导线和一些相关元素。

单击"曲面"工具栏中的"扫掠"按钮 ，系统弹出"扫掠曲面定义"对话框，"轮廓类型"可分为"显式""直线""圆"和"二次曲线"4 种，如图 7-8 中①~④所示。下面分别介绍。

1．显式扫掠

显式扫掠是指将一个轮廓沿着一条引导线扫掠生成曲面，轮廓可以是已有的任意曲线，也可以是规则曲线，如直线和圆弧等。

单击"曲面"工具栏中的"扫掠"按钮 ，系统弹出"扫掠曲面定义"对话框，在"轮廓类型"中单击"显式"按钮 ，在"子类型"下拉列表框中有 3 种创建扫掠的形式，可选择其中一种来创建扫掠，如图 7-8 中⑤⑥所示。

对话框中的"曲面"用于控制轮廓曲线在扫掠中的位置。默认用脊线控制，如果选择了参考曲面，则用参考曲面控制。但该面必须包含引导曲线，即引导曲线必须落在此曲面上。默认情况是脊线为第一条引导线。

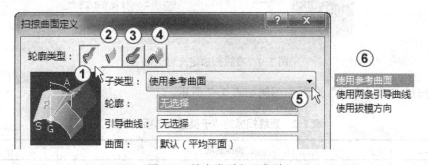

图 7-8　轮廓类型和子类型

显式扫掠的"子类型"选项和图例如表 7-1 所示。

表 7-1 显式扫掠的"子类型"选项

扫掠方式	操作选项	图例
使用参考曲面	"以参考曲面"创建扫掠曲面。选择轮廓；可选择参考面；可选择脊线。 在"轮廓"选择框中选择平面轮廓，在"引导曲线"选择框中选择引导线，如果想在扫掠过程中控制轮廓的位置，可在"曲面"选择框中选择一个参考面，还可以在"角度"文本框中定义参考面的参考角度。根据需要可以选择一条"脊线"，如果不选择脊线，引导线将被隐含使用做脊线。对于闭合曲线，可以在"边界1"和"边界2"选择框中选择参考元素，此时参考元素最好是选择点，不要选择面，因为面有可能导致相互交叉的扫掠曲面。在"光顺扫掠"选项组中可以选中"角度修正"复选框，当系统检测到样条曲线或者曲面的法线方向有小的不连续时，本选项非常有用。系统会以小于设定角度的值对面进行修正，使生成的曲面质量更加平顺	
使用两条引导曲线	"以两引导曲线"创建扫掠曲面。选择轮廓；选择第一引导线和第二引导线；可选择脊线。 对话框中"定位类型"的定位是指对轮廓线进行定位，因为轮廓线需与两条引导线相交，所以要对轮廓线进行定位。"两个点"是选择轮廓线上的两个点，并自动匹配到两条引导曲线上	
使用拔模方向	"以拉伸方向"创建扫掠曲面。选择轮廓；选择引导线；选择方向；可输入角度；可选择脊线	

2. 直线扫掠

直线扫掠是利用线性方式扫掠直纹面，用于构造扫掠曲面的轮廓线为直线段。

单击"曲面"工具栏中的"扫掠"按钮，系统弹出"扫掠曲面定义"对话框，在"轮廓类型"中单击"直线"按钮，在"子类型"选择框中有 7 种创建扫掠的形式，可选择其中一种来创建扫掠，如图 7-9 中①～③所示。

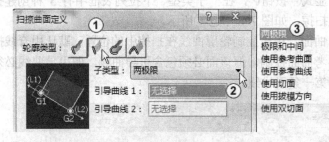

图 7-9 直线扫掠定义对话框

直线扫掠的"子类型"选项和图例如表 7-2 所示。

表 7-2 直线扫掠的"子类型"选项和图例

扫掠方式	操作选项	图例
两极限	以两条极限线来创建扫掠曲面。 在"引导曲线1"和"引导曲线2"选择框中分别选择两条引导线；可选取脊线填入"脊线"选择框中，该选项可控制扫掠曲面左右延伸的极限位置。可分别在"长度1"和"长度2"文本框中输入相对第一条和第二条引导线伸出的长度	

扫掠方式	操作选项	图例
极限和中间	指定两条引导线，系统将第二条引导线作为扫掠曲面的中间曲线来创建扫掠曲面。 在"引导曲线1"和"引导曲线2"选择框中分别选择两条引导线；可选择脊线	
使用参考曲面	以参考曲面及引导曲线来创建扫掠曲面。 在"引导线1"选择框中选择一条引导线；在"参考曲面"选择框中选择选择参考面，引导线必须完全在参考曲面上，在"角度"文本框中设定角度；分别在"长度 1"和"长度2"文本框中输入延伸长度	
使用参考曲线	以一条引导线和一条参考曲线创建扫掠曲面，新建的曲面以引导曲线为起点沿参考曲线向两边延伸。 在"引导线1"选择框中选择一条引导线；在"参考曲线"选择框中选择参考线；在"角度"文本框中设定新建面与参考曲线的夹角；分别在"长度 1"和"长度2"文本框中输入延伸长度；设定延伸长度	
使用切面	以一条曲线作为扫掠曲面的引导曲线，新建扫掠曲面以引导曲线为起点，与参考曲面相切。可使用脊线拉伸扫掠曲面的前后宽度。 在"引导线1"选择框中选择一条引导线；在"切面"选择框中选择一相切面	
使用拔模方向	以拔模方向创建扫掠曲面。 在"引导线1"选择框中选择一条引导线；在"拔模方向"选择框中选择脱模方向，可以是直线或轴；在"角度"文本框中设定角度；设定长度类型和延伸长度	
使用双切面	以两相切曲面创建扫掠，新建的曲面与两曲面相切。 在"脊线"选择框中选择一条曲线；在"第一切面"和"第二切面"选择框中分别选择两个曲面	

3. 圆扫掠

圆扫掠是用几何元素建立圆或圆弧，再将圆弧作为引导线扫掠出曲面。

单击"曲面"工具栏中的"扫掠"按钮，系统弹出"扫掠曲面定义"对话框，在"轮廓类型"中单击"圆"按钮，在"子类型"下拉列表框中有 7 种创建扫掠的形式，可选择其中一种来创建扫掠，如图 7-10 中①～③所示。

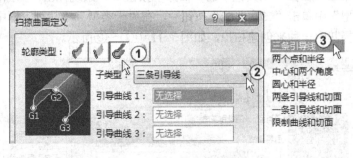

图 7-10　圆扫掠定义对话框

圆扫掠的"子类型"选项和图例如表 7-3 所示。

表7-3 圆扫掠的"子类型"选项和图例

扫掠方式	操作选项	图例
三条引导线	用3条引导线扫掠出圆弧曲面，即在扫掠的每一个断面上的轮廓圆弧，为3条引导曲线在该断面上的三个点确定的圆。 在"引导曲线1""引导曲线2"和"引导曲线3"选择框中分别选择3条引导线；可选择脊线	
两个点和半径	用两点和半径生成圆的原理创建扫掠轮廓，再将轮廓扫掠成圆弧曲面。 在"引导曲线1"和"引导曲线2"选择框中分别选择两条引导线；"半径"文本框中输入半径值或者单击"法则曲线"按钮，在系统弹出的"法则曲线定义"对话框中设定参数，确定半径的变化规则；可选择脊线。 在该方式下会有多组解满足要求，可根据需要选择合适的解	
中心和两个角度	用中心线和参考曲面创建扫掠曲面，即利用圆心和圆上一点创建圆的原理扫掠曲面。 在"中心曲线"选择框中选择一条曲线；在"参考曲线"选择框中选择一条参考曲线，在"角度1"和"角度2"文本框中设定圆弧角度值或者单击"法则曲线"按钮，在系统弹出的"法则曲线定义"对话框中设定角度的变化规则	
圆心和半径	用圆心和半径创建扫掠曲面。 在"中心曲线"选择框中选择圆心曲线；在"半径"文本框中输入半径值或者单击"法则曲线"按钮，在系统弹出的"法则曲线定义"对话框中设定参数，确定半径的变化规则	
两条引导和切面	用两条引导曲线和相切面创建扫掠曲面。 在"相切的限制曲线"选择框中选择一条相切曲面上的曲线；在"切面"选择框中选择相切曲面；在"限制曲线"选择框中选择另一条曲线。 在该方式下会有多组解满足要求，可根据需要选择合适的解	
一条引导和切面	用一条引导曲线和一个相切面创建扫掠曲面。 在"引导曲线1"选择框中选择一条引导线；在"切面"选择框中选择一曲面；在"半径"文本框中输入半径值或者单击"法则曲线"按钮，在系统弹出的"法则曲线定义"对话框中设定参数，确定半径的变化规则 在该方式下会有多组解满足要求，可根据需要选择合适的解	

4. 二次曲线扫掠

二次曲线扫掠是用约束创建圆锥曲线轮廓，然后沿指定方向延伸而生成曲面。

用几何元素单击"曲面"工具栏中的"扫掠"按钮，系统弹出"扫掠曲面定义"对话框，在"轮廓类型"中单击"二次曲线"按钮，在"子类型"下拉列表框中有4种创建扫掠的形式，可选择其中一种来创建扫掠，如图7-11中①～③所示。

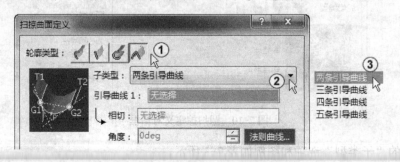

图7-11 二次曲线扫掠定义对话框

二次曲线扫掠的"子类型"选项和图例如表 7-4 所示。

表 7-4　二次曲线扫掠的"子类型"选项和图例

扫掠方式	操作选项	图 例
两条引导曲线	在"引导曲线1"和"结束引导曲线"选择框中分别选择两个条引导线；在"相切"选择框中分别选择两个条引导线的相切支持曲面；在"相切"文本框中根据情况输入与支持曲面的相切角度；可选择脊线	
三条引导曲线	在"引导曲线1""引导曲线2"和"结束引导曲线"选择框中分别选择3条引导线；分别选择相切面并设定角度；可选择脊线	
四条引导曲线	在"引导曲线1""引导曲线2""引导曲线3"和"结束引导曲线"选择框中分别选择4条引导线；分别选择相切面并设定角度；可选择脊线	
五条引导曲线	在"引导曲线1""引导曲线2""引导曲线3""引导曲线4"和"结束引导曲线"选择框中分别选择5条引导线；分别选择相切面并设定角度；可选择脊线	

7.1.5　填充曲面

填充是以选择的曲线作为边界围成一个曲面。在构建曲面时，往往各个曲面间会有空隙存在，可填充曲面之间的空隙，也可以填充曲线之间的空隙。

单击"曲面"工具栏中的"填充"按钮，系统弹出"填充曲面定义"对话框，在"曲线"选择框中选择一组曲线或者曲面的棱边，最后要形成封闭的边界，不能有开口，否则填充失败。当选择了支持面后，在填充生成的面和选择的支持面之间将保持连续。在"连续"下拉列表框中有 3 种指定连续的类型，可以是"点"连续、"相切"连续或"曲率"连续。可以对选择的边界进行编辑，先在对话框中选定边界，然后单击下面的按钮进行编辑。"之后添加"是在选定元素后面增加新元素。"之前添加"是在选定元素前面增加新元素。"替换"是将选定的元素替换为另外一个新元素。"替换支持面"将选定的支持面替换为另外一个新支持面。"移除"是将选定的元素移走。"移除支持面"是将选定的支持面移走。单击"预览"按钮，可以预览填充的曲面，如图 7-12 所示。

图 7-12　"填充曲面定义"对话框

7.1.6 多截面曲面

多截面曲面可将一组截面的曲线沿着一条选择或系统自动指定的脊线扫掠生成曲面，该曲面通过这组截面线。如果指定一组引导线，那么生成的曲面还受引导线的控制。

打开相应文件夹中的 Part1 文件，单击"曲面"工具栏中的"多截面曲面"按钮，系统弹出"多截面曲面定义"对话框，在"截面"选择框中选择两个或两个以上平面轮廓，注意如果选择的两个轮廓的箭头不匹配，在生成曲面时会出错，因此要单击其中一个的箭头方向，使箭头方向改变。单击"引导线"选择框，选择框激活变化蓝色，此时系统接受输入参数，根据需要可选择多条引导线，或者不用引导线。如果需要也可以单击"脊线"标签，在"脊线"选择框中选择一曲线，如果没有选择"脊线"，系统将会自动计算出一条脊线。对于已经设定了的截面，可以继续进行编辑，选中要编辑的截面，如图 7-13 中①所示，然后单击下面的按钮，"替换"是用另外一个截面替换选中的截面；"移除"是将选中的截面移走；"添加"是增加一个新截面。也可以在定义对话框中选中截面后右击，在弹出的快捷菜单中选择命令对截面进行编辑。单击"预览"按钮，可以预览多截面曲面创建的曲面，单击"确定"按钮。

1）创建多截面曲面时，截面曲线必须点连续，也可为起始截面曲线和终止截面曲线选取切向曲面。若需要，可选取一条或多条引导曲线，引导曲线必须与每个截面曲线相交。

2）如果选择的截面或引导是曲面的边，可以将此曲面作为支持面，创建出来的放样曲面会和选择的支持面"相切"连续。

3）如果多截面曲面的引导线和脊线是闭合的，可以在"重新限定"选项卡中选中"起始截面重新限定"复选框和"最终截面重新限定"复选框，如图 7-13 中②～④所示。也可以在"重新限定"选项卡中取消选中"起始截面重新限定"复选框和"最终截面重新限定"复选框，如图 7-13 中⑤⑥所示。

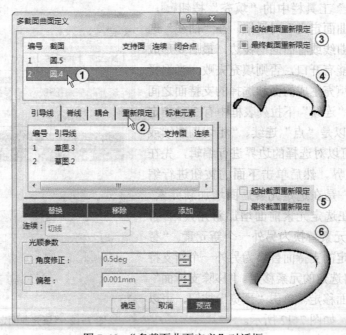

图 7-13 "多截面曲面定义"对话框

4）当在闭合曲线之间创建多截面曲面时，在每一个闭合轮廓线上都有一个闭合点，默认情况下创建曲面时，各曲面上的闭合点都是直接连接的。系统默认的闭合点为曲线上的极值点或定点，也可以任意指定闭合点。如果闭合点不相符时会产生曲面扭曲，该情况下要重新创建闭合点。

打开相应文件夹中的 Part2 文件，如果选择的截面由多段几何线组成，具有很多点，且几个截面中的点数不一样，需要用"耦合"方法中的点对点来创建多截面曲面。如图 7-14 中上截面中有 4 个点，下截面中有 8 个点，要用上截面中的一个点对下截面中的两个点，方法是在"耦合"选择框中单击，选择框变成蓝色，选择上截面的第一点，选择下截面的对应第一点，产生一条连接两点的连接线，再次选择上截面的第一点，选择下截面第二点，产生第二条连接线，然后选择上截面第二点，选择下截面第三点，产生第三条连接线，再选择上截面第二点，选择下截面第四点，产生第四条连接线，依次类推选择上截面和下截面的全部点，产生 8 条连接线，单击"确定"按钮。所创建的多截面曲面如图 7-14 中①所示。

没有采用点对点方法，直接采用比率方式创建的放样曲面如图 7-14 中②所示。

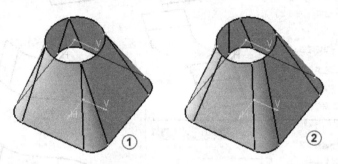

图 7-14　左边是采用耦合点对点方式，右边是采用耦合比率方式创建的多截面曲面

5）在"耦合"选项卡中单击"切面耦合"下拉列表框，系统系统弹出下拉列表，在下拉列表中有 4 种耦合方法："比率"根据曲线 X 坐标的比例进行耦合；"相切"根据曲线的切向不连续点进行耦合，如果切向的不连续点数目不一样多，不能使用这个方法；"相切后曲率"先考虑相切再考虑曲率，先根据切向不连续点进行耦合，然后再根据曲率不连续点进行耦合，如果点的数目不一样多，则不能使用这个方法；"节点"根据节点进行耦合，如果点的数目不一样多，则不能使用这个方法。

7.1.7　桥接曲面

桥接曲面用于在两个曲面或曲线之间建立一个曲面，并且可以控制连接端两曲面的连续性。

1）单击"曲面"工具栏中的"桥接曲面"按钮🖾，系统弹出"桥接曲面定义"对话框，如图 7-15 中①所示。在"第一曲线"选择框中选择曲线或曲面边，在"第一支持面"选择框中选择第一条曲线的支持面，包含第一条曲线；在"第二曲线"选择框中选择第二条曲线，在"第二支持面"选择框中选择第二条曲线的支持面，包含第二条曲线；在"基本"选项卡的"第一连续"选择框中选择"相切"，在"第二连续"选择框中选择"相切"，单击"预览"按钮，可以预览创建的桥接曲面，单击"确定"按钮。

2）设定"连续"方式，连续方式有 3 种："点""相切""曲率"，如图 7-15 中②③所示是点连续方式创建的桥接曲面，如图 7-15 中④所示是相切连续方式创建的桥接曲面，如图 7-15 中⑤所示是曲率连续方式创建的桥接曲面。

3）没有选中"修剪第一支持面"复选框的结果如图 7-15 中⑥⑦所示，选中"修剪第一支持面"复选框，可以将支持面切断并组合到生成的曲面中，如图 7-15 中⑧所示。

4）在"张度"选项卡中可以定义混合曲面在开始和结束位置的张紧度，可以单独进行设置，常数或线性变化的都可以。

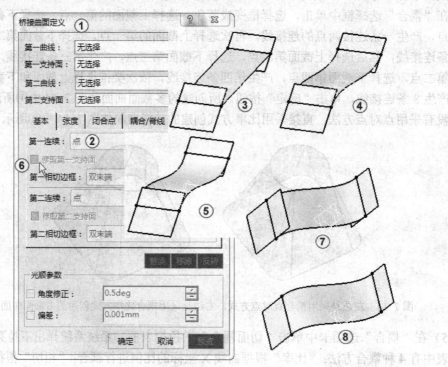

图 7-15　桥接曲面

7.2　编辑曲面

编辑曲面是对已建立的曲面进行修剪、连接、修补、曲面倒圆角等操作。所有的按钮都集中在"操作"工具栏中。

（1）显示曲面和曲线"操作"工具栏

如果在工具栏中没有显示曲面和曲线"操作"工具栏，在工具栏空白处右击，在系统系统弹出的菜单中选择"操作"命令，如图 7-16 中①所示，"操作"工具栏在工具栏中显示出来。

（2）展开曲面和曲线"操作"工具栏中的工具组

在"操作"工具栏中单击工具按钮右下角的倒三角，如图 7-16 中②所示。工具组被展开，将曲面"操作"工具栏中的工具组全部展开，如图 7-16 中③～⑦所示。

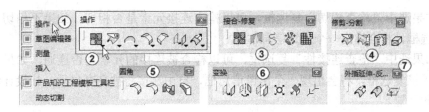

图 7-16　展开后的曲面"操作"工具栏

7.2.1　接合

"接合"可将两个或两个以上的曲线/曲面合并成一个曲线/曲面。

1）单击"接合–修复"工具栏中的"接合"按钮，系统弹出"接合定义"对话框，在"要接合的元素"选择框中选择要连接的曲面或曲线，如图 7-17 中①所示，单击"预览"按钮，可以预览连接结果。

2）可以对选择的元素进行编辑，在工作区选择某个元素，如果该元素在之前未被选择，则被选中并加入"要接合的元素"选择框中，如果该元素在之前已经被选择，则被选中从"要接合的元素"选择框中移走。如果单击"添加模式"按钮，然后在工作区选择某个元素，如果该元素在之前未被选择，则被选中加入"要接合的元素"选择框中，如果该元素在之前已经被选择，则仍然在"要接合的元素"选择框中并不会被删除。如果单击"移除模式"按钮，然后在工作区选择某个元素，如果该元素在之前未被选择，则仍然不被选中即列表不发生变化，如果该元素在之前已经被选中，则选择时从"要接合的元素"选择框中移走。双击"移除模式"按钮可一直保持该选项，直到另外一个选择选项或再次该选择选项，选项不再继续保持。通过右击鼠标，在系统弹出的快捷菜单中选择"移除"或者"替换"命令也可以对元素进行编辑。

3）在"要接合的元素"选择框中选择所有输入元素，然后右击鼠标，在系统弹出的快捷菜单中选择"检查选择"命令，系统弹出"检查器"对话框，如果检查通过，则单击"确定"按钮，如图 7-17 中②③所示。回到"接合定义"对话框界面。如果检查有问题，在几何图形上将显示检查出问题的位置和问题类型。单击"确定"按钮，如图 7-17 中④所示。

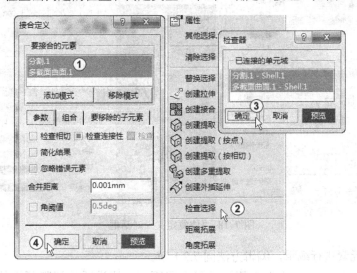

图 7-17　"接合定义"对话框

4）如果选中"检查相切"复选框，可以检查连接元素是否相切，如果不相切，并且选中了该复选框，将会弹出一个出错信息框。

5）如果选中"检查连接性"复选框，可以检查被连接的元素是否连通，如果不连通，并且选中了该复选框，将会出现一个出错信息框，自由连接将被高亮显示，让设计者清楚知道不连通的位置。

6）如果选中"检查连接性"复选框，可以检查连接是否生成多个结果。本选项只有在接合曲线时可以使用，选中该选项将自动选中"检查连续性"复选框。

7）选中"简化结果"复选框，可以使连接的结果在可能的情况下减少元素的数量。

8）选中"忽略错误元素"复选框，可以忽略那些不允许接合的元素。

9）可以在"合并距离"文本框中设置两个元素连接时所能允许的最大距离。

10）可以在"角阈值"文本框中设置两个元素连接时所能允许的最大角度。如果棱边的角度大于设置值，元素将不被连接，这可以有效地避免两个元素重合搭接在一起。如果要连接的棱边或者面本身角度的最大值超过了设置的角度，在几何图形上将显示出这个错误，可以不选中"角阈值"复选框，也可以增加角度设置值，或者将错误的元素移走。

7.2.2 修复

修复用于填充两个肋面之间出现的间隙。应用于曲面连接检查后或曲面合并后存在微小缝隙的情况。

1）单击"接合-修复"工具栏中的"修复"按钮 ，系统弹出"修复定义"对话框，在"要修原的元素"选择框中选择两个有微小间隙的面，在"连续"下拉列表框中选择"点"连续，在"合并距离"文本框中输入 0.001，在"距离目标"文本框中输入 0.001，单击"预览"按钮，可以预览修复结果。如图7-18中①～③所示，单击"确定"按钮。如果系统没有弹出"多重结果管理"对话框，则说明修复成功；如果系统弹出"多重结果管理"对话框，则说明修复有问题，需要再进行修复。

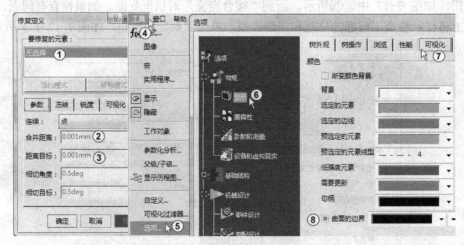

图7-18 "修复定义"对话框

2）可以对元素进行编辑，编辑方法同7.2.1节。

3）在"合并距离"文本框中可以设置上限距离，比设置的间隙更大的距离将不能修复，默认设置是 0.001mm。

4）在"距离目标"文本框中可以设置修复元素之间的最大距离 0.1mm，默认设置是 0.001mm。

5）有时元素非常接近，很难发现它们是连接的还是有间隙存在，此时可以选择"工具"→"选项"→"常规"→"显示"→"可视化"命令，选中"曲面的边界"复选框，如图 7-18 中④～⑧所示，将表面的边界单独显示出来，就容易发现是否有间隙存在。

6）如果选中"相切"复选框，仍然可以保持某些棱边的尖锐，打开"锐度"选项卡，选择要保持尖锐的棱边，在"尖锐角"文本框中输入合适的角度。

7）在某些情况下，根据选择的几何形状和设置的参数，会弹出"多重结果管理"对话框，可以接受结果，也可以对结果进行编辑。

7.2.3　曲线光顺和取消修剪

曲线光顺用于填充曲线上的间隔，并对相切不连续和曲率不连续的地方进行光顺，以便使用该曲线创建出质量更好的几何图形。

1. 曲线光顺

单击"接合-修复"工具栏中的"曲线光顺"按钮S，系统弹出"曲线光顺定义"对话框，在"要光顺的曲线"选择框中选择要光顺的曲线，此时曲线上将在不连续点显示类型和数值，在"最大偏差"文本框中输入 0.001，在"连续"选择栏中选中"曲率"，单击"预览"按钮，可以预览曲线光顺结果，单击"确定"按钮，如图 7-19 中①～⑤所示。

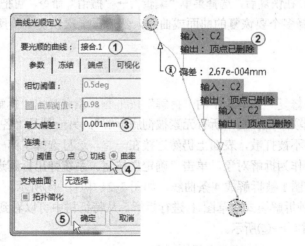

图 7-19　"曲线光顺定义"对话框

"相切阈值"：用于设一个相切不连续的值。如果曲线上的相切不连续小于该值，会对曲线进行光顺，否则，不进行光顺处理。

"曲率阈值"：用于设一个曲率不连续的值，曲线的曲率大于该值，会对曲线进行光顺处理。

"连续"：用于定义光顺的修正模式。根据不同的需要可以在"连续"选择栏中选择不同的连续方式，有"阈值""点""切线"和"曲率"。"阈值"表示考虑相切阈值和曲率阈值，"点"表示所有的点不连续均不应保留；"切线"表示所有的相切不连续均不应保留，不考虑相切阈值;"曲率"表示所有的曲率不连续均不应保留,不考虑曲率阈值。

如果要光顺的曲线与选择的连续方式不配,可以重选连续方式,也可以增大"最大偏差"值。

2. 恢复曲面曲线

创建恢复曲面曲线的操作方法具体如下。

1)单击"接合-修复"工具栏中的"取消修剪"按钮🐾,系统弹出"取消修剪"对话框,在工作区选择要恢复的曲面或曲线,单击"确定"按钮。系统弹出恢复进度框进行恢复,恢复结果如图7-20中①~④所示。

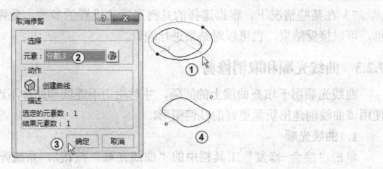

图7-20 取消修剪

2)如果曲面或曲线被多次分割,使用恢复命令,将使曲面恢复到最开始未分割时的状态,如果要部分恢复曲面,在恢复后,选择菜单"编辑"→"撤销"命令,可把撤销部分恢复。

3)可以一次选择多个要恢复的曲面或曲线,然后再一次恢复中将所有分割的曲面或曲线恢复原来的形状。

7.2.4 拆解

1)单击"接合-修复"工具栏中的"拆解"按钮▦,系统弹出"拆解"对话框,在"拆解模式"中有两种选项,一种是"所有元素被彻底拆解";另一种是"各元素被拆解",如果是连接在一起的,并不被打散,表面上仍然连接在一起。这里选择了第一种拆解模式,在工作区选择"草图 1"作为拆解对象,单击"确定"按钮。系统弹出拆解进度框进行分解,从特征树中可以看到草图 1 被拆解成 4 条曲线,如图 7-21 中①~④所示。

2)当选择第二种拆解模式对草图 1 进行拆解,从特征树中可以看到草图 1 被拆解成一条曲线,如图 7-21 中①~⑤所示。

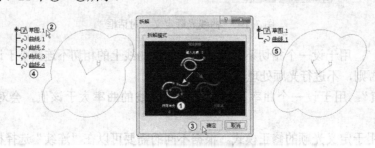

图7-21 采用两种拆解模式的结果

7.2.5 分割和修剪

1．分割

"分割"是用其他元素对一个元素进行修剪，它可以修剪元素，或只分割不修剪。"分割"可分为：曲线被点、曲线被点或曲线分割；曲面被曲线或曲面分割。

1）单击"修剪-分割"工具栏中的"分割"按钮 ，系统弹出"定义分割"对话框，在"要切除的元素"选择框中可以选择曲面、曲线作为被切元素，在"切除元素"选择框中可以选择点（只对曲线有效）、曲面、曲线、平面作为切元素，可以看到被切除的面呈半透明状，如果觉得要保留的面不对，可以单击"另一侧"按钮，保留另外一面。单击"确定"按钮，如图 7-22 中①～⑤所示。

2）可以选中"保留双侧"复选框，分割后两边的元素都保留下来，如图 7-21 中⑥⑦所示。

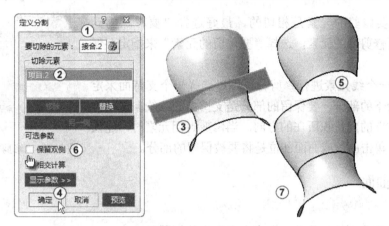

图 7-22　分割

3）用草图作为切元素，曲面作为被切元素的分割结果如图 7-23 中①所示。

4）用平面作为切元素，这里是 yz 平面，曲面作为被切元素的分割结果如图 7-23 中②所示。

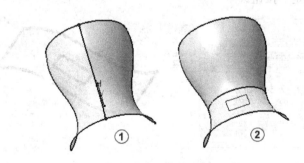

图 7-23　草图和平面对曲面的分割

5）可以选择多个元素作为切元素，此时选择的顺序是很重要的。当需要移去或者替换某些切元素时，可以选中这些元素，然后单击"移除"或者"替换"按钮。

6）当用一个线元素去切割线元素时，可以选择一个支持面定义要保留的部分，要保留的部分是支持面的法线向量与切割元素切向方向的向量积所在的方向。当切割封闭元素时，建议使用此方法。如果选中"保留双侧"复选框，表示被分割的元素在分割边界两边都被保留；如果选中"相交计算"复选框，计算分割元素于分割边界，并显示出来。

2. 修剪

"修剪"是两个同类元素之间相互进行裁剪。"修剪"用于相互修剪两个曲线或曲面。

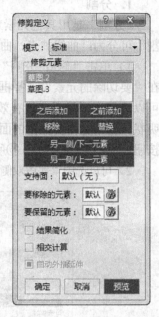

1）单击"修剪-分割"工具栏中的"修剪"按钮，系统弹出"修剪定义"对话框，在"修剪元素"选择框中选择需要修剪的曲面或曲线，可以看到被切除的面呈半透明状，如果觉得要保留的面不正确，可以单击"另一侧／下一元素"按钮或"另一侧／上一元素"按钮保留另外一面。如图 7-24 所示，单击"确定"按钮。

2）如果要修剪的元素是相切的，最好选择"要移除的元素"来指定要修剪掉的元素，选择"要保留的元素"来指定要保留的元素。

3）当用一个线元素进行修剪时，可以选择一个支持面来定义修剪后的余下的部分，要保留的部分是支持面的法线向量与修剪元素切向方向的向量积所在的方向。当修剪封闭元素时，建议使用此方法。单击曲线或曲面部位是将要被保留的部分。

图 7-24 "修剪定义"对话框

7.2.6 提取曲面

1. 边界

边界用于将曲面的边界单独生成出来作为几何图形。

1）单击"提取"工具栏中的"边界"按钮，系统弹出"边界定义"对话框，在"拓展类型"下拉列表框中有 4 种创建边界线的拓展类型，如图 7-25 中①②所示。在这里选择"完整边界"。在"曲面边线"选择框中选择曲面的一条边。曲面的全部边界被选中，如图 7-25 中③④所示，单击"确定"按钮。

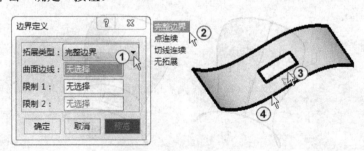

图 7-25 "边界定义"对话框

2）选择不同的"拓展类型"创建的边界线如下。

● "完整边界"：曲面所有边界都包括在内，如图 7-25 中③④所示。

● "点连续"：这类型是默认值，选择的边界是曲面周围的棱边，直到不连续点，如图 7-26 中①所示。

- "切线连续"：选择的边界是曲面周围的相切边，直到不相切为止，如图 7-26 中②所示。
- "无拓展"：仅仅是以指定的边界来创建边界线，不包括其他部分，如图 7-26 中③所示。若选择的是整个曲面而非曲面的边线，则系统会将曲面边线设定为曲面的全部边界。

3）可以利用"限制 1"和"限制 2"重新定义边界曲线的起点和终点，如图 7-26 中④所示。

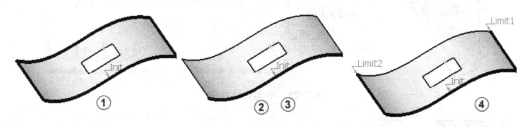

图 7-26　拓展类型

2. 提取

提取用于从多个元素中提取出一个或几个元素。可以提取点线面等类型元素。

1）单击"提取"工具栏中的"提取"按钮，系统弹出"提取定义"对话框，在"拓展类型"下拉列表框中可以选择 6 种创建抽取线的拓展类型，在这里选择"无拓展"。在"要提取的元素"选择框中选择"多截面曲面.1\面.1"，单击"确定"按钮，如图 7-27 中①～⑤所示。

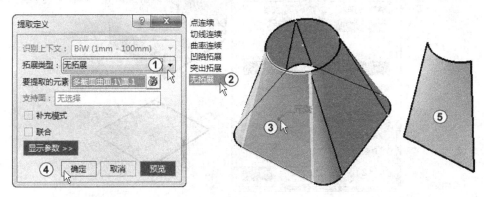

图 7-27　"提取定义"对话框

2）提取的 6 种类型具体如下。
- "点连续"：抽取的是选择边界周围的边，直到不连续点。
- "相切连续"：抽取的是选择边界相切的边，直到不相切为止。
- "曲率连续"：抽取的是选择边界曲率连续的边，直到曲率不连续为止。
- "无拓展"：仅仅是以指定的边界来抽取，不包括其他部分。

3）如果选中"补充模式"复选框，则没有选中的边或线被抽取，而选中的却不被抽取。

4）用"点连续"类型对实体进行边线抽取时，当选择边线后会系统弹出"信息"对话框，单击"确定"按钮。"提取定义"对话框中增加一项"支持面"，在"支持面"选择框中选择一个面，这个面与选中的边是相连的，单击"确定"按钮，如图 7-28 中①～⑥所示。

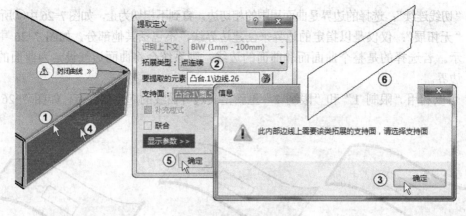

图 7-28　对实体边抽取

3. 多重提取

多重提取用于将图形的基本几何元素提取出来，如曲面、曲线和点等。它与"提取"的不同在于，一次可以提取多个元素。

单击"提取"工具栏中的"多重提取"按钮 🔍，系统弹出"多重提取定义"对话框，在"要提取的元素"选择框中选择元素，单击"确定"按钮，如图 7-29 中①～③所示。

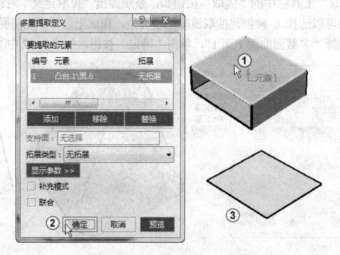

图 7-29　"多重提取定义"对话框

7.2.7　简单圆角/倒圆角/可变半径圆角

1. 简单圆角

简单圆角用于对两个曲面进行倒圆角。

1）单击"圆角"工具栏中的"简单圆角"按钮 🔍，系统弹出"圆角定义"对话框，在"圆角类型"下拉列表框中有两种圆角类型："双切线圆角"和"三切线内圆角"，这里选择"双切线圆角"。在"支持面的 1"选择框中选择一个面，在"支持面 2"选择框中选择另一个面，在"半径"文本框中输入 20，这个数值由两支持面的条件确定。要注意箭头的方向要指向圆角的圆心。在"端点"下拉列表框中选择"光顺"，单击"确定"按钮，如图 7-30 中

①～⑨所示。

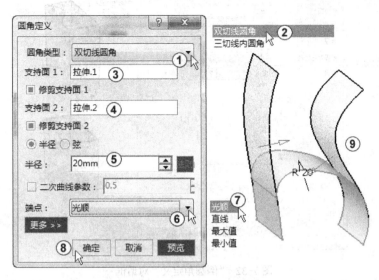

图 7-30　简单圆角对话框

2）选中"修剪支持面 1"和"修剪支持面 2"复选框，会在圆角与支持面相切处裁剪支持面。不选中则保留支持面。

3）"端点"下拉列表框用于选择圆弧的过渡方式，有 4 种端点形式："光顺""直线""最大值"和"最小值"。如图 7-31 中①所示的是以光顺端点形式创建的圆角；如图 7-31 中②所示的是以直线端点形式创建的圆角；如图 7-31 中③所示的是以最大值端点形式创建的圆角。

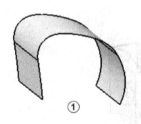
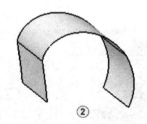
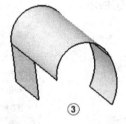

图 7-31　不同端点形式的圆角

2. 倒圆角

倒圆角用于对曲面的棱边进行倒圆角，尤其是可以对尖锐的内部棱边提供一个转移平面。

打开"素材文件\第 7 章\book\Part3"文件，单击"圆角"工具栏中的"倒圆角"按钮，系统弹出"倒圆角定义"对话框，在"端点"下拉列表框中选择"直线"，在"半径"文本框中输入 5，在"要圆角化的对象"选择框中选择"接合.1"中的 3 条边，在"传播"下拉列表框中有两种延伸类型："相切"和"最小"，根据具体情况选择不同的延伸类型，在这里选择了"相切"，单击"确定"按钮，建好的倒圆角模型如图 7-32 中①～⑨所示。

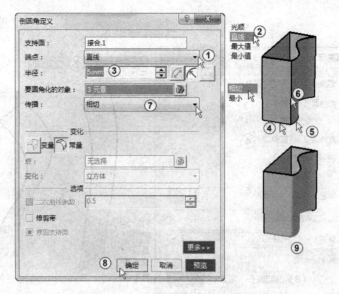

图 7-32　"倒圆角定义"对话框

3. 可变半径圆角

可变半径圆角可以对边进行可变半径倒圆角，边上不同的点可以有不同的倒圆角半径。

单击"圆角"工具栏中的"倒圆角"按钮 ，系统弹出"倒圆角定义"对话框，在"端点"下拉列表框中选择"光顺"，在"半径"文本框中输入5，在"要圆角化的对象"选择框中选择"接合.1"中的 1 条边，在"传播"下拉列表框中选择"相切"，单击"变量"按钮 ，这时在被选边的两端点会出现半径标注，双击下端的半径标注，在系统弹出的尺寸修改框中将半径修改成 R15，单击"确定"按钮，创建好的可变半径倒圆角模型如图 7-33 中①～⑦所示。

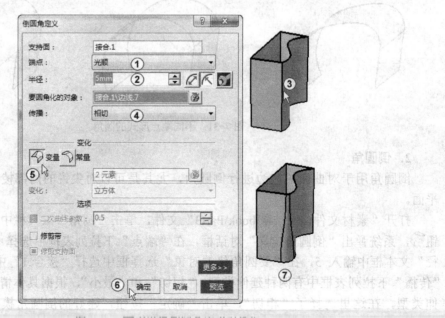

图 7-33　可变半径倒圆角定义对话框

7.2.8 面与面的圆角和三切线内圆角

1．面与面的圆角

面与面的圆角用于创建两个曲面之间的圆角。

打开"素材文件\第 7 章\book\Part4"文件，单击"圆角"工具栏中的"面与面的圆角"按钮 🖼️，系统弹出"定义面与面的圆角"对话框，在"端点"下拉列表框中选择"光顺"，在"半径"文本框中输入 8，在"要圆角化的面"选择框中选择欲倒角的两个面，单击"确定"按钮，创建好的平面倒角模型如图 7-34 中①~⑥所示。

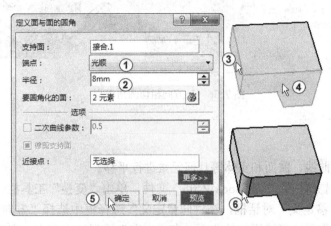

图 7-34　平面倒圆角

2．加入脊线的平面圆角

单击"圆角"工具栏中的"面与面的圆角"按钮 🖼️，系统弹出"定义面与面的圆角"对话框，在"要圆角化的面"选择框中选择欲倒角的两个面，单击"更多"按钮，"定义面与面的圆角"对话框展开。在"保持曲线"选择框中选择"草图.2"，在"脊线"选择框中选择"草图.2"，单击"确定"按钮。创建好的加入脊线的倒圆角模型如图 7-35 中①~⑥所示。

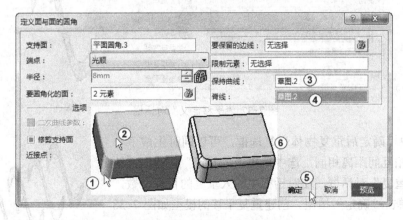

图 7-35　加入脊线的平面倒圆角

3．三切线内圆角

打开"素材文件\第 7 章\book\Part5"文件，单击"圆角"工具栏中的"三切线内圆角"

按钮 ，系统弹出"定义三切线内圆角"对话框，在"端点"下拉列表框中选择"光顺"，在"要圆角化的面"选择框中在工作区选择欲加圆角的两个面，在"要移除的面"选择框中在工作区选择要移除的面，系统自动在"支持面"选择框中加入"倒圆角.1"，单击"确定"按钮。创建好的三方向相切倒角模型如图 7-36 中①~⑥所示。

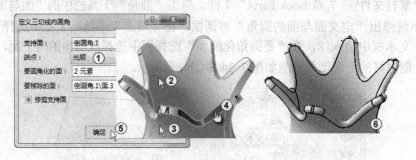

图 7-36　三方向相切圆角模型

7.2.9　平移

平移可对点、曲线、曲面和实体等几何元素进行平移。

1）打开"素材文件\第 7 章\book\Part5"文件，单击"变换"工具栏中的"平移"按钮 ，系统弹出"平移定义"对话框，在"向量定义"选择框中选择"方向、距离"，在"元素"选择框中在工作区选择欲平移的曲面，在"方向"选择框中右击，在系统弹出的快捷菜单中选择"Y 部件"，在"距离"文本框中输入 20，单击"预览"按钮，可以预览平移结果，单击"确定"按钮，如图 7-37 中①~⑦所示。

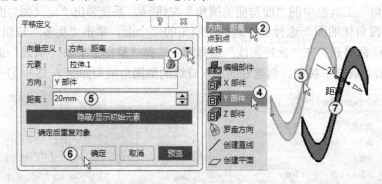

图 7-37　"平移定义"对话框

2）选中"确定后重复物体"复选框，可以同时生成多个平移，而且相互间距离相同，选中后单击"确定"按钮，系统弹出"目标重复"对话框，在对话框中输入重复的目标个数，这输入 5，单击"确定"按钮。创建重复平移的模型如图 7-38 所示。

3）在"向量定义"下拉列表框中选择"点到点"，在工作区选择欲平移的曲面显示在"元素"选择框中，在"起点"选择框中右击，在系统弹出的快捷菜单中选择"创建点"命令，

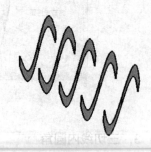

图 7-38　重复平移

在原点创建一个点，在"终点"选择框中右击，在系统弹出的快捷菜单中选择"创建点"命令，在 Y 轴方向距原点 20 的位置创建一个点，单击"预览"按钮，可以预览平移结果。如图 7-74 所示，单击"确定"按钮，如图 7-39 中①~⑧所示。

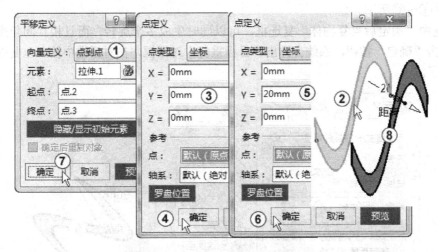

图 7-39　用点到点定义的平移

4）在"向量定义"下拉列表框中选择"坐标"，在工作区选择欲平移的曲面显示在"元素"选择框中，在"X"文本框中输入 0，在"Y"文本框中输入 20，在"Z"文本框中输入 0，单击"确定"按钮，如图 7-40 中①~⑤所示。

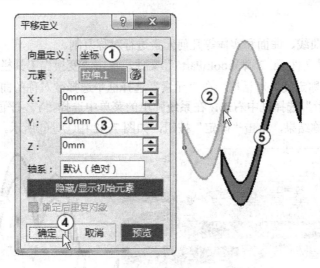

图 7-40　用坐标定义的平移

7.2.10　旋转和对称

1. 旋转

旋转可对点、曲线、曲面和实体等几何元素进行旋转。

1）打开"素材文件\第 7 章\book\Part5"文件，单击"变换"工具栏中的"旋转"按

钮 ，系统弹出"旋转定义"对话框，在工作区选择欲旋转的曲面显示在"元素"选择框中，在"轴"选择框中右击，在系统弹出的菜单中选择"Y 轴"，在"角度"文本框中输入 90，单击"预览"按钮，可以预览旋转结果。如图 7-41 所示，单击"确定"按钮，如图 7-41 中①～⑥所示。

2）选中"确定后重复物体"复选框，可以同时生成多个旋转，而且相互间角度相同，选中后单击"确定"按钮，系统会弹出"目标重复"对话框，在对话框中输入重复的目标个数就可以了。

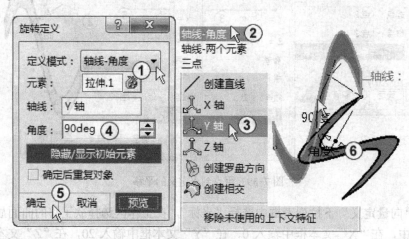

图 7-41 "旋转定义"对话框

2. 对称

对称可对点、曲线、曲面和实体等几何元素进行对称复制。

1）打开"素材文件\第 7 章\book\Part5"文件，单击"变换"工具栏中的"对称"按钮 ，系统弹出"对称定义"对话框，在"元素"选择框中选择欲对称的曲面，在这里选择了"拉伸.1"，在"参考"选择框中右击，在系统弹出的菜单中选择"YZ 平面"，单击"预览"按钮，可以预览对称结果，单击"确定"按钮，如图 7-42 中①～⑥所示。

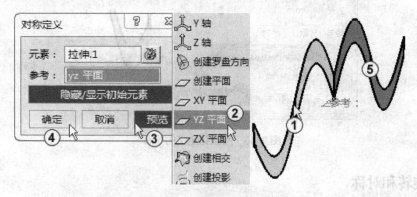

图 7-42 "对称定义"对话框

2）若在"参考"选择框中选择"Y 轴"，结果如图 7-43 中①②所示。

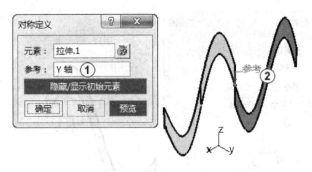

图 7-43　用直线做参考创建对称

7.2.11　缩放和仿射

1. 缩放

缩放可对某一几何元素进行等比例缩放，缩放的参考基准可以为点或者平面。

创建等比例缩放的操作方法具体如下。

打开"素材文件\第 7 章\book\Part5"文件，单击"变换"工具栏中的"缩放"按钮，系统弹出"缩放定义"对话框，在"元素"选择框中选择欲缩放的曲面，在这里选择"拉伸.1"，在"参考"选择框中右击，在系统弹出的快捷菜单中选择"创建点"命令，在原点创建一个点，作为参考，在"比率"文本框中输入 1.5，单击"预览"按钮，可以预览缩放结果，单击"确定"按钮，如图 7-44 中①～⑥所示。

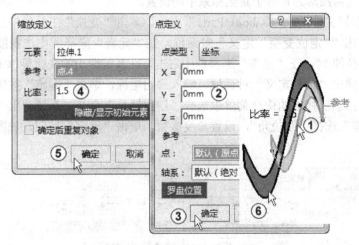

图 7-44　等比例缩放定义对话框

2. 仿射

仿射可对曲面进行不等比例的缩放，用户只能相对于某一方向进行等比例的缩放。

打开"素材文件\第 7 章\book\Part5"文件，单击"变换"工具栏中的"仿射"按钮，系统弹出"仿射定义"对话框，在"元素"选择框中选择欲仿射的曲面，在这里选择"拉伸.1"，在"比率"选项组中的"X"文本框中输入 2，在"Y"文本框中输入 5，在"Z"文本框中输入 1.4。单击"预览"按钮，可以预览仿射结果，单击"确定"按钮，如图 7-45 中①～⑥所示。

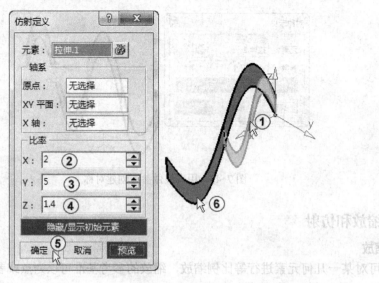

图 7-45 "仿射定义"对话框

7.2.12 定位变换和外插延伸

1. 定位变换

定位变换可将几何图形的位置从一个坐标系转换到另一个坐标系中。此时几何图形将被复制，转换后的几何图形为相对于新坐标系中的位置。

1）打开"素材文件\第 7 章\book\Part5"文件，单击"变换"工具栏中的"定位变换"按钮 ，系统弹出"'定位变换'定义"对话框，在"元素"选择框中选择欲变换的曲面，在这里选择了了"拉伸.1"，在"参考"选择框中右击，在系统弹出的快捷菜单中选择"创建轴系"命令，系统弹出"轴系定义"对话框，输入原始坐标，单击"确定"按钮。在"目标"选择框中右击，在系统弹出的快捷菜单中选择"创建轴系"命令，系统弹出"轴系定义"对话框，"轴系类型"选择"欧拉角"，设置角度参数，单击"确定"按钮，如图 7-46 中①～⑨所示。

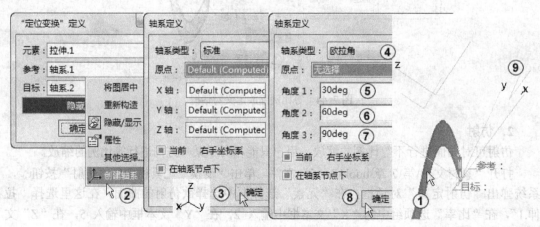

图 7-46 "定位变换定义"对话框

2）单击"隐藏或显示最初元素"按钮，将原来的元素和坐标隐藏或显示。

3）可以同时对多个目标进行坐标系变换操作。

2. 外插延伸

外插延伸可以让几何元素由其原有的边线向外延伸。

1）打开"素材文件\第 7 章\book\Part5"文件，单击"操作"工具栏中的"外插延伸"按钮 ，系统弹出"外插延伸定义"对话框，在"边界"选择框中选择欲外推元素的边，在这里选择了"拉伸.1"曲面的一条边，系统自动在"外插延伸的"选择框中选择"拉伸.1"，在"类型"下拉列表框中选择"长度"，在"长度"文本框中输入 10，在"连续"下拉列表框中选择"切线"，在"端点"下拉列表框中选择"切线"，在"拓展模式"下拉列表框中选择"无"，单击"确定"按钮，如图 7-47 中①～⑧所示。

2）"连续"方式有两种选择："切线"与外推部分相切；"曲率"与外推部分曲率一致。

3）"端点"有两种选择："切线"外推与曲面相连接的边相切；"法线"外推边与曲面相连接的边垂直。

4）外插延伸也可以选择直线上的端点来向外延伸。

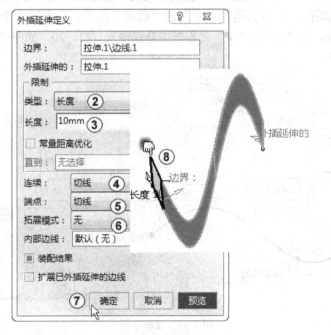

图 7-47 外插延伸

7.3 实例

在建立复杂的实体模型之前，先要绘制出模型的线框结构草图，然后通过曲线和曲面的各种编辑，形成模型所需的曲面后再设计出实体模型。

7.3.1 弹簧线

【例7-1】 弹簧线。

本节练习的要点是基准平面建立、拉伸、扫掠、边界、厚曲面等工具的应用。

（1）选择设计模块

选择"文件"菜单→"新建"命令，系统弹出"新建"对话框，在"类型列表"中选择"Part"，单击"确定"按钮，系统又弹出"新建零件"对话框，在该对话框中输入零件名称"rain"，单击"确定"按钮，系统进入"零件设计"界面。选择菜单"开始"→"外形"→"创成式外形设计"命令，进入"创成式外形设计"工作台。

（2）绘制"草图1"

1）在特征树中选择"xy平面"，在工具栏中单击"草图"按钮⟋，进入草图绘制模式。在工具栏中单击"样条线"按钮⟋，在工作区绘制出用4点控制的一条曲线，双击一个最左边的点，系统弹出"控制点定义"对话框，在"H"和"V"文本框中分别输入-78、25，如图7-48中①②所示，单击"确定"按钮。双击第2个点，系统弹出"控制点定义"对话框，在"H"和"V"文本框中分别输入17、-14，如图7-48中③④所示，单击"确定"按钮。双击第3个点，系统弹出"控制点定义"对话框，在"H"和"V"文本框中分别输入93、40，如图7-48中⑤⑥所示，单击"确定"按钮。双击第4个点，系统弹出"控制点定义"对话框，在"H"和"V"文本框中分别输入222、20，如图7-48中③④所示，单击"确定"按钮。

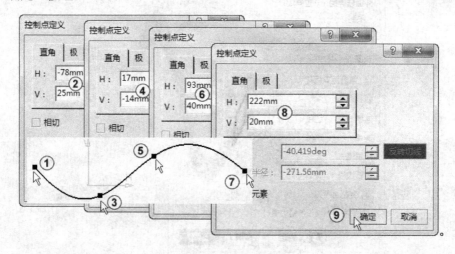

图7-48　绘制草图1

2）单击"退出工作台"按钮⟰。

（3）建立"基准平面1"

选择菜单"插入"→"线框"→"平面"命令，系统弹出"平面定义"对话框，单击"平面类型"下拉列表框，在弹出的下拉列表中选择"曲线的法线"，单击"曲线"选择框，选择框变成蓝色，在工作区选择"草图1"绘制的曲线，在"点"选择框中单击后，在工作区选择曲线端点，单击"确定"按钮，如图7-49中①～④所示。

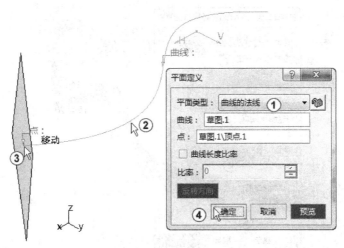

图 7-49　建立平面

（4）绘制"草图 2"

1）在特征树中选择"平面.1"，单击"草图"按钮，进入草图绘制模式。在工具栏中单击"直线"按钮，在工作区绘制出一条竖直线，如图 7-50 中①所示。

2）按住〈Ctrl〉键选择刚绘制的竖直线和草图 1 绘制的曲线端点，如图 7-50 中②③所示，选择后单击"对话框中定义的约束"按钮，在弹出的"约束定义"对话框中选择"中点"，单击"确定"按钮，如图 7-50 中④⑤所示。

3）在工具栏中单击"约束"按钮，标注出竖直线的长度为 15。

4）单击"退出工作台"按钮。

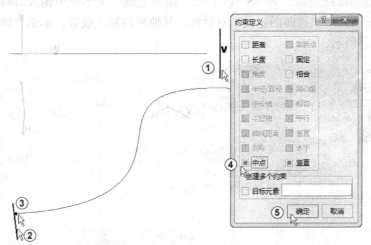

图 7-50　绘制草图 2 将竖线与草图 1 的点作中点约束

（5）建立"拉伸"

单击"曲面"工具栏中的"拉伸"按钮，弹出"拉伸"对话框，在"轮廓"选择框中选择"草图.1"，在"方向"选择框中选择"xy 平面"，在"限制 1"的"尺寸"文本框中输入 20，在"限制 2"中输入 20，其他采用默认设置，单击"确定"按钮，如图 7-51 中①~⑤所示。

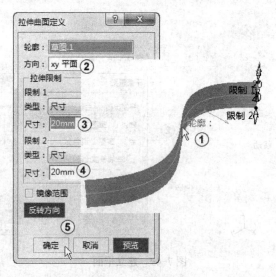

图 7-51　曲面拉伸

（6）建立"扫掠 1"

单击"曲面"工具栏中的"扫掠"按钮 ，系统弹出"扫掠曲面定义"对话框，在"轮廓类型"中单击"显示"按钮 ，在"子类型"下拉列表框中单击，在弹出的下拉列表中选择"使用参考曲面"，在"轮廓"选择框中在工作区选择"草图.2"，在"引导曲线"选择框中在工作区选择"草图.1"，单击"曲面"选择框，选择框变成蓝色，在工作区选择"拉伸.1"曲面，单击"角度"选择框右侧的"法则曲线"按钮，系统弹出"法则曲线定义"对话框，选择"法则曲线类型"为"S 型"，在"结束数值"文本框中输入 14400，单击"关闭"按钮。系统回到"扫掠曲面定义"对话框，其他采用默认设置，单击"确定"按钮，如图 7-52 中①～⑨所示。

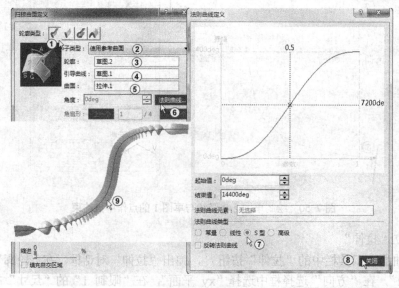

图 7-52　扫掠

（7）建立"边界曲线"

单击"提取"工具栏中的"边界"按钮 ⌒，系统弹出"边界定义"对话框，在"拓展类型"下拉列表框中单击，在弹出的下拉列表中选择"切线连续"。在"曲面边线"选择框中单击，选择框变成蓝色，在工作区选择"扫掠.1"曲面的一条边线，其他采用默认设置，单击"确定"按钮，如图 7-53 中①～③所示。

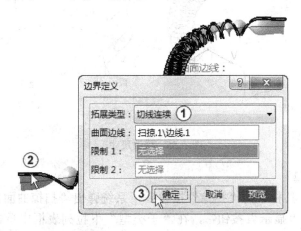

图 7-53　边界曲线

（8）绘制"草图 3"

1）隐藏"扫掠.1"。在特征树中选择"平面.1"，在工具栏中单击"草图"按钮 ⌖，进入草图绘制模式。在工具栏中单击"椭圆"按钮 ◯，在工作区绘制出一个椭圆。

2）按住〈Ctrl〉键选择椭圆圆心和边界曲线端点，单击"对话框中定义的约束"按钮 ⸬，在弹出的"约束定义"对话框中选择"相合"。单击"确定"按钮，如图 7-54 中①～③所示。

3）在工作区选择椭圆，单击"对话框中定义的约束"按钮 ⸬，在弹出的"约束定义"对话框中选择"半长轴"和"半短轴"，单击"确定"按钮，如图 7-54 中④⑤所示。椭圆的长短轴尺寸显示出来。

图 7-54　绘制椭圆

4）将"半长轴"修改为 5，将"半短轴"修改为 2.5，如图 7-55 中①②所示。单击"退出工作台"按钮 ⬏。

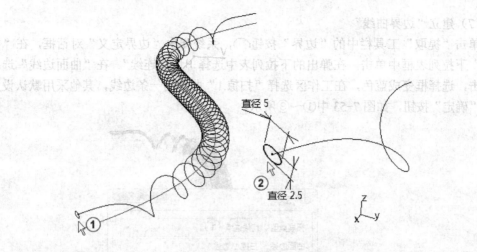

图7-55　修改尺寸

（9）建立"扫掠2"

单击"曲面"工具栏中的"扫掠"按钮，系统弹出"扫掠曲面定义"对话框，在"轮廓类型"中单击"显示"按钮，在"子类型"下拉列表框中单击，在弹出的下拉列表中选择"使用参考曲面"，在"轮廓"选择框中在工作区选择"草图.3"，在"引导曲线"选择框中在工作区选择"边界.1"，单击"曲面"选择框，选择框变成蓝色，在工作区选择"扫掠.1"曲面，其他采用默认设置，单击"确定"按钮，如图7-56中①～⑥所示。

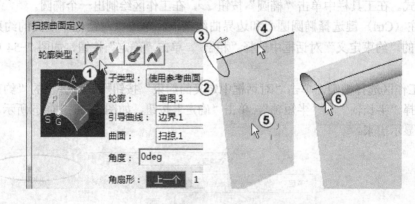

图7-56　扫掠2

（10）建立"加厚曲面"

1）在特征树中将不必要显示的草图或特征隐藏。方法是：选择要隐藏的草图或特征，右击，在弹出的快捷菜单中选择"隐藏|显示"命令，选择的草图或特征就被隐藏了，如果要再显示出来用同样的方法，"隐藏|显示"命令是显示/隐藏切换键。

2）选择菜单"开始"→"机械设计"→"零件设计"命令，进入"零件设计"界面。

3）选择菜单"插入"→"基于曲面的特征"→"厚曲面"命令，弹出"定义厚曲面"对话框，在"第一偏移"文本框中输入0.3，在"第二偏移"文本框中输入0，在"要偏移的对象"选择框中选择"扫掠.2"，如果偏移方向不对，可以单击"反转方向"按钮来改变偏移方向。单击"确定"按钮，如图 7-57 中①~⑤所示。

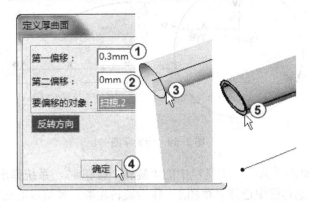

图 7-57　加厚曲面

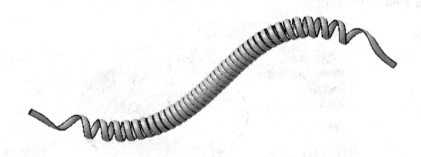

图 7-58　创建好的弹簧线模型

7.3.2　雨伞

【例 7-2】　雨伞。

雨伞主要由伞面和伞柄组成。本节练习的要点是基准平面建立、旋转、扫掠、分割、肋、圆角、厚曲面等工具的应用。

1）选择设计模块。选择"文件"菜单→"新建"命令，系统弹出"新建"对话框，在"类型列表"中选择"Part"，单击"确定"按钮，系统又弹出"新建零件"对话框，在该对话框中输入零件名称"ys"，单击"确定"按钮，系统进入"零件设计"界面。选择菜单"开始"→"外形"→"创成式外形设计"命令，进入"创成式外形设计"工作台。

2）绘制"草图 1"。从特征树中选择"yz 平面"，单击"草图"按钮，进入草图绘制模式。单击屏幕最下方的"全部适应"按钮，双击"轮廓"工具栏中的"轴"按钮，在工作区中捕捉到原点向右水平移动鼠标，到适当的位置后单击，绘制一条水平轴，再绘制出绘制一条通过原点的垂直轴，再单击"圆"工具栏中的"圆"按钮，绘制出一个圆心在垂直轴上的圆，双击"重新限定"工具栏中的"快速修剪"按钮，修剪图形，单击"约束"按钮，标注尺寸，如图 7-59 中①~④所示。单击"退出工作台"按钮，完成草图绘制。

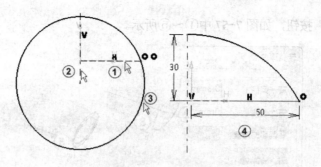

图 7-59 绘制草图

3）旋转曲线。单击"曲面"工具栏中的"旋转"按钮，系统弹出"旋转曲面定义"对话框，在"轮廓"选择框中选择"草图.1"作为旋转轮廓，系统自动选择了"旋转轴"，在"角限制"选项组的"角度 1"文本框中输入 360，"角度 2"文本框中输入 0，单击"确定"按钮，如图 7-60 中①～⑤所示。

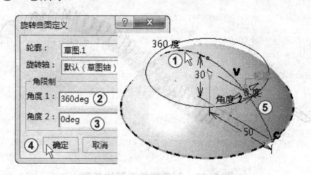

图 7-60 旋转曲线

4）隐藏"草图.1"和"旋转.1"。从特征树中选择"xy 平面"，在工具栏中单击"草图"按钮，进入草图绘制模式。单击屏幕最下方的"全部适应"按钮。选择菜单"插入"→"轮廓"→"预定义的轮廓"→"多边形"命令，在工作区选择原点，移动鼠标单击确定外接圆的直径，最后移动鼠标确定多边形的边数。单击"退出工作台"按钮，完成草图绘制，如图 7-61 所示。

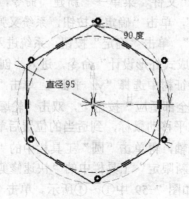

图 7-61 绘制多边形

5）显示"旋转.1"。从特征树中选择"yz 平面"，单击"草图"按钮，进入草图绘制模式。单击屏幕最下方的"全部适应"按钮，选择菜单"插入"→"轮廓"→"轮廓"命令，绘制出一条长度任意的斜线，单击"约束"按钮，标注尺寸，如图 7-62 中①所示。单击屏幕下方的"等轴测视图"按钮，按住〈Ctrl〉键选择斜线和多边形上的一个点，如图 7-62 中②③所示，选择后单击"对话框中定义的约束"按钮，在弹出的"约束定义"对话框中选择"相合"，单击"确定"按钮。单击"退出工作台"按钮，完成草图绘制。

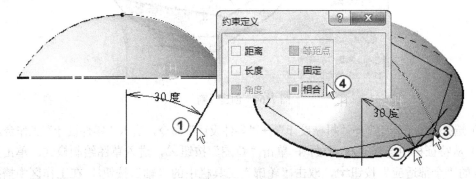

图 7-62　绘制斜线

6）单击"曲面"工具栏中的"扫掠"按钮，系统弹出"扫掠曲面定义"对话框，在"轮廓类型"中单击"显示"按钮，在"子类型"下拉列表框中单击，在弹出的下拉列表中选择"使用参考曲面"，在"轮廓"选择框中选择"草图.3"，在"引导曲线"选择框中选择"草图.2"，其他采用默认设置，单击"确定"按钮，如图 7-63 中①~⑤所示。

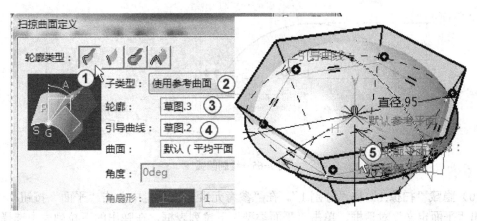

图 7-63　创建扫掠曲面

7）单击"修剪-分割"工具栏中的"分割"按钮，系统弹出"定义分割"对话框，在"要切除的元素"选择框中选择"旋转.1"作为被切元素，在"切除元素"选择框中选择"扫掠.1"作为切元素，可以看到被切除的面呈半透明状，要保留的面不对，单击"另一侧"按钮，保留另外一面，单击"确定"按钮，如图 7-64 中①~⑤所示。

227

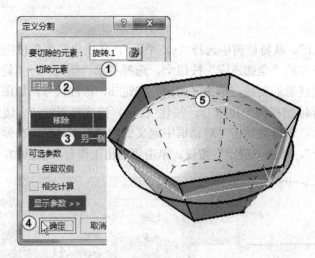

图 7-64　创建分割

8）选择菜单"开始"→"机械设计"→"零件设计"命令，进入"零件设计"工作台。

9）从特征树中选择"zx 平面"，单击"草图"按钮，进入草图绘制模式。单击屏幕最下方的"全部适应"按钮，双击"轮廓"工具栏中的"轴"按钮，在工作区中捕捉到原点，向右水平移动鼠标到适当的位置后单击，绘制一条水平轴，再绘制出绘制一条通过原点的垂直轴，再单击"圆"工具栏中的"圆"按钮，绘制出一个圆心在垂直轴上的圆，双击"重新限定"工具栏中的"快速修剪"按钮，修剪图形。按住〈Ctrl〉键选择两个端点和垂直轴，如图 7-65 中①～③所示，选择后单击"对话框中定义的约束"按钮，在弹出的"约束定义"对话框中选择"对称"，单击"确定"按钮。单击"约束"按钮，标注尺寸，如图 7-65 中④⑤所示。单击"退出工作台"按钮，完成草图绘制。

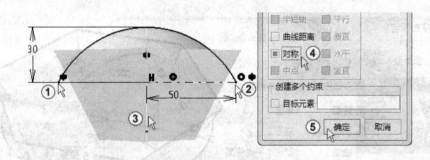

图 7-65　绘制圆弧

10）隐藏"扫掠.1"和"分割.1"。在"参考元素"工具栏中单击"平面"按钮，系统弹出"平面定义"对话框，单击"平面类型"下拉列表框，在弹出的下拉列表中选择"曲线的法线"，在工作区选择上一步绘制的草图曲线和端点，如图 7-66 中①～③所示。其他采用默认设置，单击"确定"按钮。

11）选择上一步创建的平面为草绘平面，单击"草图"按钮，进入草图编辑器。单击"圆"工具栏中的"圆"按钮，绘制出一个圆心在草图曲线左端点上的圆，单击屏幕下方的"等轴测视图"按钮，单击"约束"按钮，标注尺寸，将尺寸改为直径 15，如图 7-67 中①～③所示。单击"退出工作台"按钮，完成草图绘制。

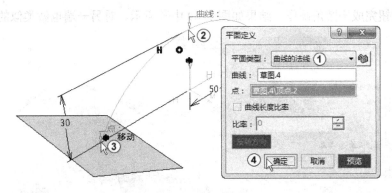

图 7-66　创建平面

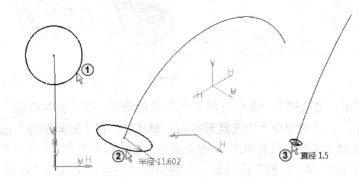

图 7-67　绘制圆

12）在"基于草图的特征"工具栏中单击"肋"按钮，系统弹出"定义肋"对话框，在工作区分别选择圆和曲线，在"控制轮廓"下拉列表框中选择系统默认的"保持角度"，单击"预览"按钮可以预览扫描结果，单击"确定"按钮，如图 7-68 中①～④所示。

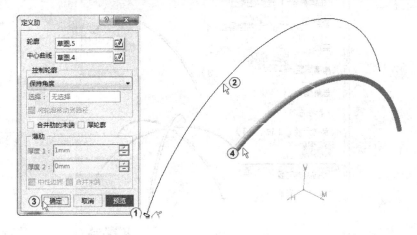

图 7-68　创建肋特征

13）在"修饰特征"工具栏中单击"倒圆角"按钮，弹出"倒圆角定义"对话框，在"半径"文本框中输入 0.75，如图 7-69 中①所示。激活"要圆角化的对象"选择框，在工作区选择圆的边线，如图 7-69 中②所示（其放大图如图 7-69 中③所示）。其他采用默认设置，单击"确定"按钮完成倒圆角操作,结果如图 7-69 中⑤所示。对另一端也做类似的处理。

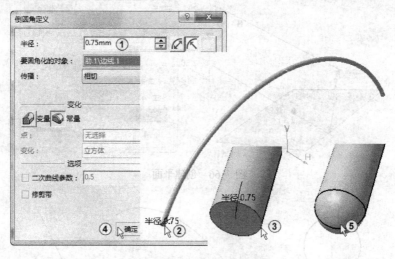

图 7-69　倒圆角

14）按住〈Ctrl〉键选择上一步创建肋和两个圆角特征,在"变换特征"工具栏中单击"圆形阵列"按钮 ,系统弹出"定义圆形阵列"对话框,在"轴向参考"选项卡中的"参数"下拉列表框选择"实例和角度间距",在"实例"文本框中输入 3,在"角度间距"文本框中输入 120,右击"参考元素"选择框,在弹出的快捷菜单中选择"Z 轴"作为阵列方向,其他采用默认设置,单击"预览"按钮,假若方向不对,则单击"反转"按钮,单击"确定"按钮完成圆角阵列特征,如图 7-70 中①～⑥所示。

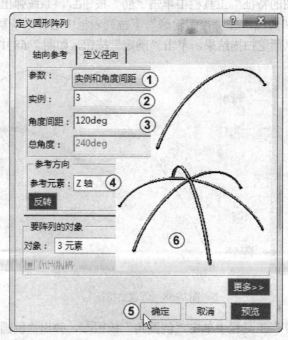

图 7-70　创建圆形阵列

15）显示"旋转.1"，选择菜单"插入"→"基于曲面的特征"→"厚曲面"命令，弹出"定义厚曲面"对话框，在"第一偏移"文本框中输入 0.2，在"第二偏移"文本框中输入 0，在"要偏移的对象"选择框中选择"分割.1"，如果偏移方向不对，可以单击"反转方向"按钮来改变偏移方向。单击"确定"按钮，系统创建曲面加厚实体特征如图 7-71 中①～④所示。保存文件。

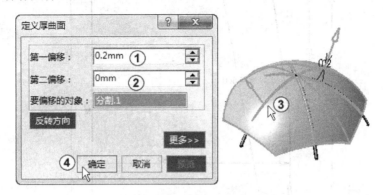

图 7-71　加厚曲面

加上前面章节建立的伞柄后的模型如图 7-72 所示。

图 7-72　雨伞模型

7.3.3　电饭煲

【例 7-3】　电饭煲。

电饭煲主要由基体、盖子、提手、电源插座等组成。本节练习的要点是旋转、基准平面建立、凸台、扫掠、封闭曲面、拉伸、圆角、三切线内圆角等工具的应用。

1）选择设计模块。选择菜单"文件"→"新建"命令，系统弹出"新建"对话框，在"类型列表"中选择"Part"，单击"确定"按钮，系统又弹出"新建零件"对话框，在该对话框中输入零件名称"dfb"，单击"确定"按钮，选择菜单"开始"→"机械设计"→"零件设计"命令，系统进入"零件设计"界面。

2）从特征树中选择"yz 平面"，单击"草图"按钮，进入草图绘制模式，单击屏幕最下方的"全部适应"按钮 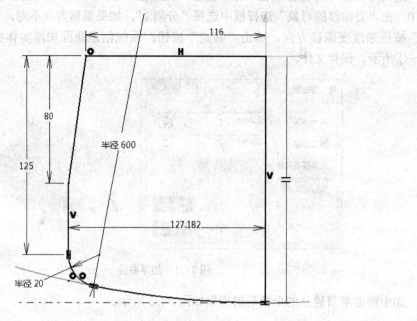。利用草图工具绘制如图 7-73 所示的草图（R600 的圆心在通过原点的垂直线上），单击"退出工作台"按钮 ，完成草图绘制。

图 7-73 绘制草图

3）单击"基于草图的特征"工具栏中的"旋转体"按钮 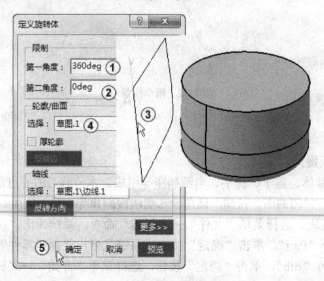，系统弹出"定义旋转体"对话框，在"限制"选项组的"第一角度"文本框中输入 360，在"第二角度"文本框中输入 0，激活"轴线"选项组的"选择"选择框，在工作区选择"垂直线"作为旋转轴，激活"轮廓/曲面"选项组的"选择"选择框，选择"草图.1"，单击"预览"按钮，可以看到旋转的效果。单击"确定"按钮，如图 7-74 中①～⑥所示。

图 7-74 创建旋转体特征

4）从特征树中选择"yz 平面"，单击"草图"按钮☑，进入草图绘制模式，单击屏幕最下方的"全部适应"按钮⊕。利用草图工具绘制草图，如图 7-75 中①所示的是草图与坐标间的尺寸联系，如图 7-75 中②所示的是草图的放大图，如图 7-75 中③所示的是草图的轴测图，单击"退出工作台"按钮☝，完成草图绘制。

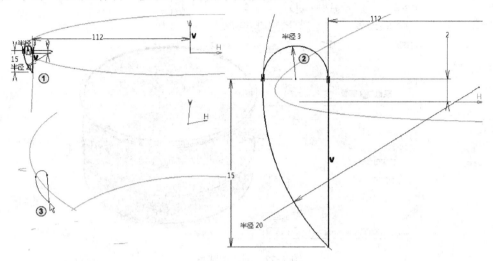

图 7-75　绘制草图

5）单击"基于草图的特征"工具栏中的"旋转体"按钮🌡，系统弹出"定义旋转体"对话框，在"限制"选项组的"第一角度"文本框中输入 360，在"第二角度"文本框中输入 0，激活"轴线"选项组的"选择"选择框，在工作区选择"Z 轴"作为旋转轴，激活"轮廓/曲面"选项组的"选择"选择框，选择"草图.2"，单击"预览"按钮，可以看到旋转的效果。单击"确定"按钮，如图 7-76 中①～⑥所示。

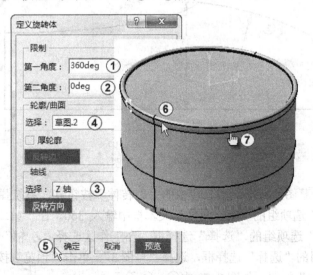

图 7-76　创建旋转体

233

6）单击"修饰特征"工具栏中的"倒圆角"按钮 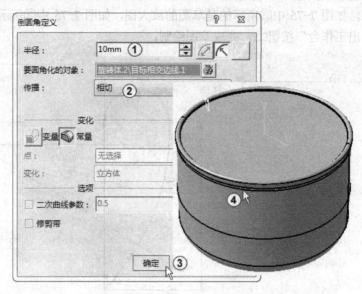，系统弹出"倒圆角定义"对话框，在"半径"文本框中输入圆角半径值 10，然后激活"要圆角化的对象"选择框，选择如图 7-76 中⑦所示的边，单击"确定"按钮，系统生成圆角，如图 7-77 中①～④所示。

图 7-77　创建倒圆角

7）从特征树中选择"yz 平面"，单击"草图"按钮，进入草图绘制模式，单击屏幕最下方的"全部适应"按钮。利用草图工具绘制草图，如图 7-78 中①所示的是椭圆，椭圆心在通过原点的垂直线上，其坐标为（0，37），长半轴为 65，短半轴为 12。如图 7-78 中②所示的是圆弧。单击"退出工作台"按钮，完成草图绘制。

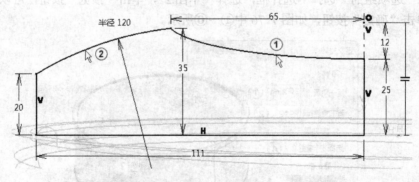

图 7-78　绘制草图

8）单击"基干草图的特征"工具栏中的"旋转体"按钮 ，系统弹出"定义旋转体"对话框，在"限制"选项组的"第一角度"文本框中输入 360，在"第二角度"文本框中输入 0，激活"轴线"选项组的"选择"选择框，在工作区选择"Z 轴"作为旋转轴，激活"轮廓/曲面"选项组的"选择"选择框，选择"草图.3"，单击"预览"按钮，可以看到旋转的效果。单击"确定"按钮，如图 7-79 中①～⑥所示。

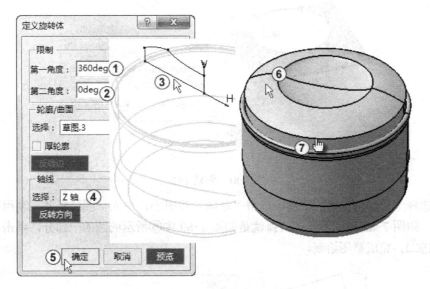

图 7-79　创建旋转体

9）单击"修饰特征"工具栏中的"倒圆角"按钮，系统弹出"倒圆角定义"对话框，在"半径"文本框中输入圆角半径值 10，然后激活"要圆角化的对象"选择框，选择如图 7-79 中⑦所示的边，单击"确定"按钮，系统生成圆角，如图 7-80 中①～④所示。

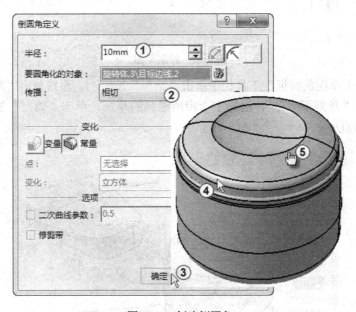

图 7-80　创建倒圆角

10）选择菜单"插入"→"线框"→"平面"命令，系统弹出"平面定义"对话框，单击"平面类型"下拉列表框，在弹出的下拉列表中选择"通过平面曲线"，单击"曲线"选择框，选择框变成蓝色，在工作区选择如图 7-80 中⑤所示的边，单击"确定"按钮，如图 7-81 中①～③所示。

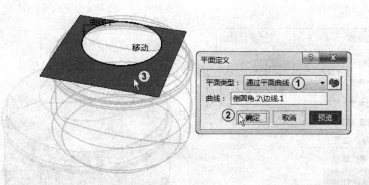

图 7-81　创建平面

11）选择上一步所创建的平面，单击"草图"按钮 ，进入草图编辑器，利用草图工具绘制草图，如图 7-82 中①所示的圆弧就是如图 7-80 中⑤所示的圆的一部分。单击"退出工作台"按钮 ，完成草图绘制。

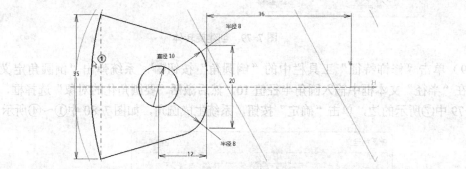

图 7-82　绘制草图

12）在"基于草图的特征"工具栏中单击"凸台"按钮 ，系统弹出"定义凸台"对话框，拉伸类型为"直到下一个"，选择上一步所绘制的草图，单击"确定"按钮完成拉伸特征，如图 7-83 中①～④所示。

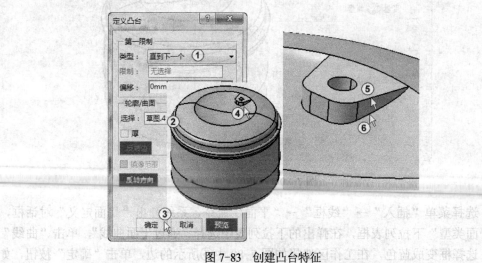

图 7-83　创建凸台特征

13）单击"修饰特征"工具栏中的"倒圆角"按钮 ，系统弹出"倒圆角定义"对话框，在"半径"文本框中输入圆角半径值 2，然后激活"要圆角化的对象"选择框，选择如图 7-83 中⑤⑥所示的边，单击"确定"按钮，系统生成圆角，如图 7-84 中①～③所示。

图 7-84　创建倒圆角

14）选择菜单"开始"→"形状"→"创成式外形设计"命令，系统自动生成创建式外形设计工作台。

15）从特征树中选择"xy 平面"，单击"草图"按钮![草图图标]，进入草图绘制模式，单击屏幕最下方的"全部适应"按钮![全部适应图标]。利用草图工具绘制草图，其中半径 7 和半径 15 的圆心在通过原点的垂直线上，如图 7-85 中①所示的圆弧的参数如图 7-85 中②所示，如图 7-85 中③所示的圆弧的参数如图 7-85 中④所示，如图 7-85 中⑤所示的圆弧的参数如图 7-85 中⑥所示，如图 7-85 中⑦所示的圆弧的参数如图 7-85 中⑧所示，单击"退出工作台"按钮![退出工作台图标]，完成草图绘制。

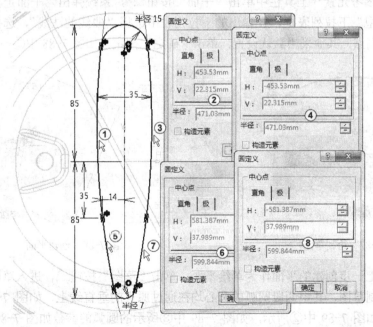

图 7-85　绘制草图

16）单击"曲面"工具栏中的"拉伸"按钮 ，系统弹出"拉伸曲面定义"对话框，在"轮廓"选择框中选择上一步绘制的草图为拉伸截面轮廓，在"拉伸限制"选项组的"限制1"中"尺寸"文本框中输入 60，单击"确定"按钮，如图 7-86 中①～⑤所示。

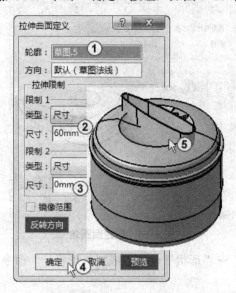

图 7-86　创建拉伸曲面

17）在特征树中选择"yz 平面"，单击"草图"按钮 ，进入草图编辑器，利用草图工具绘制 R200 的圆弧，其圆心在通过原点的垂直线上，如图 7-87 所示，单击"退出工作台"按钮 ，完成草图绘制。

18）在"参考元素"工具栏中单击"平面"按钮 ，系统弹出"平面定义"对话框，单击"平面类型"下拉列表框，在弹出的下拉列表中选择"曲线的法线"，选择上一步绘制的草图曲线和端点，其他采用默认设置，单击"确定"按钮，如图 7-88 中①～⑤所示。

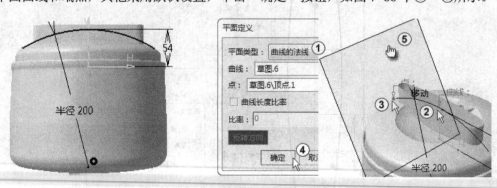

图 7-87　绘制草图　　　　　　　　　　　图 7-88　创建平面

19）选择上一步创建的平面作为草绘平面，单击"草图"按钮 ，进入草图编辑器，利用草图工具绘制草图，其中两段圆弧的圆心均在通过原点的垂直线上，如图 7-89 中①所示的圆弧的参数如图 7-89 中②所示，如图 7-89 中③所示的圆弧的参数如图 7-89 中④所示，单击"退出工作台"按钮⬆️，草图的轴测图效果如图7-89中⑤⑥所示。

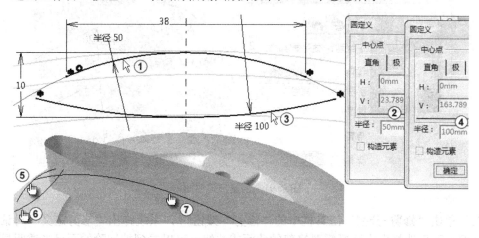

图7-89 绘制草图

20）单击"曲面"工具栏中的"扫掠"按钮✏️，系统弹出"扫掠曲面定义"对话框，在"轮廓类型"中单击"显示"按钮🖌️，在"子类型"下拉列表框中单击，在弹出的下拉列表中选择"使用参考曲面"，激活"轮廓"选择框，右击，在系统弹出的快捷菜单中选择"创建提取"命令，系统弹出"提取定义"对话框，选择如图 7-89 中⑤所示一条圆弧曲线作为轮廓，在"引导曲线"选择框中选择如图 7-89 中⑦所示一条圆弧曲线作为引导线，其他采用默认设置，单击"确定"按钮，如图7-90 中①～④所示。

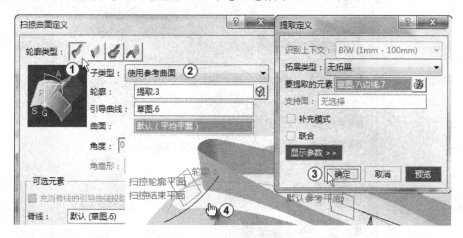

图7-90 创建扫掠曲面

21）单击"曲面"工具栏中的"扫掠"按钮✏️，系统弹出"扫掠曲面定义"对话框，在"轮廓类型"中单击"显示"按钮🖌️，在"子类型"下拉列表框中单击，在弹出的下拉列表中选择"使用参考曲面"，激活"轮廓"选择框，右击，在系统弹出的快捷菜单中选择"创建提取"命令，系统弹出"提取定义"对话框，选择如图 7-89 中⑥所示一条圆弧曲线作为轮廓，在"引导曲线"选择框中选择如图 7-89 中⑦所示一条圆弧曲线作为引导线，其他采用默认设置，单击"确定"按钮，如图7-91 中①～③所示。

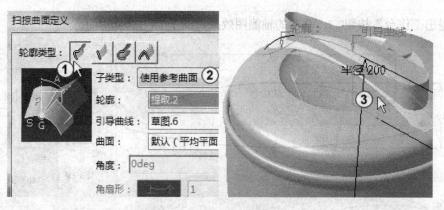

图 7-91　创建扫掠曲面

22）单击"修剪-分割"工具栏中的"修剪"按钮，系统弹出"修剪定义"对话框，在"修剪元素"选择框中选择需要修剪的曲面或曲线，可以看到被切除的面呈半透明显示，如果觉得要保留的面不对，可以单击"另一侧／下一元素"按钮或"另一侧／上一元素"按钮保留另外一面，单击"确定"按钮，如图 7-92 中①～④所示。

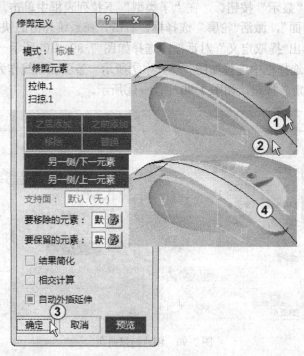

图 7-92　创建修剪操作 1

23）单击"修剪-分割"工具栏中的"修剪"按钮，系统弹出"修剪定义"对话框，在"修剪元素"选择框中选择需要修剪的曲面或曲线，可以看到被切除的面呈半透明显示，如果觉得要保留的面不对，可以单击"另一侧／下一元素"按钮或"另一侧／上一元素"按钮保留另外一面，单击"确定"按钮，如图 7-93 中①～④所示。

240

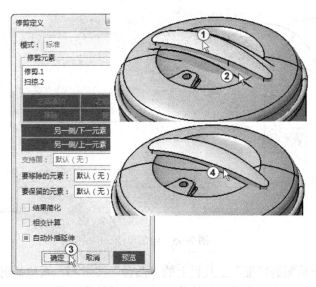

图 7-93 创建修剪操作 2

24）选择菜单"开始"→"机械设计"→"零件设计"命令，进入"零件设计"工作台。

25）单击"基于曲面特征"工具栏上的"封闭曲面"按钮▱，系统弹出"定义封闭曲面"对话框，选择上一步修剪曲面为目标封闭曲面，单击"确定"按钮，系统创建封闭曲面实体特征，如图 7-94 中①②所示。

26）单击"修饰特征"工具栏中的"倒圆角"按钮▱，系统弹出"倒圆角定义"对话框，在"半径"文本框中输入圆角半径值 2，如图 7-94 中③所示。然后激活"要圆角化的对象"选择框，选择如图 7-94 中④～⑥所示的边，单击"确定"按钮，系统自动完成圆角特征。

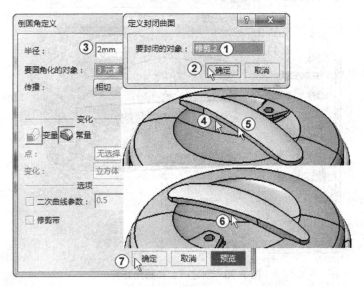

图 7-94 创建封闭曲面实体特征和倒圆角

27）在特征树中选择"yz 平面"，单击"草图"按钮▱，进入草图编辑器，利用草图工具绘制草图，如图 7-95 所示，单击"退出工作台"按钮▱，完成草图绘制。

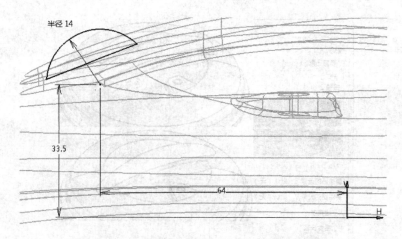

图 7-95　绘制草图

28）单击"基于草图的特征"工具栏上的"凸台"按钮，系统弹出"定义凸台"对话框，拉伸长度为 4，选择上一步所绘制的草图，选中"镜像范围"复选框，单击"确定"按钮完成拉伸特征，如图 7-96 中①～⑤所示。

29）单击"修饰特征"工具栏中的"三切线内圆角"按钮，系统弹出"定义三切线内圆角"对话框，激活"要圆角化的面"选择框，选择如图 7-96 中⑤所示的一个面以及与⑤平行并全等的另一个面，然后激活"要移除的面"选择框，选择如图 7-96 中⑥所示的要移除面，单击"确定"按钮，系统自动完成圆角特征，如图 7-96 中⑦所示。

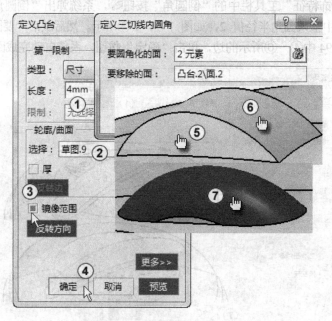

图 7-96　创建凸台和圆角特征

30）在特征树中选择"yz 平面"，单击"草图"按钮，进入草图编辑器，利用草图工具绘制如图 7-97 所示的草图，单击"退出工作台"按钮，完成草图绘制。

242

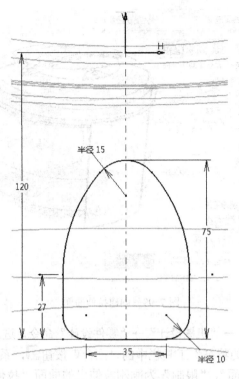

图 7-97 绘制草图

31）选择菜单"开始"→"形状"→"创成式外形设计"命令，系统自动进入创成式外形设计工作台。

32）在特征树中选择"xy 平面"，单击"草图"按钮[],进入草图编辑器，利用草图工具绘制如图 7-98 所示的草图，单击"退出工作台"按钮[]，完成草图绘制。

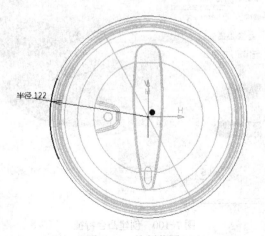

图 7-98 绘制草图

33）单击"曲面"工具栏中的"拉伸"按钮[]，系统弹出"拉伸曲面定义"对话框，选择上一步绘制的草图为拉伸轮廓，设置拉伸深度为 150，单击"确定"按钮，系统自动完成拉伸曲面创建，如图 7-99 中①～④所示。

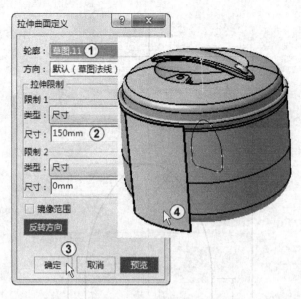

图 7-99　创建拉伸曲面

34）选择菜单"开始"→"机械设计"→"零件设计"命令，进入"零件设计"工作台。

35）单击"基于草图的特征"工具栏中的"凸台"按钮⬛，系统弹出"定义凸台"对话框，拉伸类型为"直到曲面"，"限制"为刚刚拉伸出的曲面"拉伸.2"，"偏移"为 0，"轮廓"为"草图.10"，单击"确定"按钮完成拉伸特征，如图 7-100 中①～⑤所示。

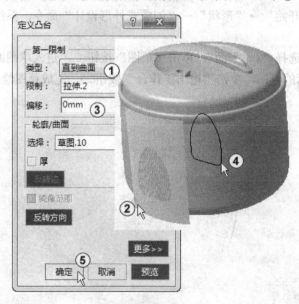

图 7-100　创建凸台特征

36）单击"参考元素"工具栏中的"平面"按钮⬛，弹出"平面定义"对话框，在"平面类型"下拉列表中选择"偏移平面"，选择"yz 平面"作为参考，在"偏移"文本框中输入偏移距离 110，单击"确定"按钮系统自动完成平面创建，如图 7-101 中①～⑤所示。

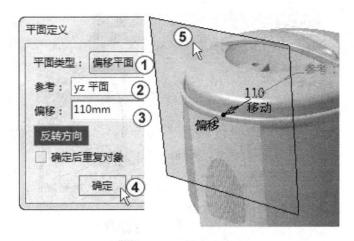

图 7-101　创建平面

37）选择上一步创建的平面为草绘平面，单击"草图"按钮 ✍，利用草图工具绘制如图 7-102 所示的草图，单击"退出工作台"按钮 ⬆，完成草图绘制。

38）单击"基于草图的特征"工具栏中的"凹槽"按钮 ▣，系统弹出"定义凹槽"对话框，设置凹槽类型为"直到最后"，在"偏移"文本框中输入偏移距离 0，选择上一步绘制的草图，单击"确定"按钮完成凹槽特征，如图 7-103 中①～⑤所示。

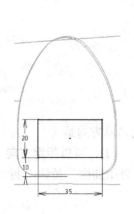

图 7-102　绘制草图

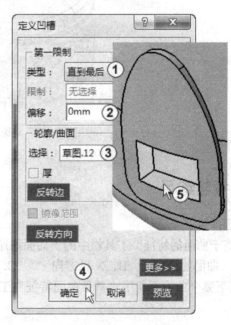

图 7-103　创建凹槽特征

39）单击"修饰特征"工具栏中的"倒圆角"按钮 🌀，系统弹出"倒圆角定义"对话框，在"半径"文本框中输入圆角半径值 8，如图 7-104 中①所示。然后激活"要圆角化的对象"选择框，选择如图 7-104 中②～⑤所示的边，"传播"为"相切"，单击"确定"按钮完成圆角特征，如图 7-104 中⑥～⑧所示。建好的模型如图 7-105 所示。

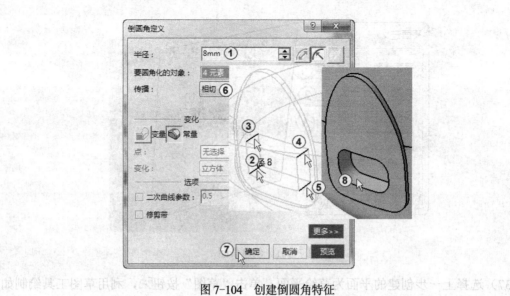

图 7-104　创建倒圆角特征

图 7-105　电饭煲模型

7.4　思考与练习

一．选择题

1. "基于曲面的特征"工具栏中的"曲面增厚"按钮 的增厚方向是（　　）。

　　A．曲面的法向　　　B．X 轴方向　　　C．罗盘方向　　　D．可以指定方向

2. 以下哪个曲面不能用"基于曲面特征"工具栏上的"封闭曲面"按钮 封闭形成实体（　　）。

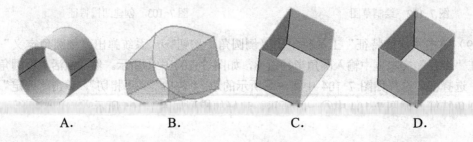

A.　　　　　　　　　B.　　　　　　　　　C.　　　　　　　　　D.

二．操作题

1．建立电热丝模型。在涡状线的基础上加扫掠支持面的角度变化，提取边线再扫掠的方法建立电热丝的模型，如图 7-106 所示。

2．建立异径环模型。用两个圆截面加两条不同形状引导线的放样的方法建立异径环的模型，如图 7-107 所示。

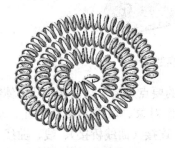
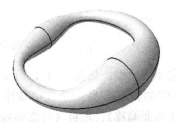

图 7-106　电热丝 　　　　　　　　　　　　　　　图 7-107　异径环

3．建立戒指模型。用扫掠加绕环曲面再扫掠的方法建立戒指的模型，如图 7-108 所示。

图 7-108　戒指

4．建立节能灯模型。此建模方法有一定的实用性和技巧性，如图 7-109 所示。

图 7-109　节能灯

5．建立 U 盘模型，如图 7-110 所示。本练习的要点是填充器（拉伸）、边倒角（圆角）、开槽腔（切除拉伸）、镜像、插入几何体、旋转（曲面旋转）、相似性（比例缩放）、项目（投影曲线）、分割（曲面分割）、突出（曲面拉伸）、连接（曲线桥接）、结合、曲线平滑、多截面曲面（放样曲面）、偏移、对称、填充（曲面填充）、封闭曲面（曲面转换实体）、分割（实体分割）、壳体（抽壳）、旋转体（实体旋转）等工具的应用。详细绘制步骤可参阅"素材文件\第 7 章\ex\U 盘.PDF"文件。

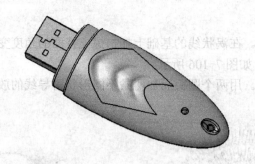

图 7-110　U 盘模型

6. 建立小刀模型，如图 7-111 所示。本练习的要点是插入几何体、几何体特征改名、复制几何体中的特征到另一个几何体中、定义工作对象、取消和激活特征、填充器（拉伸）、偏移（曲面偏移）、项目（投影曲线）、分割、连接（曲线桥接）、线、曲线平滑、多截面曲面（放样曲面）、结合、分割（实体分割）、镜像、边倒角（圆角）、开槽腔（切除拉伸）倒棱（倒角）、旋转（实体移动旋转）、交叉、对称、扫掠（曲面扫描）、封闭曲面（曲面转实体）、加厚曲面、填充（填充曲面）、外推（曲面延伸）、倒角（面圆角）等工具的应用。详细绘制步骤可参阅"素材文件\第 7 章\ex\小刀.PDF"文件。

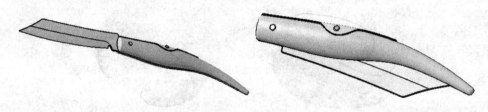

图 7-111　小刀模型

第8章 工 程 图

工程图设计是 CATIA V5 机械设计的重要组成部分，虽然无纸设计是以后的发展方向，但在短期内还无法普及这种生产方式，所以现在对于大部分设计单位来说，还是要以工程图的形式和生产部门交流。工程图设计可以很方便地将三维零部件及装配体生成与之相关联的工程图样，包括各个方向视图、剖面图、局部放大图、轴测图等。工程图设计中可选择自动标注或手动标注，可以进行剖面线填充，还可以根据自定义生成符合企业标准的图样，生成装配体材料明细栏等。加工部门可以从工程图中了解到设计者对零件的所有要求，所以工程图的设计在 CATIA 应用中占有十分的地位，也是三维软件设计功能的优势之一。

本章的主要内容为：工程图设计环境、工程图的生成、工程图编辑和修改、工程图尺寸与标注。

本章的重点是：工程图的生成和标注尺寸。

本章的难点是：工程图尺寸与标注。

8.1 工程图设计概述

在 CATIA V5 中开展工程图设计，必须先完成零件、部件或装配体的三维建模，然后用三维零部件或装配体来生成工程图。生成的工程图与三维设计对象之间保持关联，当三维设计对象发生设计变更或尺寸变化时，仅需要对工程图重新更新，工程图就会根据三维设计对象的变化而自动发生更新，生成新的工程图样。

工程图也可以不依赖三维设计模型，可以像其他二维平面设计软件一样，在一张白图上随意绘制自己想要的二维工程图。

8.1.1 进入工程图绘制环境

1. 从"开始"菜单进入工程图界面

选择菜单"开始"→"机械设计"→"工程制图"命令，系统弹出"新建工程图"对话框。

在"标准"下拉列表中选择制图标准，共有 ISO（国际标准）、ANSI（美国标准）等 11 种选择；通过"图纸样式"下拉列表框选择图纸大小，并且还会显示图纸的格式、纸张大小和全局比例；通过"纵向"和"横向"单选按钮设置图纸摆放方向。若选中"启动工作台时隐藏"复选框，则再次新建工程图时将不再显示该对话框。单击"确定"按钮即可进入工程图绘制工作环境，建立一个新的图形文件。如图 8-1 中①～⑤所示。重复以上操作，即可反复建立新的图形文件。CATIA V5 可以同时建立多个图形文件。

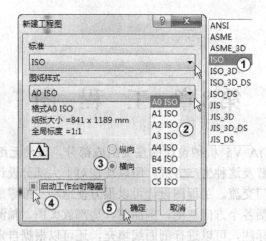

图 8-1 "新建工程图"对话框

2. 从"文件"菜单进入工程图界面

选择菜单"文件"→"新建"命令,在弹出的对话框中选择"Drawing"文件类型,单击"确定"按钮,如图 8-2 中①②所示。系统弹出"新建工程图"对话框(如图 8-1 中所示),在这里设置所要绘制的新图的标准、纸型、摆放方向等即可进入工程图绘制工作环境。

图 8-2 "新建"对话框

3. 从零件设计环境进入工程图绘制环境

选中"新建工程图"对话框中的"启动工作台时隐藏"复选框后,选择菜单"开始"→"机械设计"→"工程制图"命令,系统弹出"创建新工程图"对话框,在"选择自动布局"下的 4 个按钮的含义具体如下。

- "空图纸"按钮 ▨:用于创建一张空图。
- "所有视图"按钮 ▥:用于投影所打开产品或零件的全部视图和轴测图。
- "正视图、仰视图和右视图"按钮 ▤(通常称为第三视角):用于投影所打开产品或零件的前视图,底视图和右视图。
- "正视图、俯视图和左视图"按钮 ▤(通常称为第一视角):用于投影所打开产品和零件的前视图,顶视图和左视图。

如图 8-3 中①~④所示。单击 4 个按钮中的一个,然后单击"确定"按钮,进入工程图绘制环境，建立一个新的图形文件。单击"修改"按钮，如图 8-3 中⑤⑥所示。系统弹出如图 8-1 所示的"新建工程图"对话框，即可重新定义工程图参数。

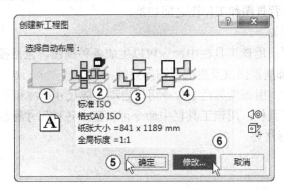

图 8-3 "创建新工程图"对话框

8.1.2 工程图设计工作界面

工程图设计平台显示的是一个二维工作界面，如图 8-4 所示。它和零件设计平台一样，左侧是特征树，显示每个图纸页及图纸页中各种视图间的层次关系；右侧为工作区，显示的是图纸页面中根据需要建立的各种视图。周围是工具栏，因其较多，平时不常用的工具栏可以隐藏起来，仅显示常用的工具栏。

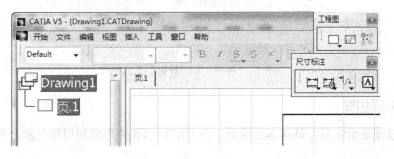

图 8-4 工程图设计平台

一个工程图中可以包含多个图纸页，每个图纸页可以含多种视图，屏幕上每个视图的内容都显示在各自的虚线框中。红色虚线框中的视图是当前活动视图，活动视图在特征树上显示有下画线，非当前活动视图的边框是蓝色的。

● 工程图是用户建立的二维工程图文件，可以保存在磁盘上。
● 图纸页是工程图中的某一页图样，可以表达一个零部件、一个装配体或一个视图中的内容。
● 视图是图纸页虚线框中的内容，可以是投影视图、剖视图、辅助视图等。

工程图设计平台中的鼠标操作和其他工作平台是相同的，只是不能进行旋转操作。

在 CATIA V5 中，一张图纸分为工作图和背景图两部分。背景图一般用来绘制图框和材料表等对象，而工作图上绘制所需的工程图，包括各个视图以及各种标注。二者是同时显示在工程图设计平台上的，但不可同时编辑。当处在工作图中时，不可以编辑属于背景图中的对象，反之亦然。

在工作图中时选择菜单栏中的"编辑"命令,在弹出的下拉菜单中选择"图纸背景"命令;若在图纸背景中时选择菜单栏中的"编辑"命令,在弹出的下拉菜单中选择"工作视图"命令,这样可以在背景图和工作图之间切换。

其中主要的工具栏如下。

- "视图"工具栏:用该工具栏中命令可以生成各种视图,包括投影图、局部放大图、断开视图、局部剖视图以及生成视图向导等。
- "生成"工具栏:用该工具栏中命令可以自动生成尺寸标注和零部件的编号。
- "尺寸标注"工具栏:用该工具栏中命令可以建立各种尺寸标注、修改尺寸标注、几何公差及基准标注等。

8.2 投影视图

8.1 节介绍了生成特定的视图,用这种方法生成的视图是最基本的正投影视图。而在实际工作中,由于零件的复杂和一些特殊的需要,要求设计人员生成一些特殊投影方向的视图以及剖视图、局部放大视图等,这就要用到"视图"工具栏,如图 8-5 中①所示。

单击"视图"工具栏中的"正视图"按钮右下角的倒三角可拖出"投影"工具栏,如图 8-5 中②所示。利用这里提供的功能按钮可以生成各种基本投影。

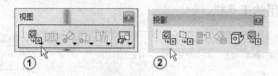

图 8-5 "视图"和"投影"工具栏

8.2.1 正投影视图

正投影视图是最常用、最基本的视图,在 CATIA V5 中可以利用相关的命令生成所需的正投影视图。

生成正投影视图的操作步骤如下。

1)打开"素材文件\第 8 章\top",然后选择菜单"开始"→"机械设计"→"工程制图"命令,选择系统默认值,单击"确定"按钮,进入一个空的工程图文件。

2)选择菜单"插入"→"视图"→"投影"→"正视图"命令或单击"视图"工具栏中的"正视图"按钮,如图 8-6 中①~④所示。选择菜单"窗口"命令,在下拉菜单中选择"top.CATPart"文件,如图 8-6 中⑤⑥所示。进入零件设计平台。

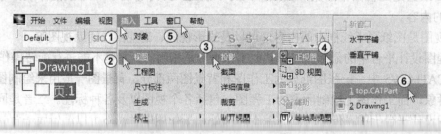

图 8-6 选择 top.CATPart 文件

3）在特征树或三维模型形体上选择一个投影面的平行面。这里选择模型的上端面，如图 8-7 中①所示，单击左键后系统自动返回到工程图工作平台，如图 8-7 中②所示。

4）在工程图的工作平台上出现一个蓝色的圆形操纵盘，单击操纵盘上的 4 个三角箭头可以按箭头方向"90°"旋转零件来改变视图，也可单击操纵盘中部的两个旋转按钮在投影面内改变视图，旋转间隔为"30°"。这里单击两次如图 8-7 中③光标所指的三角箭头旋转零件，单击蓝色圆点或图纸上任意一点，结束正投影视图的生成，如图 8-7 中④所示。

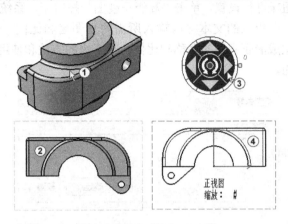

图 8-7　单击三角箭头 2 次的视图变化

8.2.2　保存工程图

工程图编辑完后可以将其保存为 CATIA 的"CATDrawing"文件格式，同样也可以保存为通用的"DWG"文件格式。方法是：选择菜单"文件"→"另存为"命令，如图 8-8 中①②所示。系统弹出"另存为"对话框，在"保存类型"下拉列表中选择保存文件的类型，在"文件名"文本框中输入相应文件名 top1，然后单击"保存"按钮，如图 8-8 中③~⑤所示。

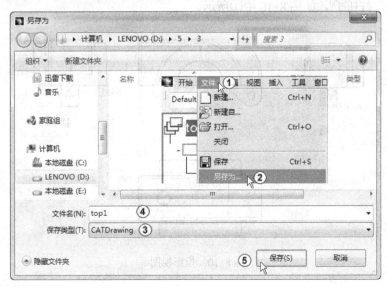

图 8-8　"另存为"对话框

每个工程图都可以保存为一个扩展名为"CATDrawing"的文件，在同一个 CATDrawing 文件中可以保存用户在该工程图工作台中建立的各种二维对象。

8.2.3　修改视图的名称和比例

可以看到"正视图"的视图名称和比例，如图 8-7 中④所示，这是系统默认生成的，这两个参数可以在生成视图之前得到设置。方法是在生成正视图之前，使用"投影"工具栏中的"高级正视图"按钮进行设置。单击"高级正视图"按钮，系统弹出如图 8-9 所示的"视图参数"对话框，在相应的文本框内输入所需的视图名和比例，然后单击"确定"按钮，这样就设置好要生成的正视图的名称和比例，接下来的方法和使用"正视图"按钮生成视图的方法是相同的。

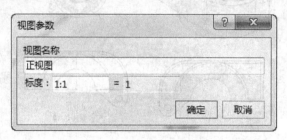

图 8-9　"视图参数"对话框

8.2.4　添加投影视图

生成了正投影视图以后就可以利用它来生成其他视图，免去了在零件设计平台和工程图设计平台之间切换的麻烦。

添加投影视图的操作步骤如下。

1）选择菜单"插入"→"视图"→"投影"→"投影"命令或单击"视图"工具栏中的"投影视图"按钮，如图 8-10 中①所示。

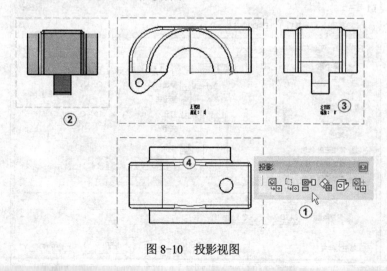

图 8-10　投影视图

2）在工作区移动鼠标，系统则动态地显示模型的投影，如图 8-10 中②所示，随着鼠标与"正视图"相对位置的不同会在工作区出现不同的投影视图。鼠标在"正视图"右侧时单击，所显示的左视图结果如图 8-10 中③所示。类似的鼠标在"正视图"下方所显示的俯视图结果，如图 8-10 中④所示。选择菜单"文件"→"另保存"命令，保存为 top2。

通过这种方法可以获得模型的俯视图、左视图、右视图和仰视图等。

8.2.5　等轴测视图

等轴测视图是按照用户的喜好，按照任意的视角投影视图，因为等轴测视图与基本视图没有对齐关系，所以可以不依赖正视图而单独建立。

具体操作步骤如下。

1）选择菜单"插入"→"视图"→"投影"→"等轴测视图"命令或单击"视图"工具栏中的"等轴测视图"按钮回，如图 8-11 中①所示。

2）激活零件设计平台，将零件调整到希望得到的视图方向，在特征树或模型上选取一个平面，如图 8-11 中②所示，系统自动回到工程图设计平台。

3）通过操纵盘可以调整模型与图纸的角度，然后单击操纵盘外一点，得到如图 8-11 中③所示的等轴测视图。

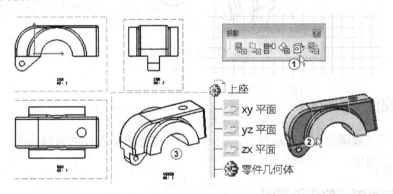

图 8-11　等轴测视图投影

8.2.6　辅助视图

辅助视图可以生成特殊视角的投影图，有助于生产部门对零件的理解。例如，有些模型体的表面与基本身影面之间不平行，有倾角，若要表面这种平面的实际形状，通常采用辅助视图。获取辅助视图的操作步骤如下。

1）在特征树上双击"左视图"使左视图变成当前视图，如图 8-12 中①所示。

2）选择菜单"插入"→"视图"→"投影"→"辅助"命令或单击"视图"工具栏中的"辅助视图"按钮，如图 8-12 中②所示。

3）在工作平台上单击两点生成一条线段（第二点双击鼠标结束拾取），如图 8-12 中③④所示。

4）移动鼠标，会发现有一视图生成，此视图是以当前视图为基准垂直线段所生成的辅助投影视图。在工作平台上单击一点确定视图的位置，生成的辅助视图如图 8-12 中②所示。选择菜单"文件"→"另保存"命令，保存为 top3。

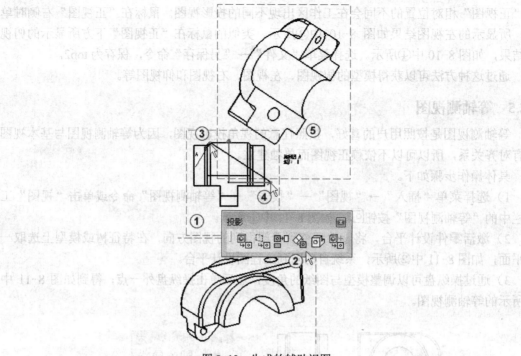

图 8-12　生成的辅助视图

8.3　剖视图

剖视图是工程图的重要组成部分，利用它能清楚地表达零件的内部结构，因此在绘制工程图时被广泛使用。

8.3.1　全剖视图（偏移剖视图）

全剖视图是利用一个平行于投影的平面剖切模型后得到的视图。

生成全剖视图的操作步骤如下。

1）打开"素材文件\第 8 章\top"文件，在正视图的虚线框上双击可以确定其为剖切平面的视图（使其成为活动视图）。

2）选择菜单"插入"→"视图"→"截面"→"偏移剖视图"命令或单击"截面"工具栏中的"偏移剖视图"按钮，如图 8-13 中①～⑥所示。

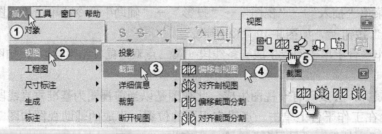

图 8-13　调用偏移剖视图命令

3）在活动视图内确定一点，如图 8-14 中①所示。鼠标向下移动一定距离后双击双击鼠标结束拾取，如图 8-14 中②所示，系统会自动完成两点间的连线，该连线即为剖切平面的位置。移动鼠标，系统则动态地显示模型的投影。

4）在工作区移动鼠标，调整剖视图的位置和投影方向，单击一点确定视图位置，即可得到全剖视图，如图 8-14 中③所示。

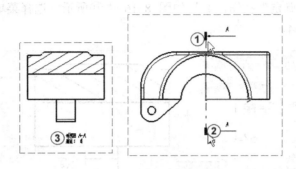

图 8-14　生成全剖视图

选择菜单"编辑"→"撤消"命令，取消全剖视图。

斜剖视图主要用于剖切平面与投影面不平行的场合。生成斜剖视图的步骤与此类似，只是两点间的连线是斜线而已。

8.3.2　阶梯剖视图

阶梯剖视图是利用一组平行于投影的平面剖切模型体后得到的视图。

生成阶梯剖视图的操作步骤如下。

1）在正视图的虚线框上双击可以确定其为剖切平面的视图（使其成为活动视图）。

2）选择菜单"插入"→"视图"→"截面"→"偏移剖视图"命令或单击"截面"工具栏中的"偏移剖视图"按钮。

3）在活动视图内确定 4 个点，如图 8-15 中①～⑤所示，系统会自动完成相邻点间的直角阶梯状的折线，该折线即为剖切平面的位置。移动鼠标，系统则动态地显示模型的投影。

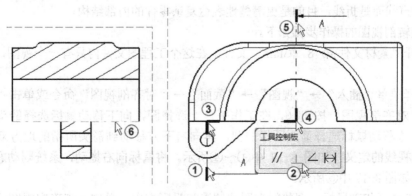

图 8-15　生成阶梯剖视图

4）在工作区移动鼠标，调整剖视图的位置和投影方向，单击一点确定视图位置，即可得到阶梯剖视图，如图 8-15 中⑥所示。

框选如图 8-15 中⑥所示的直线，右击，从弹出的快捷菜单中选择"属性"命令，如图 8-16 中①所示。系统弹出"属性"对话框，选择"线型"，选择"线宽"，如图 8-16 中②～⑤所示。单击"确定"按钮，结果如图 8-16 中⑥所示。选择菜单"文件"→"另保存"命令，保存为 top4。

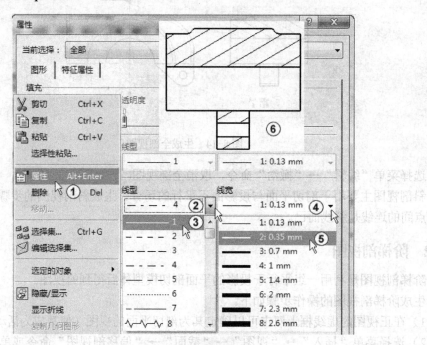

图 8-16　直线属性

8.3.3　旋转剖视视图（对齐的剖视图）

旋转剖视图是用一些相交的垂直于投影面的平面，剖切模型后展开投影得到的视图。其剖切线不是直线而是折线，目的是更清楚地表达复杂零件的内部结构。

生成旋转剖视图的操作步骤如下。

1）打开"素材文件\第 8 章\fafn"文件，在这个工程图文件内只有一个视图，且已处于活动状态。

2）选择菜单"插入"→"视图"→"截面"→"对齐剖视图"命令或单击"截面"工具栏中的"对齐剖视图"按钮，在工作平台上选择圆，向下移动鼠标选择箭头所指的原点，向右下方移动鼠标选择箭头所指的圆，再向右下方移动到箭头所指的地方双击结束拾取，结束剖视线的定义，如图 8-17 中①～④所示。将鼠标向右拖动，系统则动态地显示模型的投影，如图 8-17 中⑤所示。

3）在工作区移动鼠标，调整剖视图的位置和投影方向，单击一点确定视图位置，即可得到旋转剖视图，如图 8-17 中⑥所示。

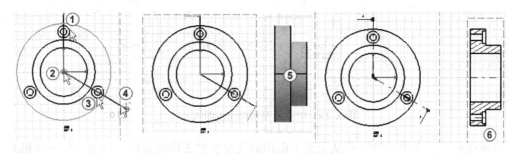

图 8-17 生成旋转剖视图

8.3.4 半剖视图和截面分割视图

1. 半剖视图

对于兼顾内部结构形状表达且具有对称结构的机件常常考虑采用半剖。

CATIA V5 没有直接创建半剖视图的命令，可采用两个平行平面的方法（阶梯剖）来实现。创建半剖视图（在定义剖切平面时，前两点在视图之内，用于定义半剖的剖切面，而后两点在视图之外，为空剖）的操作步骤如下。

1）打开"素材文件\第 8 章\top1"文件，在俯视图虚线框上双击，使其成为活动视图。

2）选择菜单"插入"→"视图"→"截面"→"偏移剖视图"命令或单击"截面"工具栏中的"偏移剖视图"按钮◫。

3）在活动视图内确定 4 个点，如图 8-18 中①～④所示，系统会自动完成相邻点间的直角阶梯状的折线，该折线即为剖切平面的位置。移动鼠标，系统则动态地显示模型的投影。

4）在工作区移动鼠标，调整剖视图的位置和投影方向，单击一点确定视图位置，即可得到阶梯剖视图，如图 8-18 中⑤所示。

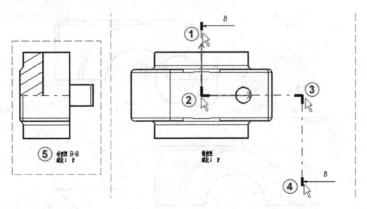

图 8-18　生成半剖视图

2. 截面分割视图

"截面"工具栏中的"偏移截面分割"按钮◫和"对齐截面分割"按钮◫，与"偏移剖视图"按钮◫和"对齐剖视图"按钮◫的使用方法相同，但结果略有不同。

比较图 8-19，可进一步理解剖视图和截面分割图的区别。

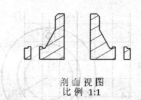

剖视视图
比例 1:1

剖面视图
比例 1:1

图 8-19　剖视视图和剖面视图的区别

剖视图相当于把零件剖开后从垂直于剖面的角度看过去所能看到的图像（如照相机），而截面图就是反应剖面所在的图像（如印章）。

8.3.5　局部视图

在工程图中，总会有一些精细的地方显示不清，如果将整个视图放大，将会占据很大的图纸空间，遇到这种情况，一般是以正常比例绘制整个视图，然后将精细的地方利用局部放大视图放大绘制。

1. 建立圆形区域的局部放大视图（详细视图）

1）打开"素材文件\第 8 章\top1"文件，确认视图为当前视图。

2）选择菜单"插入"→"视图"→"详细信息"→"详细视图"命令或单击"详细信息"工具栏中的"详细视图"按钮 🔍 ，在视图内单击两点，第一点确定圆心，第二点确定半径，用圆圈住所要放大的区域如图 8-20 中①~④所示。

3）移动光标，单击一点指定该局部放大视图位置，即可得到局部放大图，如图 8-20 中⑤所示。

提示： 此处生成的局部放大视图比例为 2:1。可以根据需要，右击特征树上的视图，利用弹出的快捷菜单的命令来更改视图比例。

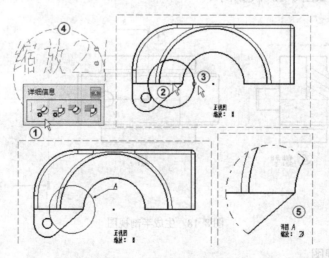

图 8-20　生成的局部放大视图

2. 建立多边形区域的局部放大视图（详细视图轮廓）

1）打开"素材文件\第 8 章\top1"文件，确认视图为当前视图。

2）选择菜单"插入"→"视图"→"详细信息"→"信息"命令或单击"详细信息"工具栏中的"草绘的详细轮廓"按钮 ，在视图内单击4点确定多边形的各个顶点位置（起点和终点必须重合），用多边形锁定要放大的区域，如图8-21中①~⑤所示。

3）移动光标，单击一点指定该局部放大视图位置，即可得到如图8-21中⑥所示的局部放大图。

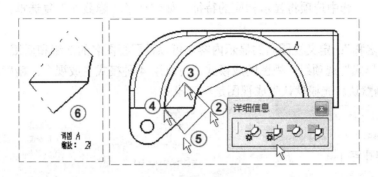

图8-21　区域放大结果

3. 快速生成局部放大图

"详细信息"工具栏中的"快速详细视图"按钮 和"快速详细视图轮廓"按钮 ，与"详细视图"按钮 和"详细视图轮廓"按钮 使用方法相同，但结果略有不同。

局部放大视图会计算出圆形或多边形边界和零件的交点，并用点画线将零件内的区域表示出来。而快速局部放大视图不计算此交点，直接将整个区域绘出，完整保留了圆形或多边形的边界，好处是节省计算时间，所以顾名思义，叫作快速局部放大视图。

8.4　编辑和修改视图

读者会注意到，前几节的工程图实例中所生成的视图的比例都是确定的。但对于不同视图，可能会有一些特殊的要求，例如视图比例、隐藏线等，下面介绍如何修改这些参数。

8.4.1　修改视图和图纸的特性

1. 视图特性

视图的比例、显示方式、修饰情况等特性在生成视图后也可以修改。不同类型的视图有不同的特性，要修改视图的特性，可按下述方法操作。

1）在要修改的视图边框（或特征树）上右击，在弹出的快捷菜单中选择"属性"命令。

2）系统弹出"属性"对话框，在此可以修改视图特性和图形特性。

3）在"视图"选项卡内设置视图参数。各选项的含义解释如下（如图8-22中①~⑦所示）。

● "显示视图框架"复选框：是否显示视图的边框。

● "锁定视图"复选框：是否锁定视图。

- "可视裁剪"复选框：视图可见性裁剪。通过调整一个矩形窗口，确定视图的可见部分。
- "比例和方向"选项组：可以设置视图的比例和摆放方向。用"角度"文本框可改变视图的显示角度，在"缩放"文本框中可以改变视图显示比例。
- "修饰"选项组：可以设置视图的一些显示特征（如中心线、轴、螺纹、圆角、三维的点等），选中选项将显示相应的特征。如勾选了"隐藏线"复选框，视图中将显示虚线。
- "视图名称"：定义视图名的显示内容，可以设置视图名的前缀和后缀。
- "生成模式"选项组：视图的成模式。可以用 4 种模式生成视图：精确、CGR、近似和光栅默认。光栅默认生成视图是精确模式。

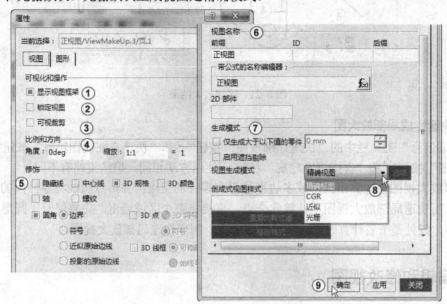

图 8-22 "属性"对话框

4）按照个人的要求，将所需的选项选中，然后单击"确定"按钮，完成对视图的修改。

2. 图纸特性

在特性树上右击图页（默认为图纸.x），从弹出的快捷菜单中选择"属性"命令，系统弹出"属性"对话框，在"图纸"选项卡内设置图纸参数。各选项的含义解释如下（如图 8-23 中①~⑥所示）。

- "名称"：修改图样的名称。
- "标度"：修改绘图比例。
- "格式"：修改图纸的大小，选中"显示"复选框会显示图幅。
- "投影方法"：可以选择"第一角投影法标准"或"第三角投影法标准"。通常 GB 和 ISO 标准采用的是第一角投影法。
- "创成式视图定位模式"：选择视图的放置方式，包括"零件边界框中心"和"零件 3D 轴"。
- "打印区域"：设置图纸页的打印范围。

图 8-23 "属性"对话框

3. 更新视图

CATIA V5 中工程文件并不是独立存在的,它是和原零件文件相关联的,原零件文件修改以后,工程图文件可以利用简单的方法进行修改,而免去了重新建立视图的麻烦。更新视图的方法十分简单,更改完零件文件并保存以后,打开所对应的工程图文件,单击工具栏中的"更新"按钮,就完成了视图的更新,更改后视图间的逻辑关系保持不变,只是视图中零件的轮廓发生了更改。

8.4.2 重新布置视图

正常情况下生成的投影视图或向视图的位置与正视图是保持对齐关系的,拖动视图的边框就可以按视图的对齐关系移动视图的位置(当拖动正视图的边框时,就会移动投影视图)。在 CATIA 工程图绘制过程中,视图之间的对齐关系可以取消,也可以在图面上按用户的要求随意布置每个视图的位置。

1. 改变视图的对齐关系

通常用活动视图生成的左视图、右视图、俯视图和仰视图间存在着平齐和对正关系,活动视图是这些投影视图的基本参考视图,可以用右键快捷菜单的"视图定位"命令来改变这些视图的位置关系。具体操作方法如下。

1）在需要改变位置的视图边框上右击，在弹出的快捷菜单中选择"视图定位"→"不根据参考视图定位"命令。

2）拖动视图边框，视图与参考视图之间即已解除了对齐关系。这样视图就可以随意拖动而放置在图纸的任意位置。

3）如果要恢复对齐关系，则可用同样的方法。在视图边框上再次右击，在弹出的快捷菜单中选择"视图定位"→"根据参考视图定位"命令。

2. 叠放视图

如果要使两个视图（视图一和视图二）对齐重叠在一起，则可以在要叠放的视图的边框上右击，在弹出的快捷菜单中选择"视图定位"→"重叠"命令，再选择要叠放的视图的两个边框，两个视图就会重叠到一起。

3. 使用元素对齐视图

在 CATIA 工程图绘制过程中也可以分别选择两个视图中的某两条线使其对齐，从而对齐两个视图。在要对齐的视图边框上右击，在弹出的快捷菜单中选择"视图定位"→"使用元素对齐视图"命令，如图 8-24 中①～③所示。再分别选择两个视图中的两条线，选择第二条线时请用鼠标在水平线上移动，直到箭头向右时再单击选中，如图 8-24 中⑤⑥所示。使这两条线对齐，这样就可以使两个视图对齐了，如图 8-24 中⑥所示。

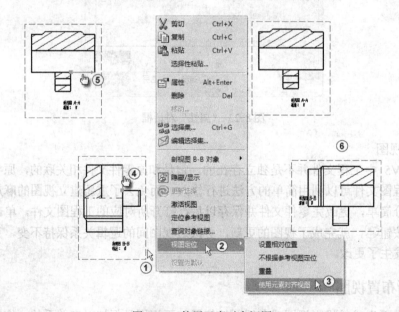

图 8-24 使用元素对齐视图

4. 调整视图的相对位置

在要调整位置的视图边框上右击，在弹出的快捷菜单中选择"视图定位"→"设置相对位置"命令，这时视图上显示十个定位点和一条定位线。拖动定位线，可以改变定位线的长度。拖动定位线绿色端点，可以绕定位线的另一端转动。

1）单击定位线端点处的黑色方块（定位点），红色点会在黑色方块中闪动，选择要定位相对位置的视图边框，定位线的端点自动对齐到目标视图的中心，如图 8-25 中①～③所示。

2）单击定位线，定位线加亮闪动，再选择视图中的一条线，定位线就会与选择的线对齐，如图 8-25 中④～⑥所示。

3）在图上任意一点单击，完成调整视图的相对位置。

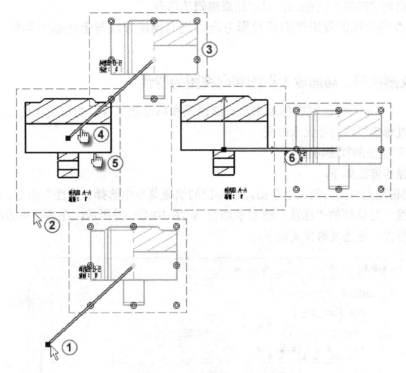

图 8-25　调整视图的相对位置

8.4.3　修改剖视图、局部视图和向视图的投影方向

当剖视图、向视图或局部放大图生成后，若想要改变投影方向或改变剖切面的位置，可以进入轮廓编辑工作台。在该工作台中，可以改变剖切面的位置和剖视方向、向视图的投影平面或方向、局部放大图的位置等。

1. 修改剖视图的定义

如果要改变剖视图的剖切定义或剖切投影方向，具体操作方法如下。

1）在剖视图的剖切符号（箭头）上双击鼠标左键，进入轮廓编辑工作台。

2）在轮廓编辑工作台的右侧工具条中有 3 个激活的工具按钮，每个按钮的作用如下。

● "替换轮廓" 按钮：修改剖切面的定义。

● "反转轮廓方向" 按钮：修改剖视投影方向。

● "结束轮廓编辑" 按钮：退出轮廓编辑工作台。

3）剖视图修改完成后，单击"结束轮廓编辑"按钮，视图即自动更新。

2. 修改局部放大视图的定义

如果要修改局部放大视图，则操作方法如下。

1）在局部放人视图符号（圆圈）上单击，系统进入轮廓编辑工作台。

2）在轮廓编辑工作台右侧工具条中有 2 个激活的工具按钮，每个按钮的作用如下。

● "替换轮廓"按钮 ：修改局部放大视图引出的定义，可以重新绘制圆圈或定义引出的位置。

● "结束轮廓编辑"按钮 ：退出轮廓编辑工作台。

如果修改向视图的投影平面或投影方向，则其操法方法与上述基本类似，这里不再叙述。

8.4.4 修改剖视图、局部放大视图和向视图的特性

CATIA 可以通过修改制图标准来定义剖面图和局部放大视图的视图表达方式，有些内容也可以通过修改视图的特性来改变。

1. 修改剖视图的视图特性

其具体操作方法如下。

1）在剖视图上引出的箭头上右击，在弹出的快捷菜单中选择"属性"命令。

2）"属性"对话框的"标注"选项卡如图 8-26 中①～⑩所示，在其中可修改与剖视图相关的视图特性，各选项的含义如下。

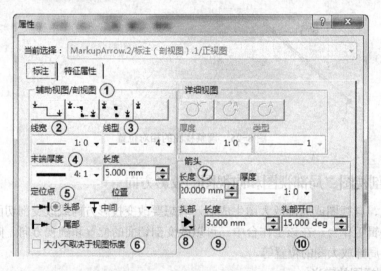

图 8-26 标注属性对话框

● "辅助视图/剖视图"：修改剖切线的样式，有 4 种形式。
● "线宽"：连接线的宽度。
● "线型"：连接线的形状。
● "末端厚度"：剖切面及转折线宽。
● "定位点"：箭头定位，可以选择指向剖切面或离开剖切面。
● "大小不取决于视图标度"复选框：选中时，剖切符号的大小不随视图比例变化。
● "箭头"：箭头线长度。
● "头部"：箭头样式。
● "长度"：箭头长度。

● "头部开口"：箭头角度。

3）单击"确定"按钮，视图特性修改完成，视图会自动更新。

2. 修改局部放大视图的特性

1）在局部放大引出的圆圈上右击，在弹出的快捷菜单中选择"属性"命令。

2）"属性"对话框的"标注"选项卡如图 8-27 中①～③所示，在其中可修改与详细视图相关的视图特性，各选项的含义解释如下。

● "详细视图"：可以选择局部引出的 3 种表达方式之一。

● "厚度"：圆圈的线宽。

● "类型"：圆圈的类型。

3）单击"确定"按钮，视图会自动更新。

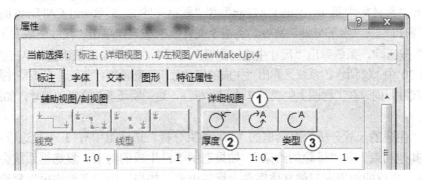

图 8-27　标注属性对话框

4）单击引出箭头，箭头变成黄色方块，在方块处右击，在弹出的快捷菜单中选择"符号形状"命令，还可以改变引出符号的不同表达方式，如图 8-28 中①～④所示。

图 8-28　改变引出符号

8.5　工程图标注

投影视图工作结束以后，接下来的工作就是工程图标注。CATIA V5 提供了强大的工程图标注功能，用户可以简单地操作完成所需的各种标注。

单击"生成"工具栏中的黑色三角按钮，系统弹出"尺寸生成"工具栏，如图 8-29 中①②所示，其中包含"生成尺寸"按钮 、"逐步生成尺寸"按钮 和"生成零件序号"按钮 ，下面分别介绍每个按钮的使用方法。

图 8-29 尺寸标注的 3 个按钮

8.5.1 自动尺寸标注

自动尺寸标注是 CATIA V5 中很有特色的标注方法，尺寸自动生成的必要条件是模型在草图设计时已经施加了尺寸约束。

1. 一次自动生成全部尺寸

自动标注尺寸的操作步骤如下。

1）打开"素材文件\第 8 章\zrz.CATPart"和"素材文件\第 8 章\zrz1.CATDrawing"文件，选择菜单"窗口"→"水平平铺"命令，将两个文件水平布置。单击"尺寸生成"工具栏中的"生成尺寸"按钮 ，系统弹出"尺寸生成过滤器"对话框，采用系统默认值，单击"确定"按钮，如图 8-30 中①②所示。系统又弹出"生成的尺寸分析"对话框，并统计出该零件共有 13 个约束，7 个尺寸，同时在工程图上生成了 7 个尺寸标注，这说明还要建立新的尺寸，如图 8-30 中③④所示。

2）在"生成的尺寸分析"对话框的"3D 约束分析"选项组中有 3 个复选框："已生成的约束""其他约束"和"排除的约束"。如果选中"已生成的约束"复选框系统会将所有已经在工程图上生成的约束在三维立体零件上标注出来。如果选中"其他约束"复选框系统会将没有在工程图上生成的约束在三维立体零件上表示出来，如图 8-30 中⑤⑥所示，以便指导用户生成新的视图用于标注余下的约束。选中"排除的约束"复选框用于显示与标注无关的约束。

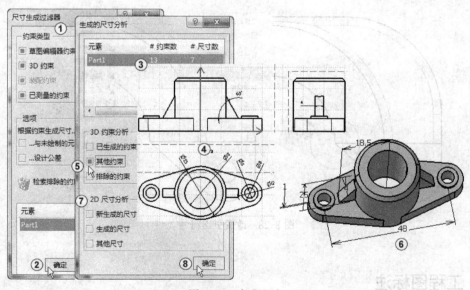

图 8-30 生成尺寸

3）在"生成尺寸"对话框的"2D 尺寸分析"选项组中也有 3 个复选框（如图 8-30 中⑦所示）："新生成的尺寸""生成的尺寸"和"其他尺寸"。如果选中"新生成的尺寸"复选框，系统会高亮显示比例所生成的尺寸。如果选中"生成的尺寸"复选框，系统会高亮显示所有利用自动生成标注所生成的尺寸。如选中"其他尺寸"复选框，系统会只显示之前手动生成的尺寸标注。

2. 逐步生成尺寸

单击"尺寸生成"工具栏中的"逐步生成尺寸"按钮，系统弹出"尺寸生成过滤器"对话框，采用系统默认值，单击"确定"按钮后系统弹出"逐步生成"对话框，其中各符号分述如下（如图 8-31 中①～⑨所示）。

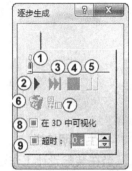

- 滑动条：显示正在标注尺寸的序号。
- 按钮▶：标注下一个尺寸。
- 按钮▶▶：标注剩余全部尺寸。
- 按钮■：尺寸生成异常停止。
- 按钮‖：暂停，用于调整或删除当前尺寸。
- 按钮：删除当前尺寸。
- 按钮：将当前尺寸改注在其他视图。

选中"在 3D 中可视化"复选框，标注尺寸时，如果同时打开三维零件窗口，则会在三维零件上显示当前尺寸。

图 8-31 "逐步生成"对话框

选中"超时"复选框，可以设置自动暂停时间，即在不操作按钮▶时，停留一段时间后会自动生成下一个尺寸标注。

在尺寸标注的过程中可以调整当前尺寸标注的位置和标注方式。标注时，当前尺寸显示为橘黄色。

"逐步生成尺寸"按钮的使用方法基本与"生成尺寸"按钮的相同，只是不像上例那样一次生成所有尺寸，而是分步骤地执行。

3. 生成零件序号

在装配体设计工作台中先为零部件定义零件号，然后到工程图工作台中生成零件序号，具体操作方法如下。

1）打开相应文件夹中的"Product1.CATPart"文件，在特征树上选择根节点装配，单击"结构产品工具"工具栏中的"生成编号"按钮，系统弹出"生成编号"对话框，选择"整数"方式，对零部件进行编号，单击"确定"按钮，如图 8-32 中①～④所示。

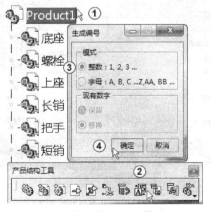

图 8-32 生成编号

2）选择菜单"开始"→"机械设计"→"工程制图"命令，选择"所有视图"，单击"确定"按钮，如图 8-33 中①②所示。

3）把要标注零件号的视图"等轴测视图"设置为当前视图，单击"尺寸生成"工具栏中的"生成零件序号"按钮，在装配图中产生零件的编号，如图 8-33 中③④所示。

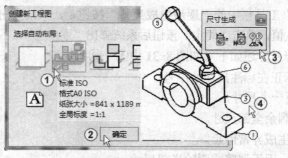

图 8-33　生成零件序号

4. 生成明细栏

当在装配设计工作台定义零件序号后，就可以生成明细栏了。CATIA 2015 可以在装配设计工作台中定义生成明细栏的格式，定义明细栏格式的方法如下。

1）在装配设计工作台中，选择菜单"分析"→"物料清单"命令，系统弹出"物料清单：Product1"对话框。

2）在该对话框中可以查看明细栏的格式，若对当前格式进行修改，选择格式下拉列表中已保存的格式，或单击对话框中"定义格式"按钮，如图 8-34 中①所示。

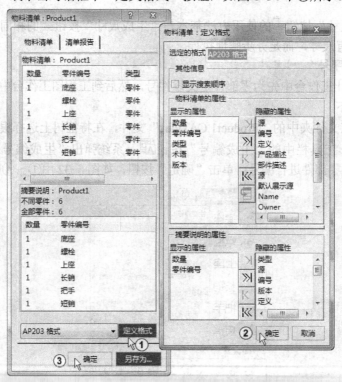

图 8-34　物料清单

3）系统又弹出"物料清单：定义格式"对话框，在此对话框中可以设置明细栏中要生成的内容和格式。单击"确定"按钮，如图 8-34 中②所示。即完成明细栏的格式定义。返回"物料清单：Product1"对话框，查看明细栏格式，单击"确定"按钮，如图 8-34 中③所示。设置完成，退出对话框。

物料清单格式设置完成后，就可以在装配图中生成明细栏了，在装配图中生成明细栏的具体操作方法如下。

1）在工程图工作台，选择菜单"编辑"→"图纸背景"命令，进入工程图背景层。

2）在背景层中，单击"工程图"工具栏中的"高级物料清单"按钮 右下角的倒三角，展开"物料清单"工具栏，单击其中的 "物料清单"按钮 ，如图 8-35 中①②所示。

3）选择菜单"窗口"命令，转换到装配设计工作台。

4）在装配设计工作台中选择装配树的根节点装配"Product1"。

5）系统自动转换回工程图工作台，在工程图工作台选择一点作为明细栏的插入点即可自动生成明细栏。

6）双击生成的明细栏，就可以进行编辑。编辑完成后的效果如图 8-35 中③所示。选择菜单"编辑"→"工作视图"命令，即退出背景层，返回到工作视图。

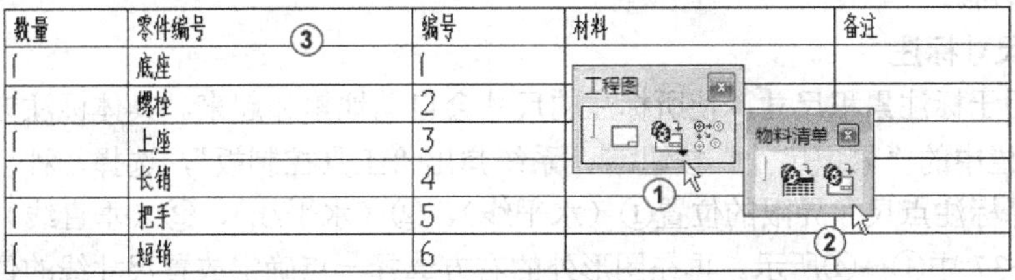

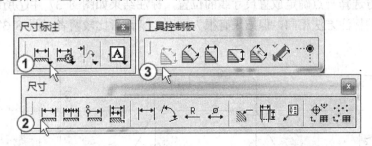

图 8-35　生成明细栏

8.5.2　尺寸标注

单击"尺寸标注"工具栏中"尺寸"按钮 右下角的倒三角，拖出"尺寸"工具栏，如图 8-36 中①②所示。基本的尺寸标注都可以利用此工具栏来完成。

图 8-36　尺寸工具栏

1. 尺寸标注

利用"尺寸"按钮 ，可以产生长度，角度与直径等标注，CATIA V5 会根据用户选取的图形轮廓自动判断适合的标注。先单击"尺寸"按钮 ，系统弹出"工具控制板"工具栏，如图 8-36 中③所示。可以结合要标注的对象在"工具控制板"工具栏中作进一步的选择。然后单击选择所要标注的轮廓即可，如果要标注两个轮廓线条之间的尺寸关系，依次选择两个轮廓即可。"工具控制板"工具栏中各按钮的作用如下。

- "投影的尺寸"按钮：标注图形元素投影的尺寸。
- "强制标注元素尺寸"按钮：强制标注于图形元素同方向的尺寸。
- "强制尺寸线在视图中水平"按钮：强制在视图内标注水平方向的尺寸。
- "强制在视图中垂直标注尺寸"按钮：强制在视图内标注垂直方向的尺寸。
- "强制沿同一方向标注尺寸"按钮：强制在视图内标注指定方向的尺寸。
- "实长尺寸"按钮：标注图形元素的实际长度
- "检测相交点"按钮：当计算尺寸时检测交点。

2. 链式尺寸标注

链式尺寸标注是指通过逐个选择标注点来连续标注尺寸。具体标注方法是:打开相应文件夹中的"zrz1.CATDrawing"文件，单击"尺寸"工具栏中的"链式尺寸"按钮，系统弹出"工具控制板"，选择一种合适的标注方式。依次选择标注点尺寸界限的位置①（水平线）、②（水平线）、③（垂直线）和④（水平线），如图 8-37 中①～④所示。再在图形外的右方选择一点确定放置尺寸线的位置，标注结果如图 8-37 中⑤所示。结束操作的方法是在空白处单击即可。

3. 累积尺寸标注

此标注用于标注累积尺寸，使所标注的尺寸会自动地累加起来。具体标注方法是：单击"尺寸"工具栏中的"累积尺寸"按钮，系统弹出"工具控制板"，选择一种合适的标注方式。依次选择标注点尺寸界限的位置①（水平线）、②（水平线）、③（垂直线）和④（水平线），如图 8-37 中①～④所示。再在图形外的右方选择一点确定放置尺寸线的位置，标注结果如图 8-37 中⑥所示。

4. 堆叠式尺寸标注

此标注用于标注堆栈尺寸，具体标注方法是：单击"尺寸"工具栏中的"堆叠式尺寸"按钮，系统弹出"工具控制板"，选择一种合适的标注方式。依次选择标注点尺寸界限的位置（水平线）、②（水平线）、③（垂直线）和④（水平线），如图 8-37 中①～④所示。再在图形外的右方选择一点确定放置尺寸线的位置，标注结果如图 8-37 中⑦所示。堆叠式尺寸和累积尺寸的标注方法相同，但结果有很大区别，请读者比较两者（图 8-37 中⑥和⑦）的区别。

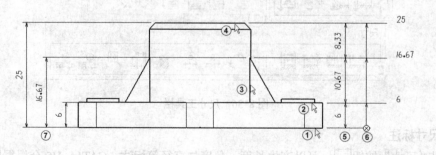

图 8-37 尺寸标注的结果

5. 长度/距离尺寸标注

"长度/距离尺寸尺寸"按钮 与"尺寸"按钮 相比，在标注长度型尺寸时功能及操作相同，但在确定尺寸位置时其快捷菜单增加了"尺寸减半"命令，可以只画一侧的尺寸界线及箭头。

6. 角度的标注

此标注用于标注角度。单击"尺寸"工具栏中的"角度尺寸"按钮 ，系统弹出"工具控制板"，选择一种合适的标注方式。选择两条直线轮廓，然后在合适的位置单击即可完成角度标注，如图 8-38 中①～③所示。

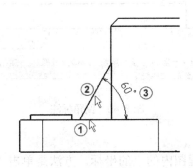

图 8-38　角度标注

7. 半径标注

此标注用于标注半径，单击"尺寸"工具栏中的"半径尺寸"按钮 ，系统弹出"工具控制板"，选择一种合适的标注方式。选择要标注的圆弧，移动鼠标在合适位置单击即可，如图 8-39 中①②所示。半径标注也可以改成直径标注，方法是将鼠标移至标注线上后右击，在弹出的快捷菜单中选择"尺寸.1 对象"→"转换为直径"命令，如图 8-39 中③～⑤所示。

8. 直径标注

此标注用于标注直径，单击"尺寸"工具栏中的"直径尺寸"按钮 ，系统弹出"工具控制板"，选择一种合适的标注方式。选择要标注的圆弧，如图 8-39 中⑥所示。移动鼠标在合适位置单击即可，如图 8-39 中⑤所示。使用与半径类似的方法，直径标注也可以改成半径标注。

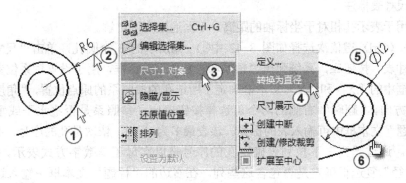

图 8-39　直径标注

9. 倒角的标注

此标注用于对工程图中的倒角进行标注。使用方法是单击"尺寸"工具栏中的"倒角尺寸"按钮，系统弹出"工具控制板"，该工具栏中有 4 种标注方式和两种标注选项（单箭头、双箭头）。操作时，先选择标注方式和标注选项，再选择要标注的倒角，然后在合适的标注位置单击即可完成倒角标注，如图 8-40 中①～④所示。

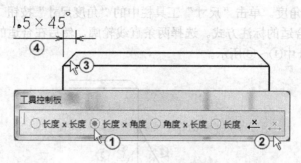

图 8-40　倒角标注

10. 坐标值的标注

此标注用于标注二维工程图内的点的坐标。方法是单击"尺寸"工具栏中的"坐标尺寸"按钮，系统弹出"工具控制板"选择合适的标注方式，然后选择所要标注的点，在合适的标注位置单击即可完成坐标标注，结果如图 8-41 中①～③所示。

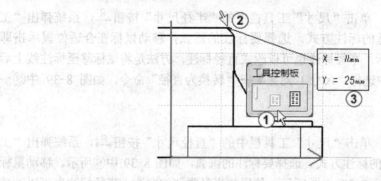

图 8-41　坐标标注

11. 孔尺寸表标注

此标注用于表示孔相对于坐标轴的距离。下面通过实例讲解。

1）按住〈Ctrl〉键依次选择如图 8-42 中①～③所示的 3 个圆孔，单击"尺寸"工具栏中的"孔尺寸表"按钮，系统弹出"轴系和表参数"对话框，用于设置轴系位置和表格参数。该对话框中的"X"和"Y"文本框确定了所选孔的参照系的原点位置，"角度"文本框确定了轴的方向，"翻转"右侧的两个可选择按钮确定了参照系是否绕水平或垂直方向翻转。在"标题"文本框中可输入表的标题。该表最多为 4 列，依次是孔的序号，孔心 X、Y 坐标和直径。通过"列"下拉列表确定孔的序号是以字母还是数字方式表示，通过"X""Y"和"直径"复选框确定是否包含这些列。在右边的"标题"文本框中输入这些列的标题，如图 8-42 中④～⑥所示。单击"确定"按钮，在合适的位置单击来确定表的位置，即可得到孔的分布表，如图 8-42 中⑨所示，可以看出在表格内列出了孔的位置和直径数值。

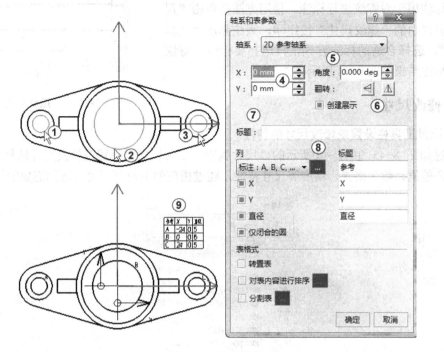

图 8-42　孔尺寸表

12. 坐标尺寸表标注

建立坐标尺寸表标注的使用方法与建立孔尺寸表的使用方法基本相同，所不同的是要选择点，这里选择了原点（孔心），单击"尺寸"工具栏中的"坐标尺寸表"按钮，系统弹出"轴系和表参数"对话框，确定参数后单击"确定"按钮，在合适的位置单击确定表的位置，即可得到孔的位置表，如图 8-43 中①～③所示。

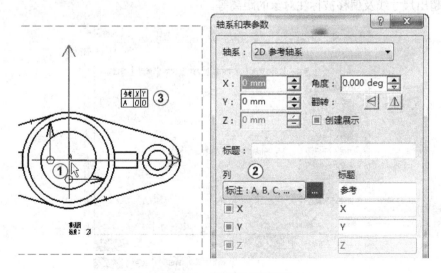

图 8-43　坐标尺寸表标注

13. 螺纹标注

此标注用于对螺纹进行标注。使用方法是单击"尺寸"工具栏中的"螺纹尺寸"按钮，系统弹出"工具选用板"，选择合适的标注方式，再选择要标注的螺纹即可，标注结果如图 8-44 所示。

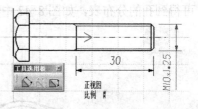

图 8-44　螺纹标注

8.5.3　修改尺寸

1. 通过工具栏设置或修改尺寸的特性

通过如图 8-45 中①～③所示的"尺寸属性"工具栏可以设置或修改尺寸的样式、公差类型、公差值、数字格式、精度等尺寸特性。通过相应的下拉列表可以选择需要的格式。

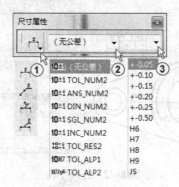

图 8-45　"尺寸属性"工具栏

2. 通过对话框设置或修改尺寸的特性

右击一个尺寸，在弹出快捷菜单中选择"属性"命令，系统弹出如图 8-46 所示的"属性"对话框。该对话框有"值"等 9 个选项卡，通过该对话框可以修改尺寸数值的格式和精度、尺寸文本的方位和字体、尺寸公差的类型和数值、尺寸线的属性和箭头样式、尺寸界线的属性和超出尺寸线及偏移被标注对象的距离等。

图 8-46　"属性"对话框

276

3. 编辑尺寸

尺寸标注完成以后，可对标注的尺寸界限进行修剪，当视图内的尺寸过多时，可以利用修改尺寸线功能对尺寸进行修剪，达到简化视图、易于阅读的目的。修改尺寸界线的功能是利用如图 8-47 中①②所示的"尺寸编辑"工具栏完成的。功能按钮的使用方法很简单，下面依次讲解。

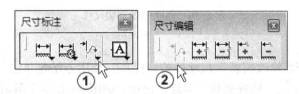

图 8-47 "尺寸编辑"工具栏

（1）重新规划尺寸

"重新规划尺寸"的功能相当于先删除原尺寸标注，然后利用原尺寸生成时所使用的按钮再次标注尺寸。使用方法是单击"尺寸编辑"工具栏中的"重设尺寸"按钮，选择一个要重设的尺寸，然后选择要重设的尺寸的第一个元素，再选择要重设的尺寸的第二个元素，如图 8-48 中①～③所示。则先选择的尺寸被删除，后选择的对象被标注了尺寸，如图 8-48 中④所示。

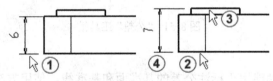

图 8-48 重新规划尺寸

（2）断开所选的尺寸线

在尺寸线相互重叠时可以使用此功能打断尺寸线。如图 8-49 所示，左图为打断之前的视图，右图为打断之后的视图。打断尺寸线功能的使用方法为，单击"尺寸编辑"工具栏中的"创建中断"按钮，选择所要修改的标注，在欲打断的尺寸线上单击两点，那么此两点间的尺寸线就被打断了。

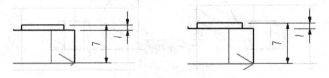

图 8-49 断开尺寸线

（3）还原尺寸线

移除中断即还原尺寸线，它是打断尺寸线的逆操作。使用方法是单击"尺寸编辑"工具栏中的"移除中断"按钮，选择要修改的标注，再单击被打断的尺寸线的位置，即可使尺寸线还原。

（4）创建/修改剪裁

单击"尺寸编辑"工具栏中的"创建/修改剪裁"按钮，选择要剪裁的尺寸，指定尺寸要保留的一侧，指定剪裁，如图 8-50 中①～③所示，结果如图 8-50 中④所示。

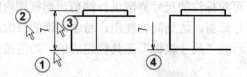

图 8-50　创建/修改剪裁尺寸

（5）移出剪裁

移出剪裁是"创建/修改剪裁"尺寸线的逆操作。使用方法是单击"尺寸编辑"工具栏中的"移出剪裁"按钮，选择要移出剪裁的尺寸，如图 8-50 中④所示，结果如图 8-50 中①所示。

8.5.4　公差标注

公差标注是利用如图 8-51 中①②所示的"公差"工具栏来完成的。

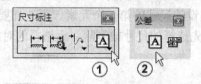

图 8-51　"公差"工具栏

1. 特征基准标注

"特征基准标注"功能用于标注公差的基准面和基准线。使用方法是单击"公差"工具栏中的"基准特征"按钮，选择作为基准的投影线段，然后单击一点确定放置位置，如图 8-52 中①②所示。系统弹出"创建特征基准"对话框，填入基准编号，单击"确定"按钮结束操作，就完成了特征基准标注，如图 8-52 中③④所示。

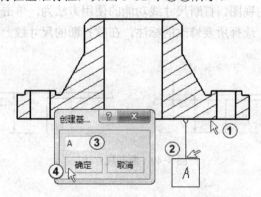

图 8-52　特征基准标注

2. 几何公差标注

1）有了基准以后，就可以进行几何公差的标注了。方法是单击"公差"工具栏中的"形位公差"按钮，选择所要标注的轮廓，如图 8-53 中①所示。系统弹出"形位公差"

278

对话框。

2）"形位公差"对话框的"过滤器公差"选项用于根据所选择的轮廓过滤不适应的公差。在"公差"区域，单击按钮⊥右下角的倒三角，可以列出所有公差符号，选中所需要的一种，如图 8-53 中②③所示。

3）在公差符号右侧的文本框内可以输入公差值。"参考"选项组用于设置参考基准，可以通过选择特征基准来输入，如图 8-53 中④⑤所示。在添加公差标准的过程中，如果要使用直径等特殊符号，可以单击"插入符号"按钮⌀右下角的倒三角来选择特殊符号，选择以后符号会被自动添加到文本框内。单击"确定"按钮结束操作，结果如图 8-53 中⑥⑦所示。

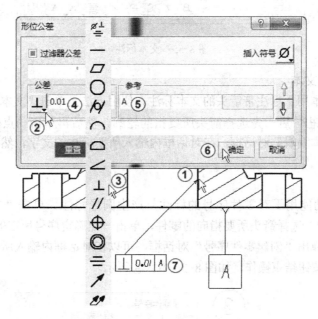

图 8-53　几何公差标注

8.5.5　文本标注

文本标注是利用如图 8-54 所示的"文本"工具栏来完成的，它可由"标注"工具栏中的"文本"按钮T拖出。下面介绍"文本"工具栏上主要功能按钮的使用。

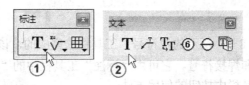

图 8-54　"文本"工具栏

1. 标注文字

标注文字的使用方法是单击"文本"工具栏中的"文本"按钮T，然后在工程图中准备标注的位置单击一下，系统弹出"文本编辑"对话框，在对话框内输入所要标注的文字，然后单击"确定"按钮结束操作，如图 8-55 中①②所示。

如果要修改文本的字体、字高，是否采用粗体、是否采用斜体、是否带上（下）画线、是否书上（下）标等，则可以在"文本属性"工具栏中设置，如图 8-55 中③所示。

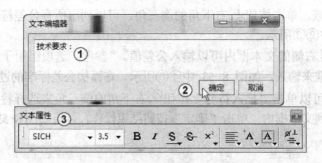

图 8-55　文本标注

2. 带引出线的文本

带引出线的文本用于标注带箭头的文本标注。使用方法是单击"文本"工具栏中的"带引出线的文本"按钮 ╱T 后，先选择箭头所要指的轮廓，然后再单击一点确定文字所在的位置，系统弹出"文本编辑"对话框，在对话框内输入所要标注的文字，然后单击"确定"按钮结束操作。

3. 零件序号

"零件序号"功能用于对零件序号的标注，产生圆形标注。单击"文本"工具栏中的"零件序号"按钮⑥，选择箭头所要指向的零件，单击一点确定序号所在的位置，如图 8-56 中①②所示。系统弹出"创建零件序号"对话框，可以在对话框内输入所要标注的编号或文字，单击"确定"按钮结束操作，如图 8-56 中③④所示。

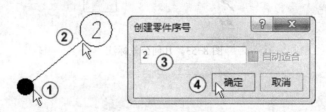

图 8-56　创建零件序号

8.5.6　符号标注

符号标注是利用如图 8-57 所示的"符号"工具栏来完成的，该工具栏主要用于标注表面粗糙度符号、焊接符号和焊接符号。它可由"标注"工具栏中的"粗糙度符号"按钮 √ 拖出。下面介绍"符号"工具栏中按钮的使用方法。

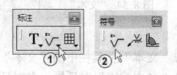

图 8-57　"符号"工具栏

1. 表面粗糙度符号标注

表面粗糙度符号标注的使用方法是单击"符号"工具栏中的"粗糙度符号"按钮$\sqrt{}$，选择所要标注的轮廓，如图 8-58 中①所示。系统弹出"粗糙度符号"对话框，在对话框中定义粗糙度标注的参数，输入表面粗糙度值，选择表面粗糙度类型。设置完成后，单击"确定"按钮结束操作，如图 8-58 中②～⑤所示。

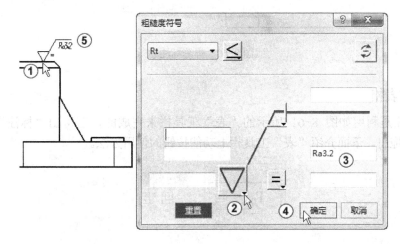

图 8-58　粗糙度符号标注

2. 焊接符号标注

焊接符号标注的使用方法是单击"符号"工具栏中的"焊接符号"按钮$\bigwedge$，选择一点作为焊接符号标注点（或者选择两条曲线，则两条线的交点就是标注点），再单击一点确定标注点的位置，如图 8-59 中①～③所示。系统弹出"创建焊接"对话框，在对话框的文本框内有几个可供选择的符号按钮，可以输入焊缝宽度、焊缝长度、焊缝符号等，设置完以后，单击"确定"按钮结束操作，如图 8-59 中④～⑨所示。

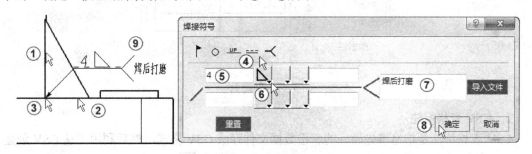

图 8-59　创建焊接符号

3. 焊缝标注

焊缝标注功能用于在有焊缝处画出焊缝标记。使用方法是单击"符号"工具栏中的"焊接"按钮，选择需要焊接的两个对象，如图 8-60 中①②所示。系统弹出"焊接编辑器"对话框。在对话框的文本框内设置焊缝标记的尺寸，单击按钮$\blacktriangledown$右下角的倒三角，可以选择焊缝样式，最后单击"确定"按钮结束标注，如图 8-60 中③～⑦所示。

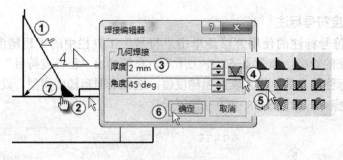

图 8-60 焊缝标注

8.5.7 生成表格

表格标注是利用如图 8-61 所示的"表"工具栏来完成的，它可由"标注"工具栏中"表"按钮▦拖出。下面介绍"表"工具栏上功能按钮的使用方法。

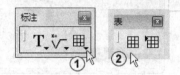

图 8-61 "表"工具栏

1. 表格标注

表格标注的使用方法是单击"表格"工具栏中的"表"按钮▦，系统弹出"表编辑器"对话框，在此处设置表格的行列数，设置好后单击"确定"按钮。最后单击一点确定表格位置，如图 8-62 中①～③所示。然后双击表格输入想要的文本即可。

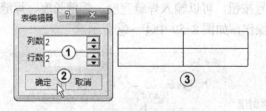

图 8-62 创建表

2. CSV 表格标注

CSV 表格标注是指将事先做好的表格数据文件存成 CSV 格式，然后利用"从 CSV 创建表"按钮▦将其引入到工程图中。使用方法是单击该按钮▦，系统弹出"选择文件"对话框，选择事先制作好的 CSV 格式文件，单击"打开"按钮，最后在工程图中单击一点确定表格位置，就可以导入表格，利用此种方法可以加快制作表格的速度。

8.6 工程图更新存档及关联检查

1. 更新视图

CATIA V5 中工程图文件并不是独立存在的，它是和零件文件相关联的，零件文件修改以后，工程图文件可以利用简单的方法进行修改，而免去了重新建立视图的麻烦。更新视图的方法很简单，更改完零件并保存以后，打开所对应的工程图文件，单击工具栏中的"更新"按钮，就完成了视图的更新。更改后的视图逻辑关系保持不变，只是视图中零件的轮廓发生了改变。

2. 存档

选择菜单"文件"→"另存为"或"保存"或"保存管理"命令，可以对文件进行保存管理。

3. 关联检查

选择菜单"编辑"→"链接"命令，系统弹出如图 8-63 所示的"文档的链接"对话框，在此对话框中可以检查视图是否关联。

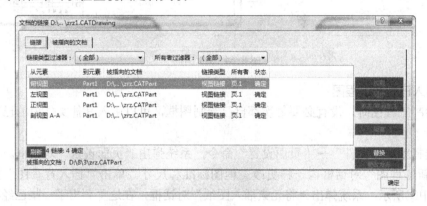

图 8-63 "文档的链接"对话框

8.7 工程图背景图框

每一张正式的图纸都要有图框，它既是图纸的边界，又起到了美观的作用，同时还可以在图框内注释图纸的基本信息。对于一个设计部门来说，应该有一套不同图纸型号的图框模板，所有的设计员可根据所设计的工程图的大小选择图框，这样才规范统一。下面介绍如何生成工程图背景图框。

1. 建立图框

1）选择菜单"开始"→"机械设计"→"工程制绘图"命令，系统弹出"创建新工程图"对话框，单击"空图纸"按钮，单击"确定"按钮，打开一个空工程图文件。选择菜单"编辑"→"图纸背景"命令，进入背景设计平台。其中各按钮的使用和草图工具栏中的使用方法是一样的。"工程图"工具栏中的"框架和标题节点"按钮是专用来创建图框的，虽与国标有些不符，但可以利用绘图工具修改创建出符合需要的图框。

2）单击"工程图"工具栏中的"框架和标题节点"按钮，系统弹出"管理框架和标题块"对话框，单击"标题块的样式"下拉列表框，弹出下拉列表，其有 4 种样式可选，选择其中一种。在"指令"列表框中有 6 种指令可选，选择其中一种。单击"确定"按钮，如图 8-64 中①～④所示。再用绘图工具对图框进行修改，绘制好的 A3 图框如图 8-64 中⑤所示。

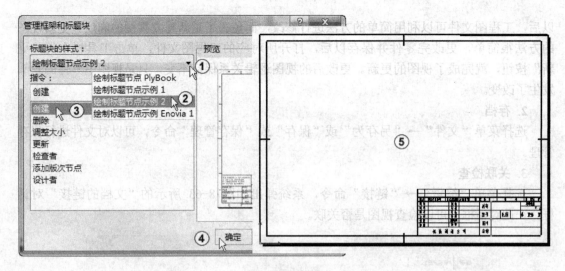

图 8-64　A3 图框

2. 引入已有的工程图

1）绘制工程图时，没有必要每次都自己绘制图框，可以引入其他文件内的已有图框，方法如下。

2）选择菜单"文件"→"页面设置"命令，系统弹出"页面设置"对话框。在此处可以像在"新工程图"对话框内一样更改工程图标准和尺寸。单击"插入背景图"按钮，如图 8-65 中①所示。系统弹出"将元素插入图纸"对话框，在这里列出了一些已经存在的工程图文件。可以单击"浏览"按钮来添加更多的文件，当单击某一文件路径后，会在预览区生成文件中背景图的预览图，用户可以根据需要选择。选择好背景图以后单击"插入"按钮，即将选择的背景图插入到工程图中，如图 8-65 中②～⑥所示。

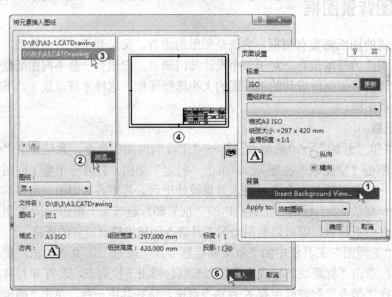

图 8-65　"将元素插入图纸"对话框

8.8 工程图格式转换和绘制环境设置

1. DWG/DXF 格式

在实际工作中经常会遇到工程图格式转换的问题，CATIA V5 支持大多数通用文件格式。平面二维图最通用的格式为 DWG/DXF 格式，很多软件，如 AutoCAD 等，都可以输入和输出这种格式，CATIA V5 也不例外。

如准备将其他软件设计的 DWG 格式的工程图输入到 CATIA V5 中时，可选择菜单"文件"→"打开"命令，系统弹出"选择文件"对话框，在"文件类型"下拉列表中选择"dwg（*.dwg）"选项，这样就可以按指定路径选择所需的文件，单击"打开"按钮即可将其导入到 CATIA V5 中，如图 8-66 中①～⑤所示。

图 8-66　打开*.dwg 文件

编辑完工程图以后可以将其保存为 CATIA V5 的 CATDrawing 格式，同样也可以保存为通用的 DWG 格式。方法是选择菜单"文件"→"另存为"命令，系统弹出"另存为"对话框，在"保存类型"下拉列表中选择保存文件的类型，在"文件名"文本框内输入文件名，单击"保存"按钮即可，如图 8-67 中①～⑤所示。

2. 设置工程图绘制环境

在创建工程图的过程中也可以通过快捷菜单来设置或改变当前的绘图环境。或者选择菜单"工具"→"选项"命令，系统弹出"选项"对话框，单击该对话框内特征树的"工程制图"结点，即可显示"常规"等多个选项卡，如图 8-69 中①②所示。

"常规"选项卡可以设置"标尺""网格""颜色""结构树""视图轴"等工程图相应特性。

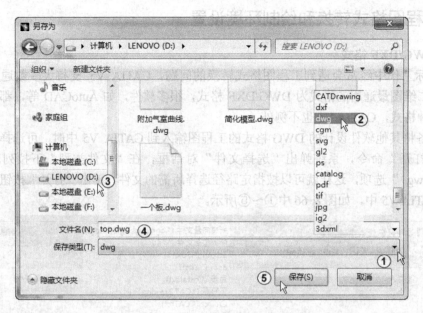

图 8-67　另存为 "dwg" 文件

"布局"选项卡可以控制是否显示视图的名称、视图的框架和缩放比例等。

"视图"选项卡可以控制是否生成三维实体的轴线、中心线、圆角、螺纹等图形对象，如图 8-68 中③④所示。

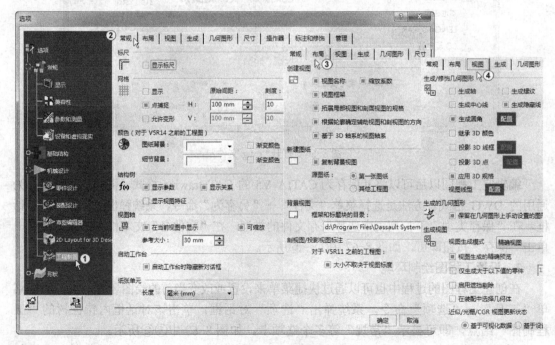

图 8-68　设置工程图绘制环境

8.9 思考与练习

一. 选择题

1. 如图 8-69 所示的左视图一般是由以下哪个按钮生成的（　　　）。

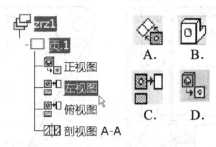

图 8-69　左视图

2. 按钮 的作用是（　　　）。

    A. 标注长度
                B. 给装配产品添加球标

    C. 添加公差基准
                D. 标注弧长

3. CATIA 装配文件的扩展名是（　　　）。

    A. dwg
      B. CATPart
        C. CATProduct
       D. CATDrawing

4. 在工程图中，要以一定比例导入一个零件的正视图，使用的命令按钮是（　　　）。

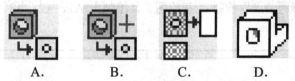

5. 要做一个阶梯剖视图，且只需要显示剖面，使用的命令按钮是（　　　）。

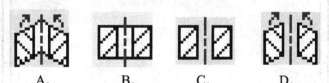

6. 在工程图中，按钮 的作用是（　　　）。

    A. 创建对称轴
                B. 创建轴线

    C. 创建中心线
                D. 镜像视图

7. 创建累积尺寸应用的按钮是（　　　）。

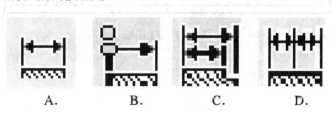

二．上机操作题

1. 绘制出接头 1 工程图，如图 8-70 所示。

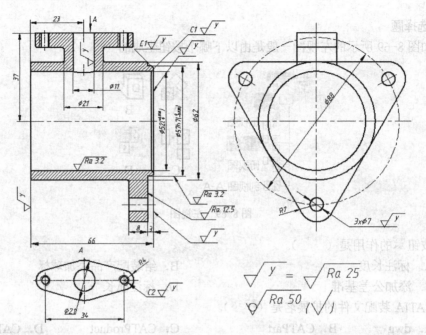

图 8-70　接头 1 工程图

2. 用"框架和标题节点"按钮 ⬚ 和绘图工具绘制出 A1、A2、A3、A4 图框，如图 8-71 所示是 A1 图框。

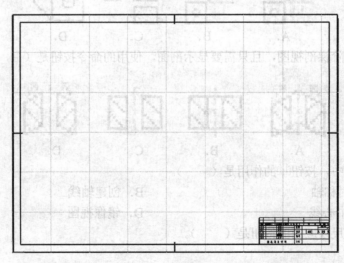

图 8-71　A1 图框